C·H·Beck
PAPERBACK

Wie die Liebe und die Musik hat Mathematik die Gabe, Menschen glücklich zu machen. Angesichts ihrer oft kargen Darreichungsform eine kühne Behauptung? Dafür, dass sie dennoch stimmt, tritt der Mathematiker und Mathematik-Belletrist Christian Hesse in seinem neuen Buch den Beweis an – in 151 verblüffenden Geschichten.

Die Mathematik ist nicht nur ein grandioses Abenteuer im Kopf und eine über Jahrtausende gewachsene Ressource der menschlichen Kultur. Sie ist noch mehr: ein «vielseitiger großer Ratschläger für alle Fälle der Welt» (Ror Wolf). Warum haben Tiger Streifen, Dalmatiner Punkte und Elefanten nichts von beidem? Warum haben manche Heuschreckenarten Lebenszyklen, deren Länge immer Primzahlen sind? Wie ist es möglich festzustellen, dass Homer die *Odyssee* nicht geschrieben hat? Diese und viele andere Fragen kann die Mathematik beantworten, und wie sie dabei vorgeht und vor allem wie der Autor dieses Vorgehen darstellt, das verfolgt der Leser mit Faszination, bisweilen Erstaunen und immer mit Vergnügen.

Christian Hesse promovierte an der Harvard University (USA) und lehrte an der University of California, Berkeley (USA). Seit 1991 ist er Professor für Mathematik an der Universität Stuttgart. Im Verlag C.H.Beck ist von ihm erschienen: *Das kleine Einmaleins des klaren Denkens. 22 Denkwerkzeuge für ein besseres Leben* (^{2}2009).

Christian Hesse

Warum Mathematik glücklich macht

151 verblüffende Geschichten

Verlag C.H.Beck

Mit 93 Abbildungen im Text

1. Auflage in der Beck'schen Reihe. 2010
2. Auflage. 2011
3., durchgesehene Auflage. 2011
4. Auflage. 2013

Originalausgabe

5. Auflage in C.H.Beck Paperback. 2014

Satz: Druckerei C.H.Beck, Nördlingen
Druck u. Bindung: CPI – Ebner & Spiegel, Ulm
Umschlagentwurf: malsyteufel, Willich
Autorenfoto: Ivo Kljuce
Printed in Germany
ISBN 978 3 406 67327 6

www.beck.de

Was drin ist

Für Andrea,
für Hanna,
für Lennard

Begrüßung des Lesers

Menschen sind bestrebt, einen Zustand des sich Wohlfühlens herbeizuführen. Großes und Kleines kann dabei abträglich oder förderlich sein. Der Philosoph Bertrand Russell meinte, dass ein Mensch, der Erdbeeren mag – bliebe alles andere gleich –, besser an die Welt, in der wir leben, angepasst ist als jemand, der sie nicht mag. Denn Erdbeeren existieren, und eine positive Beziehung zu ihnen trägt zum Wohlgefühl bei.

So ist es auch mit der Mathematik, sogar in gesteigerter Form. Auch die Mathematik bietet ganz epikureisch manch soliden Lustgewinn. Mehr noch: Mathematik hat die Gabe, wie die Liebe und die Musik, Menschen glücklich zu machen. «The sexiest discipline on the planet», nennt sie der Bestsellerautor Simon Singh und hat recht. Wie die Liebe und die Musik und weit mehr als Erdbeeren erzeugt die Mathematik starke Gefühle. Nicht alle, zugegeben, sind positiv: Wie keine andere Disziplin ist die Mathematik polarisierend. Wenn es auch am Beginn des 3. Jahrtausends zunehmend schwieriger wird, ihre großen Errungenschaften zu leugnen, so erscheint sie ihren Gegnern doch emotional frugal, intellektualistisch, vollwertig furchterregend und als Beschäftigung in etwa so spannend wie die Besichtigung frischer Farbe beim Antrocknen.

Für ihre Anhänger ist die Mathematik nicht nur ein grandioses Abenteuer im Kopf. Sie ist eine über Jahrtausende gewachsene Ressource der menschlichen Kultur, deren Tiefensehkraft uns Gefilde weit jenseits unserer Erfahrungswelt erschließt, etwa die Welt der Elementarteilchen oder die Vorzeiten des Weltalls. Die Mathematik berührt aber auch unser aller Alltag und steckt unbemerkt in vielen Dingen unserer Lebenswelt: Die Heizung heizt, der Flieger fliegt, die Brücke trägt nur dann, wenn Mathematik im Spiel ist.

Darüber hinaus ist die Mathematik eine Quelle nachhaltig spürbarer Schönheit. Ihre Präzision, ihre kristalline Klarheit und Eleganz verleihen der Mathematik ihre ästhetische Qualität. Dazu kommt die nahtlose Passform, mit der ein Ensemble von Einzelüberlegungen sich zu einer schlüssigen Argumentationskette formiert, zu einem mathematischen Beweis oder zur Lösung eines Problems. Vergleichbar den Rädchen eines Uhrwerks, greifen sie ineinander und bilden auf balancierte Weise ein größeres harmonisches Ganzes. Die gelungensten Exemplare dieses Genres haben etwas von atemberaubender Formvollendung.

Und nicht zuletzt und hier vor allem ist Mathematik reich an Themen, die sich in unterhaltsame Tisch- und Partygespräche einbringen lassen. Das ist vielleicht nicht die gängige Ansicht, aber es ist meine Ansicht und vielleicht auch bald die Ihre. Wir sprechen in diesem Buch von allen möglichen Dingen und noch einigen mehr.

Doch so, wie Mathematik von Profis für Profis produziert wird, ist sie ein extremes Bildungsprodukt, und ihre stark normierte, karge Darreichungsform hat etwas Hermetisches und Unzugängliches. Das rührt zum Teil daher, dass niemand der Mathematik ernsthaft nachsagen kann, sie sei vorbereitungslos allgemeinverständlich: Sie ist ein Werkzeug, an dem man ausgebildet sein muss. Die Mathematik kann aber, wenn sie nur will, ebenso gut auch unterhaltsam sein. Und man sagt selbst dann noch nicht zu viel, wenn festgestellt wird, dass sie sich sogar als belletristische Wissenschaft verstehen lässt, voll strömender Lebendigkeit und geistreich begeisternd. Das zu meinen ist jedenfalls möglich, wenn man sich Fragen wie diese vergegenwärtigt: Warum haben Tiger Streifen, Dalmatiner Punkte und Elefanten nichts von beidem? Warum haben manche Heuschreckenarten Lebenszyklen, deren Länge immer Primzahlen sind? Kann man beim Glücksspiel zwei Verluststrategien zu einer Gewinnstrategie kombinieren? Wie kann man einen Kuchen unter drei Personen neidfrei aufteilen? Was ist das optimale Verhalten bei Warteschlangen? Was ist eine gute Strategie beim Lotto? Wie ist es möglich festzustellen, dass Homer die *Odyssee* nicht geschrieben hat? Dies und vieles andere kann Ihnen die Mathematik beantworten. So gesehen ist sie eine Art «vielseitiger großer Ratschläger für alle Fälle der Welt» (Ror Wolf). Und wie sie dabei vorgeht, das sieht man bisweilen mit Faszination und angehaltenem Atem.

Mein Buch will ein lebendiges Bild der Mathematik zeichnen. Nicht darauf angelegt ist es, ein Buch mit sieben Siegeln zu sein. Selbst bei schwachem Fleiß und mittlerer Ausdauer ist es mit geringen mathematischen Kenntnissen und gesundem Menschenverstand zugänglich.

Es bietet Mathematisches und Mathematik-Angehauchtes in vielen Spielarten aus vielen Gebieten. Durchaus gewollt, ist es kunterbunter und munterer, als es Bücher des mathematischen Genres gemeinhin sind. Zwar mag man szenische und kompositorische Schwerpunkte ausmachen, doch am ehesten ist es eine Kollektion flanierenden Denkens bei starker Streuung der Themen, eine exaltierte Querbeet-Kompilation von Mathematik und Leben, die Leselust erzeugen will. Aber irgendwie anders: etwa wie eine Art Woodstock der erzählenden Mathematik. Meine Intention ist es, das Thema so zu bespielen, wie Jon Bon Jovi seine Gitarre bespielt, nicht wie Anne-Sophie Mutter ihr Instrument bespielt, sondern eben wie Bon Jovi.

Bei den hier versammelten Lesestücken in Feiertagslänge geht es nicht darum, komplexe Zusammenhänge zu umschiffen, aber doch darum, sie durch Umformulieren auf Augenhöhe zu bringen und Schweres unschwer leichter zu sagen. Nicht Kleinkunst habe ich im Sinn, sondern tiefer gehängte Hochkultur, bis hinunter auf Verstehbarkeit in Echtzeit.

Dieses Buch mag man als Bemühung deuten, eine kommunikative Brücke zu schlagen zwischen Mathematik und dem Rest der Welt. Es bietet eine gedankliche und erzählerische Collage von Miniaturen und Mikroessays, intellektuell-vielkulturell angelegt. Es bietet mathematischen Denkstoff als reizvolles Erlebnissegment, dem gegenüber man sich etwa durch bereitwilliges Mitschwingen in das richtige Verhältnis setzen kann. Lassen Sie Ihre Mitmachmentalität anregen und folgen Sie mir in den Behaglichkeitskokon einer temperamentvollen Themenmischung aus freier mathematischer Wildbahn: Die Mathematik ist genauso verrückt, so witzig und aberwitzig wie das Leben. Und sie werden nach Lektüre dieses Buches über Mathematik nie wieder so denken wie davor.

Das Ergebnis dieser Bemühung mag fragmentarisch sein, die Bemühung selbst aber ist es nicht. Schon seit langem liegt mir die

Popularisierung der Mathematik am Herzen. Insofern versteht sich dieses Buch neben allem anderen auch als Hommage an ein Betätigungsfeld, in das sehr viel Herzblut fließt und das mir geholfen hat bei der für jeden nicht unerheblichen Anstrengung, den eigenen Platz in der Welt zu finden.

Mannheim, 18. Mai 2010 Christian H. Hesse

1. Alltagsweltliches

1. *Kleine Mathematik des Lebens und Sterbens*

Leben und Sterben, das sind ernste Themen, denen man sich nicht immer in heiterem Plauderton nähern kann. Ohne elegisch zu werden, bleiben wir hier im faktischen Bereich. Eine groß angelegte statistische Studie in den 1990er Jahren hat sich mit dem Sterben vor und nach Geburtstagen und anderen persönlich bedeutenden Ereignissen beschäftigt, etwa wichtigen Feiertagen, Hochzeitstagen und so weiter. Die Ergebnisse sind staunenswert. Zum Beispiel zeigt eine Untersuchung innerhalb der chinesischen Community in den USA, die Sterbedaten aus einem Zeitraum von über 25 Jahren verwendete, dass die Todesraten der mindestens 75-jährigen Frauen in der 7-Tages-Periode vor dem Harvest Moon Festival, dem Chinesischen Erntedankfest, um 35 % sanken, während sie in der Woche nach dem wichtigen Feiertag um ca. denselben Prozentsatz stiegen (verglichen mit dem Durchschnittsprozentsatz für das gesamte Jahr).

Kurz unsterblich. Repräsentative Kontrollgruppen von nichtchinesischen Frauen zeigen dieses Verhalten nicht. Das Harvest Moon Festival ist ein wichtiges Fest, bei dem die älteste Frau eines Haushaltes über die Festivitäten präsidiert, eine Prozession anführt und auch sonst im Mittelpunkt steht. Die Studie lässt keinen anderen Schluss zu als den beflügelnden Vorstellungsinhalt, dass die ältesten Frauen den nahenden Tod bei lohnendem Anlass im Schnitt etwas hinauszuschieben vermochten. So erzeugt das Harvest Moon Festival einen possierlichen Effekt nichtlinearer Körpererfahrung in Form von prolongierter Lebendigkeit.

Mathematikata

Bitte sie zu warten – ich bin fast fertig.

Carl Friedrich Gauß, mathematischer Wirklichkeitsüberbieter par excellence, während der Arbeit an einem Beweis, als er darüber informiert wird, dass seine Frau im Sterben liegt.

Ein ganz ähnlicher Effekt wurde für jüdische Männer in den Wochen um das Passah-Fest ermittelt. Die Sterberate jüdischer Männer erreichte in der Woche vor dem Fest ihr Jahresminimum, 31% geringer gegenüber dem Jahresdurchschnitt, und stieg in der Woche nach dem Fest auf ein Plus von etwa demselben Wert gegenüber dem Jahresmittel. Das Passah-Fest ist ein zeitlich variabler Feiertag, so dass jahreszeitliche Effekte als Erklärung der Ergebnisse ausgeschlossen werden können. Im Gegenteil: Der Termin des Festes ändert sich jährlich und der angesprochene Passah-Effekt wandert mit dem Passah-Fest durch das Jahr.

Sei live dabei!

Stirbt der Beamte während der Dienstreise, ist die Dienstreise damit beendet.

§26 Landesreisekostengesetz NRW

Eine andere Studie, «The Birthday: Lifeline or Deadline», durchgeführt vom Soziologieprofessor David Phillips von der Universität von Kalifornien, beschäftigt sich mit dem so genannten Geburtstagseffekt. Die Untersuchung, in der rund 3 Millionen Daten von Todesfällen aufgrund natürlicher Ursachen statistisch analysiert wurden, zeigt, dass es für Frauen wahrscheinlicher ist, in der Woche direkt nach ihrem Geburtstag zu sterben als in irgendeiner anderen Woche im Jahreslauf, während Männer am wahrscheinlichsten in der

Woche direkt vor ihrem Geburtstag starben. In beiden Fällen betrug die prozentuale Abweichung 3% gegenüber dem Mittel aller 52 Wochen des Jahres. Diese Geburtstagsdelle fällt zwar erheblich geringer aus als die konstatierten Feiertagseffekte, doch wegen des großen Umfangs der Studie ist sie statistisch hochsignifikant.

Der Tod ist die stärkste Form der Dienstunfähigkeit!

Aus: Unterrichtsblätter für die Bundeswehrverwaltung

Als kleine Zugabe oder kurzer Nachruf meinerseits zu dieser preiskrönungswürdigen Extremalaussage hier noch eine Kollektion standesgemäßer Todesarten:

Der Gärtner beißt ins Gras
Der Kellner gibt den Löffel ab
Der Schornsteinfeger kehrt nie wieder
Die Putzfrau macht einen sauberen Abgang
Der Golfspieler wird eingelocht
Der Fährmann ist hinüber
Der Vertreter tritt ab
Der Wanderer ist von uns gegangen
Der Bergmann fährt in die Grube
Für den Uhrmacher ist alles zu spät
Der Schlossbesitzer gibt den Geist auf
Der Spanner ist weg vom Fenster
Der Atheist muss dran glauben
Der Zahnarzt hinterlässt eine schmerzliche Lücke
Der Mantafahrer wird tiefer gelegt
Der Palästinenser geht über den Jordan
Der Turner verreckt
Der Pornostar nippelt ab
Der Pantomime verstummt
Der Metzger springt über die Klinge
Der Hutmacher nimmt den Hut
Der Schaffner liegt in den letzten Zügen
Der Liebhaber ist nicht mehr unter uns
Dem Elektriker geht das Licht aus
Der Chemiker reagiert nicht mehr ➡

Der Historiker ist Geschichte
Der Ornithologe macht die Flatter
Der Mathematiker geht gegen unendlich

Geburtstage sind persönlich relevante Tage. Sie können emotional positiv besetzt sein: etwa eine Zeit größerer Aufmerksamkeit von Familie und Freunden mit sich bringen, oder emotional eher negativ besetzt sein: etwa als Datum empfunden werden, das verstärkt die Vergänglichkeit vor Augen führt.

Eine denkbare Erklärung für die angesprochenen statistischen Resultate ist eine psychologische: Die Möglichkeit, dass Frauen mehrheitlich ihrem Geburtstag positiv entgegensehen und durch noch unbekannte Mechanismen einen nahenden Tod mit gesteigertem Lebenswillen bis nach dem Geburtstag hinauszuschieben vermögen, während für Männer heraufziehende Geburtstage mehrheitlich negativ emotional besetzt sind, was ihren Überlebenswillen in Todesnähe im Durchschnitt geringfügig, aber durch Daten messbar, abschwächt.

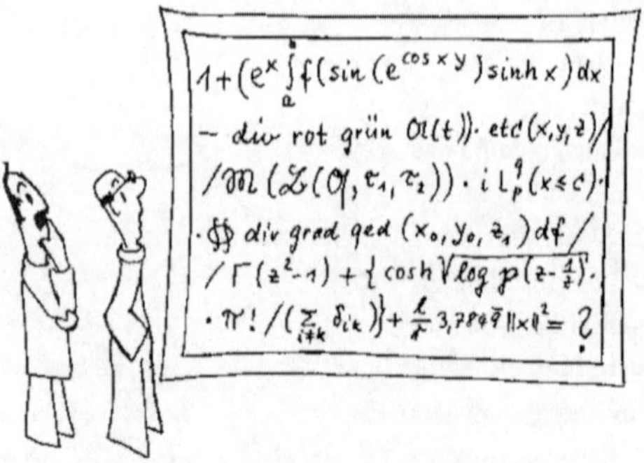

Abbildung 1: Cartoon von Friedrich Wille: «Sein letzter Wunsch war, dass wir dort weitermachen, wo er aufgehört hat.»

2. *Arithmetik der Ordinalzahlen oder Jede Zweite plus jede Dritte macht zusammen ...*

... jede Fünfte?
Jede fünfte erwerbstätige Mutter in Deutschland arbeitet zumindest gelegentlich auch an Sonn- und Feiertagen. In Ostdeutschland arbeitet jede zweite Mutter mit Kindern unter 18 Jahren an Sonn- und Feiertagen (49 Prozent), im Westen tut dies etwa jede Dritte (38 Prozent).
***Goslarsche Zeitung* vom 22. 5. 2004**

3. *Zerologie*

«Die Lektion habe ich jedenfalls mitgekriegt: Durch null darf man nicht dividieren! Nie und nimmer. Wer sich dabei erwischen lässt – nun ja, für den kann ich auch nichts mehr tun. Und wenn nun die Sache aber unbemerkt bleibt? Es soll ja sogar Situationen geben, in denen man nicht mal selber mitbekommt, dass gerade eine Division durch null stattfindet. Dann frage ich mich allerdings als denkender Mensch, weshalb das so schlimm sein soll. Gefällt es dem Lehrer oder der Lehrerin nicht? Es könnte ihnen ja egal sein, wenn es heimlich geschieht. Sieht es die Schulaufsichtsbehörde nicht so gern oder hat gar die Polizei etwas dagegen?», so schreibt Alfred Schreiber in seinem *Inneren Monolog bei der Suche nach unverstandener Wahrheit.*

Hat auch Ihnen schon mal jemand gesagt, dass es verboten ist, durch null zu dividieren? Ja? Und hat er Ihnen auch den Grund dafür genannt? Nein? Halten Sie es für möglich, dass Ihr Leben davon abhängen könnte, ob Computer die Division durch null richtig behandeln? Stellen Sie sich etwa vor, Sie sitzen in einem Flieger, dessen Autopilot aktiv ist. Stellen Sie sich nun weiterhin vor, dass der Computer des Autopiloten gerade durch null dividiert. Hoffentlich schaltet er dann nicht auf manuellen Betrieb um oder gar ab. Und noch hoffentlicher teilt Ihr Herzschrittmacher nicht durch null, bleibt stehen und hört auf, Ihrem Herzen Schritt zu machen. In beiden Fällen könnten Sie flugs in dem schweben, was man gemeinhin eine Gefahr nennt. Das sind keine schönen Vorstellungen, aber auch keine ganz weit hergeholten Phantasien. Der Versuch eines Programms, durch null zu dividieren, führt bei manchen Computern zu Laufzeitfehlern, die unbehandelt gelegentlich den Abbruch des Programms zur Folge haben. Bisweilen passiert dann Hochgradiges.

> Die schwarzen Löcher entstanden, nachdem Gott das Universum durch null dividiert hatte.
>
> **Graffiti auf einer Wirtshaus-Wand in Wanne-Eickel-West**

Am 21. September 1997 etwa führte der Bordcomputer des Lenkwaffenkreuzers USS Yorcktown der US-Navy eine Division durch null durch, was das gesamte System abstürzen und unter anderem den Schiffsantrieb ausfallen ließ. Das Schiff war manövrierunfähig. Nach einem Bericht der *US-Government Computer News* musste es zurück in den Hafen geschleppt werden.

Aber warum nur darf man nicht durch null dividieren? Warum ist der Ausdruck 1/0 in der Mathematik verpönt, verboten und gefährlich? Eigentlich ist die Antwort ganz einfach. Wenn man die Division durch null zuließe, würde sich in der weiteren Folge Denkmüll erge-

Abbildung 2: Hat die kleine Emily etwa durch null dividiert?

ben in Form von Aussagen, die der Logik widersprechen. Insbesondere könnte man dann beweisen, dass 2 = 1 ist. Um das Gemeinte präzise zu verarbeiten, demonstrieren wir es in sieben leicht fasslichen Schritten:

1. Setze $x = y$ [multipliziere beide Seiten mit x]
2. Ergibt: $x^2 = xy$ [subtrahiere y^2]
3. Ergibt: $x^2 - y^2 = xy - y^2$ [faktorisiere]
4. Ergibt: $(x + y)(x - y) = y(x - y)$ [dividiere durch $(x - y)$]
5. Ergibt: $x + y = y$ [substituiere y für x aus Zeile 1]
6. Ergibt: $2y = y$ [dividiere durch y]
7. Ergibt: $2 = 1$ Voila!

Wir haben etwas offensichtlich Falsches aus etwas offensichtlich Richtigem durch mathematische Schlüsse erhalten. Ist die Mathematik gebrochen? Sollten wir alle Mathematiker zu Philosophen umschulen? Nicht so schnell! Ein illegaler, nicht wahrheitserhaltender Schritt hat sich eingeschlichen. Welcher ist es?

Der Fehler liegt in Zeile 4, in der zur Division durch $(x - y)$ aufgerufen wird. An und für sich nichts Schlimmes, doch wegen der Anfangsfestsetzung $x = y$ ist das eine Division durch null. Das war sehr versteckt und unscheinbar: Eine Division durch null errötet nicht.

Wenn ich beweisen kann, dass 2 = 1 ist, dann habe ich den logischen Super-GAU. Denn dann kann ich alles beweisen: dass ich der Papst bin, dass die Erde eine Scheibe ist, einfach jeden Unsinn. Um das zu vermeiden, wird die Division durch null illegalisiert.

Abbildung 3: Division durch eine recht große Null.

Abbildung 4: Division durch eine recht kleine Null. Entweder das, oder jemand hat die Spülung betätigt.

4. *Audio-Paradoxon*

Am Dienstag, 10:30 Uhr, findet ein Probefeueralarm statt. Sollte es zu dieser Zeit wirklich brennen, fällt der Probealarm aus!

Aushang vor Jahren an einem Konferenzsaal, aber ich weiß nicht mehr, ob in Am-, Bam- oder Camberg.

Frage: Was ist das Gegenteil eines Probealarms?

5. *Von A wie Warteschlange bis Z wie Wahrscheinlichkeitstheorie*

Warteschlangen sind Standardsituationen des Alltags. Überall treffen wir auf sie, vor Supermarktkassen, in der Postfiliale, am Check-in-Schalter auf dem Flughafen. Mathematisch kann man alle diese Schlangen mit derselben Theorie untersuchen: Die Warteschlangentheorie ist ein Teilgebiet der Wahrscheinlichkeitstheorie, das 1917 vom dänischen Mathematiker Agner Erlang mit einer wissenschaftlichen Arbeit über die Dimensionierung von Fernsprechvermittlungszentralen begründet wurde und mit vielen bemerkenswerten modernen Erkenntnissen aufwarten kann.

Jede Schlange hat drei Grundelemente: die Bedienraten der Bedienenden, den Ankunftsstrom mit der Rate der sich neu anstellenden Kunden und den Wartebereich mit seiner Länge, also die eigentliche Schlange. Diese Elemente streuen in ihren Eigenschaften statistisch.

Warteschlangen haben eine mathematisch ganz exquisite Dynamik. Man kann das pulsierende Auf und Ab einer Warteschlange mit der chaotischen Bewegung der Moleküle in einer Flüssigkeit vergleichen und die Warteschlangen-Dynamik sehr genau annähern durch die Dynamik der Molekülbewegung, wenn man diese auf eine Dimension herunterbricht. Einer Bewegung nach links des Moleküls entspricht ein Kunde, der gerade bedient worden ist und den Schalter für den nächsten Kunden frei macht, so dass die Länge der Warteschlange um 1 vermindert wird. Einer Bewegung nach rechts des Moleküls entspricht ein Kunde, der sich an der Schlange anstellt, worauf ihre Länge um 1 vergrößert wird.

Albert Einstein hat die Molekularbewegung von Teilchen in Flüssigkeiten vor rund hundert Jahren tiefschürfend untersucht. Einige seiner Ergebnisse konnten für die Analyse von Wartesituationen fruchtbar gemacht werden, etwa von dem Warteschlangentheoretiker Professor Thomas Hanschke aus Clausthal-Zellerfeld. So kann man inzwischen mit der Analogie zwischen Warteschlangen- und Moleküldynamik viele Kenngrößen von Wartesystemen sehr präzise berechnen: Dazu gehören die mittlere Wartezeit eines Kunden und die durchschnittliche Länge der Warteschlange. Es lassen sich auch Effizienzberechnungen für einen reibungslosen Ablauf anstellen, man kann also etwa eine Antwort auf die Frage finden: Wie viele Schalter sind nötig, damit 90% der Kunden bei gegebenem Andrang nicht mehr als fünf Minuten warten müssen?

Grob gesprochen, sagt die Theorie, dass Unregelmäßigkeiten und Variationen in Wartesystemen lange Schlangen erzeugen: Der eine steht vor der Supermarktkasse mit nur vier Teilen im Wagen, der andere macht den Wocheneinkauf für eine fünfköpfige Familie, der eine hat sein Bargeld parat, der andere will mit EC-Karte zahlen und sucht die Karte, der Nächste hat vergessen, seine Bananen abzuwiegen.

Die Theorie sagt uns auch, dass 10 Kunden vor einem Schalter etwas gründlich anderes sind als 100 Kunden vor 10 Schaltern. Das

Zweite ist entschieden vorzuziehen, bietet es doch bessere Chancen für den Einzelnen, eine Kasse schneller zu passieren; denn große Systeme können Unregelmäßigkeiten leichter und effektiver kompensieren. Gibt es nur eine einzige Kasse und vorne steht die Oma, die nach ihrem Portemonnaie sucht, dann geht es nun einmal nicht weiter.

Arithmetik des Anstehens oder Aus zwei mach fünf

WC-Zeichen aus Lausanne

In den USA hat der Architekt Alexander Kira die Verweildauer auf der Toilette gemessen. Bei Frauen ist sie im Schnitt rund zweimal so lang wie bei Männern. Das daraus folgende Theorem sagt aber nicht, dass die Warteschlange vor der Damentoilette im Mittel doppelt so lang ist wie die vor der Herrentoilette. So einfach ist der Zusammenhang nicht. Nein, sie ist im Durchschnitt rund fünfmal so lang, sagt die Theorie. Und das wird von der Praxis gut bestätigt.

Flotter warten. Die mathematische Warteschlangentheorie hilft auch dabei, Wartesysteme und ihre Betriebsabläufe zu optimieren. Es zeigt sich, dass das Prinzip der sogenannten amerikanischen Schlange für den Durchstrom größtmöglicher Kundenzahlen pro Zeiteinheit am besten geeignet ist. In unseren Breitengraden findet man diese Schlangenform zum Beispiel in Postfilialen. Alle Kunden stellen sich an nur einer einzigen Schlange an, und wer den Kopf der Schlange erreicht, begibt sich zu dem nächsten freien Schalter. Zwar sind Schlangen dieses Typs in der Regel recht lang, doch haben sie bei entsprechender Schalterzahl meist eine hohe Geschwindigkeit und können somit zügig vom Einzelnen durchlaufen werden. Auch die Kapazität der Kassen und Bediener wird besser ausgeschöpft und größtmögliche Bediengerechtigkeit hergestellt. Wer zuerst da war, wird tatsächlich auch früher bedient. Und die Frage, welche Schlange er bei mehreren Schlangen wählen soll, bleibt dem Kunden erspart.

Es gibt auch so etwas wie eine Psychologie des Wartens. Wie Studien ergeben haben, ist die gefühlte Wartezeit teilweise bis zu dreimal so lange wie die tatsächliche Wartezeit. Auch gibt es den verbreiteten Eindruck, immer in der falschen Schlange zu stehen. Man hat sich irgendwo eingereiht, aber ein anderer, der später kam, zieht in einer anderen, sich schneller bewegenden Schlange flink an einem vorbei. Das erzeugt Frustration. Dieses Phänomen tritt nicht selten auf und gab sogar Anlass zu einer Variante von Murphys Gesetz: Die andere Schlange ist immer schneller.

Es handelt sich aber nur um eine Erscheinung selektiver Wahrnehmung: Wir registrieren bevorzugt jene Situationen, in denen die eigene Schlange sich wieder einmal sehr langsam bewegt hat, und übersehen bzw. vergessen die anderen, günstigeren Abläufe.

Ein paar Tipps für den Alltag sollen diesen Abschnitt beschließen. Die meisten Kunden handeln angesichts von Warteschlangen strategisch. Sie wollen so schnell wie möglich die Engstelle der Kasse passieren. Deshalb stellen sie sich nicht nach dem Zufallsprinzip an einer Kasse an, sondern an der Kasse mit der kürzesten Warteschlange. Das bedeutet aber noch nicht, dass sie auch früher bedient werden. Denn Warteschlangen haben ein Bewegungsprofil, das, wie oben erwähnt, stark von Unregelmäßigkeiten geprägt wird. Das typische Verhalten der Kunden führt dazu, dass es keine völlig gravierenden Unterschiede in der Länge der Schlangen gibt. Bevor man sich anstellt, sollte man deshalb die Arbeitsweise der Kassiererin in Augenschein nehmen. Ist sie eifrig oder eher schläfrig? Ihre Bedienrate beeinflusst ganz entscheidend die Geschwindigkeit einer Schlange. Außerdem empfiehlt es sich, noch einen kurzen Blick auf die Einkaufswagen der Wartenden zu werfen. Sind in einer Schlange sehr viele hoch beladene Einkaufswagen unterwegs, ist das ein Ausschlusskriterium. Stellen Sie sich dann lieber woanders an. Auch schadet es nicht, aufmerksam die nicht besetzten Kassen zu verfolgen. Wird eine davon plötzlich besetzt oder hören Sie die Durchsage: «Frau Maier bitte an Kasse 7», begeben Sie sich zügig dorthin. Das ist nicht ganz die feine englische Art, aber es ist erlaubt. Dann können Sie als Letzter einer Schlange plötzlich der Erste einer anderen Schlange sein. Kolonnenspringen ist dagegen, ganz so wie beim

Fahren im Stau, in der Regel keine aussichtsreiche Strategie. Die kurzzeitig kürzere Schlange kann sich langfristig sehr langsam fortbewegen; dann war der Wechsel kontraproduktiv.

In Supermärkten trifft man übrigens deshalb so oft auf lange Schlangen, weil die Wartezeit der Kunden den Betreiber nicht wirklich etwas kostet. Im Gegenteil, er kann sie sogar für seine eigenen Zwecke nutzen, etwa durch strategisch platzierte Werbung für zum Beispiel internetfähige Handys unter dem Stichwort *Effiziente Wartezeitnutzung*, oder durch die Auslage von speziellen Produkten, die man beim Warten schnell noch in den Wagen werfen kann, aber eigentlich weder kaufen wollte noch braucht. Generell ist es für den Betreiber nicht ungünstig, wenn seine Kunden länger im Markt verbleiben.

Es gibt aber auch Szenarien, in denen ausgedehnte Verweilzeiten für den Betreiber nachteilig sind, beispielsweise bei Montageprozessen in der Industrie, wenn in Zwischenstadien der Fertigung unfertige Werkstücke lange auf Maschinen warten müssen, die sie weiterbearbeiten. Wenn es günstig ist, dass die Produkte zügig auf den Markt gelangen, etwa weil ihre Preise ständig sinken, wie bekanntermaßen bei Computern, dann verschaffen kürzere Wartezeiten einen Vorteil gegenüber den anderen Marktakteuren.

6. *Computernachlese*

In Frankfurt wurde 1980 in kurzem Abstand dreimal dieselbe Wohnstraße aufgerissen und wieder zugeschüttet. Ein Zuständiger des städtischen Planungsamtes antwortete auf Anfrage: «Das Programmieren des Computers zur Koordinierung der einzelnen Bauvorhaben (Wasser, Gas, Telefon) ist so kompliziert und teuer, dass es einfacher und preiswerter ist, eine Straße mehrmals aufzureißen.»

Alexander Tropf: *Niederlagen, die das Leben selber schrieb*

Seinszustände, ehedem bis momentan

Es gibt überhaupt keinen Grund, warum irgendjemand einen Computer bei sich zu Hause haben will.

Ken Olson, Gründer und Präsident von Digital Equipment, 1977

Wenn das Automobil denselben Entwicklungszyklus wie der Computer hätte, würde ein Rolls-Royce heute 100 Dollar kosten, eine Gallone Benzin auf eine Million Meilen verbrauchen, einmal pro Jahr explodieren und dabei alle Insassen atomisieren.

Robert X. Cringley, *Info World*

Ich denke, wir sollten Computerviren zu den Lebewesen zählen. Vielleicht ist es bezeichnend für die menschliche Natur, dass die einzige Lebensform, die wir bisher erschaffen haben, rein destruktiv ist. Denken Sie an die Schaffung des Lebens nach eigenem Bilde.

Stephen W. Hawking

7. *Zusammenhänge und Unzusammenhänge*

Der Begriff Korrelation stammt aus der Statistik und bedeutet, dass zwei Variablen miteinander in Zusammenhang stehen. Eine positive Korrelation liegt vor, wenn die Zunahme des Wertes einer Variablen mit der Zunahme des Wertes der anderen Variablen einhergeht. Eine negative Korrelation liegt bei einem gegenläufigen Zusammenhang vor. Bei steigendem Wert der einen Variablen nimmt der Wert der anderen Variablen ab. Eine positive Korrelation besteht zwischen den Variablen *Größe* und *Gewicht* beim Menschen. Negativ ist dagegen die Korrelation zwischen den Variablen aktuelles *Alter* und verbleibende *Lebenserwartung*.

Der Begriff Kausalität bedeutet Ursächlichkeit. Eine kausale Beziehung zwischen zwei Ereignissen ist ein Ursache-Wirkung-Zusammenhang zwischen ihnen. In der Umgangssprache ist ein Ereignis A die Ursache einer Wirkung B, wenn A als Grund fungiert, der B herbeiführt. Kausalbeziehungen bestimmen unser ganzes Leben. Die

Erkennung von kausalen Zusammenhängen und die Bildung von kausalen Hypothesen gehört zu den fundamentalen menschlichen Aktivitäten. Denn bei all unseren Tätigkeiten und Entscheidungen stützen wir uns auf kausales Wissen.

Korrelation und Kausalität sind zwei verschiedene Phänomene. Wenn Korrelation zwischen zwei Größen vorliegt, weiß man noch nicht, ob die eine Größe die andere kausal beeinflusst, ob beide Größen von einer dritten kausal abhängen oder ob überhaupt eine Kausalbeziehung besteht. Korrelationen sind also nur Hinweise, aber keine Beweise für Ursache-Wirkung-Zusammenhänge. Dazu ein Beispiel.

Bei der großen Mehrzahl der Kinder mit Autismus wird diese Krankheit im Alter von anderthalb bis drei Jahren diagnostiziert. In diesem Zeitintervall werden Kinder typischerweise gegen allerlei Krankheiten geimpft. Es besteht also eine erhebliche Korrelation zwischen der Verabreichung von Impfungen und der Diagnose Autismus. Aber ein Kausalitätsschluss wäre hier ganz falsch: Es stimmt nicht, dass die Impfungen Autismus kausal herbeiführen. Der kausale Faktor im Hintergrund ist vielmehr das Alter. Es gibt ein bestimmtes Alter, in dem die intellektuelle Entwicklung der Kinder so weit fortgeschritten ist, dass Autismus offenkundig wird und diagnostiziert werden kann. Und es gibt ein bestimmtes Alter, in dem Impfungen in der Regel vorgenommen werden. Unabhängig voneinander ist es dasselbe Alter.

Noch ein weiteres Beispiel mag nützlich sein: Am 28. Juni 2003 berichtete die Nachrichtenagentur Reuters von einer medizinischen Studie, an der 221 Männer teilnahmen, die Handys benutzten. Die Studie befasste sich mit der Untersuchung der Schädigung von Spermien durch Handy-Nutzung. Sie ergab, dass Männer, die ihre Handys in der Hosentasche trugen statt in der Jackentasche, aufgrund von Elektrosmog eine gegenüber dem Durchschnitt der erwachsenen Männer um 30 % reduzierte Spermienzahl hatten. Eine Sorge ging durch Teile der Bevölkerung; es verbreitete sich die Angst, dass Handys Impotenz verursachen. Sogar einige Gerichtsverfahren gegen Handy-Firmen wurden aus diesem Grund angestrengt. Die Studie hatte aber nur eine Korrelation festgestellt. Ein kausaler Zusammenhang war nicht bewiesen worden. Und das ist der zentrale Punkt. Der niederländische Fortpflanzungsmediziner Hans Evers wies darauf hin, dass manche Männer deshalb ihre Handys in der

Hosentasche tragen, weil sie Raucher sind. In der Jackentasche hingegen tragen sie ihre Zigaretten, um sie nicht zu ramponieren. Deshalb bleibt für das Handy meist nur die Hosentasche. Medizinisch ist zudem seit langem bekannt, dass die Spermienzahl bei Rauchern verringert ist. Deshalb kann man vermuten, dass es eher das Rauchverhalten war und nicht die Art der Handy-Aufbewahrung, die ursächlich zur Verringerung der Spermienzahl geführt hatte. Diese Variable - das Rauchverhalten - hätten die Forscher kontrollieren müssen, um stichhaltige Ergebnisse zu liefern. Das aber war versäumt worden.

8. *Ein Suihitsu (japanisch, mit der Bedeutung «schnell aus dem Pinsel geflossen»)*

Anstatt über die Antworten beim Intelligenztest nachzudenken, wählte ich sie rein zufällig, indem ich eine Münze warf. Der Test ergab, dass meine Münze einen IQ von 75 hatte.

9. *Bisschen Lottologie*

Beim Lotto *6 aus 49* hat jede Tippreihe die Chance von 1: 13 983 816, um 6 Richtige zu erzielen. Das ist eine verschwindend geringe Wahrscheinlichkeit. Um dies anschaulich zu machen, benutze ich in meinen Vorlesungen über Wahrscheinlichkeitstheorie bisweilen folgende Vergleiche. Wenn jemand knapp eine Viertelstunde zur Lottoannahmestelle zu Fuß unterwegs ist, um seinen Tippzettel einzureichen, dann ist die Wahrscheinlichkeit, während dieses Fußwegs bei einem Unfall tödlich zu verunglücken, etwa gleich der obigen Wahrscheinlichkeit. Man kann es auch noch drastischer herausarbeiten. Wenn jemand den Tippzettel am Tag vor der Ziehung in der Annahmestelle einreicht, dann ist die Wahrscheinlichkeit, zur Zeit der Ziehung bereits verstorben zu sein, größer als die Wahrscheinlichkeit für 6 Richtige. Schöne Aussichten.

Die hohe Verbreitung von Lotto - in Deutschland spielt etwa jeder Dritte - ist auch eine Folge der verbreiteten Kundigkeitsdefizite in Bezug auf Wahrscheinlichkeiten und Unwahrscheinlichkeiten.

Abenteuer Leben

Der Brite Salah Sid (47) spielte seit Jahren mit der gleichen Zahlenkombination Lotto. Zum Valentinstag wollte er beim Gang zur Annahmestelle seiner Frau unbedingt eine Freude machen: Er kaufte ihr einen Kartengruß. Doch dann reichte das Geld nicht mehr für den Lottotipp – und am Abend wurden «seine Zahlen» gezogen: 8, 13, 14, 17, 20 und 28. Im Jackpot lagen 39 Millionen Pfund.

Aus der *Welt*, 19. 2. 1998

6 Richtige im Lotto zu erzielen ist für Sie und für mich also eine ausgesprochen unwahrscheinliche Angelegenheit. 5 Richtige sind dagegen schon um einiges leichter zu bewerkstelligen. Ich verrate Ihnen hier noch eine leicht umzusetzende Methode, bei der es tatsächlich ausreicht, 5 richtige Zahlen zu wählen, um den Volltreffer und einige Teiltreffer zu landen. Das geht so. Wählen Sie auf irgendeine Weise rein zufällig 5 von 49 Zahlen aus, sagen wir a, b, c, d, e. Als Nächstes füllen Sie 44 Tippzettel aus. Den ersten, indem Sie zu den Zahlen a, b, c, d, e die 1 hinzufügen, falls diese nicht schon unter den 5 Zahlen auftaucht. Beim zweiten, dritten, vierten usw. Zettel fügen Sie zu den Zahlen a, b, c, d, e dann die 2, die 3, die 4 usw. hinzu, also alle jene Zahlen, die noch nicht unter den 5 zufällig gewählten Zahlen vertreten sind. Wenn «Ihre» 5 Zahlen kommen, dann haben Sie auf jeden Fall einmal 6 Richtige sowie auch einmal 5 richtige mit Zusatzzahl und 42-mal 5 Richtige. Nicht schlecht, oder?

10. *Zwischenspielerisch, mehr nicht*

$10! = 10 \cdot 9 \cdot 8 \cdot 7 \cdot 6 \cdot 5 \cdot 4 \cdot 3 \cdot 2 \cdot 1$ ist die Anzahl der Sekunden in 6 Wochen.

Es wäre undankbar zu sagen, dass man damit nicht viel anfangen können werden wird.

11. *Das Geburtstagsparadoxon*

Ein Jahr hat 365 Tage, wenn wir den 29. Februar einmal außer acht lassen. Versammeln wir also 366 rein zufällig ausgewählte Personen in einem Raum, gibt es mindestens 2 Personen, die am gleichen Tag Geburtstag feiern. Wir können dessen zu 100 % sicher sein. Angenommen, uns reicht eine 50 %ige Sicherheit. Wie viele rein zufällig ausgewählte Personen müssen wir versammeln, so dass mit einer Wahrscheinlichkeit von 50 % mindestens 2 Personen mit dem gleichen Geburtstag darunter sind?

Bittet man sie zu schätzen, siedeln die meisten Menschen ihre Antwort in der Nähe von 183 an, der Hälfte von 366. Das ist mehr oder weniger falsch und nicht richtig. Die tadellose Antwort liegt weit abseits des intuitiv Erwarteten. Schätzen Sie doch selbst einmal, bevor wir weitergehen?

Leere Menge

Nicht geeignet für Kinder unter 36 Monaten!

Aufschrift auf einer handelsüblichen Glückwunschkarte für den 1. Geburtstag

Eine präzise Rechnung liefert: 23 Personen. Dass die Zahl so niedrig ist, ist für die meisten Menschen ausgesprochen überraschend. Wie kann man diese Antwort überprüfen und sich plausibel machen?

Wir gehen dazu von n zufällig ausgewählten Personen aus und fragen nach der Wahrscheinlichkeit des Gegenereignisses, also dass deren n Geburtstage alle verschieden sind. Bei diesem Vorhaben nehmen wir in guter Approximation an, dass alle 365 möglichen Geburtstage gleich wahrscheinlich sind. Die Gedankenführung beginnt mit der Feststellung, dass es 365^n verschiedene Kombinationsmöglichkeiten für n Geburtstage gibt, für jeden Geburtstag eben 365 Möglichkeiten. Von diesen Fällen sind genau $365 \cdot 364 \cdot \ldots \cdot (365 - n + 1)$

Kombinationen der Geburtstage derart, dass kein Geburtstag doppelt auftritt. Das sieht man mit dieser Zusatzüberlegung: Für den Geburtstag der ersten Person gibt es 365 Möglichkeiten und für jede dieser Möglichkeiten gibt es 364 Möglichkeiten für den Geburtstag der zweiten Person, unter der Vorgabe, dass keine Kollision auftritt. Das macht $365 \cdot 364$ Möglichkeiten für die Geburtstage der ersten beiden Personen. Sind ihre Geburtstage kollisionsfrei gewählt, verbleiben 363 Möglichkeiten für Person 3 usw. bis hin zu $365 - n + 1$ Möglichkeiten für Person n. Was ist also die Wahrscheinlichkeit für das Ereignis allesamt verschiedener Geburtstage bei n zufällig ausgewählten Personen? Nach dem Gesagten muss die Antwort darauf in folgender Richtung gesucht werden: Es ist der Quotient der Zahl der günstigen Kombinationen für dieses Ereignis und der Zahl aller möglichen Kombinationen von n Geburtstagen. Explizit ist das

$$q_n = 365 \cdot 364 \cdot \ldots \cdot (365 - n + 1)/365^n.$$

Die gesuchte Wahrscheinlichkeit des uns interessierenden Ereignisses, dass mindestens ein Geburtstag doppelt auftritt, ist dann $p_n = 1 - q_n$. Diese Wahrscheinlichkeiten p_n wachsen recht schnell mit n an und streben gegen 1. Einige Werte sind in der folgenden Tabelle festgehalten:

n	10	20	23	30	40	50	60
p_n	0,12	0,41	0,51	0,71	0,89	0,97	0,99

Ab 60 Personen schon kann man also so gut wie sicher sein, doppelte Geburtstage zu erhalten. Ab 23 Personen sind doppelte Geburtstage erstmals wahrscheinlicher als keine. Warum liegt bei diesem Problem die Intuition so weit daneben? Offenbar wird die Fragestellung mit einer anderen verwechselt: Das Augenmerk wird auf eine Person P gelegt. Wie viele Personen $P_1, \ldots, P_m$ muss man dann rein zufällig auswählen, um sicherzustellen, dass mit einer Wahrscheinlichkeit von 0,5 mindestens eine dieser Personen P_i an demselben Tag Geburtstag hat wie Person P?

Eine einzelne Person hat *nicht* denselben Geburtstag wie P mit Wahrscheinlichkeit 364/365. Alle m Personen haben *nicht* denselben Geburtstag wie P mit Wahrscheinlichkeit $(364/365)^m$. Mindestens eine der m Personen *hat* denselben Geburtstag wie P mit der Wahrscheinlichkeit $1 - (364/365)^m$. Ab m = 253 ist dieser Wert größer als ½. Wenn außer P noch 253 weitere Personen anwesend sind, dann gibt es 253 paarweise Vergleichsmöglichkeiten: P mit P_1, P mit P_2, ..., P mit P_{253}. Genauso viele paarweise Vergleichsmöglichkeiten gibt es bei 23 Personen untereinander, nämlich $23 \cdot 22/2 = 253$. Das sind also auch hier 253 Gelegenheiten für gleiche Geburtstage. Dies ist eine intuitive Erklärung des Geburtstagsparadoxons.

In meinen Vorlesungen über Wahrscheinlichkeitstheorie ergänze ich diese theoretischen Erklärungen bisweilen durch eine praktische Simulation. In der ersten Hörsaalreihe beginnend, sammeln wir nacheinander die Geburtstage der Anwesenden so lange, bis der erste Geburtstag doppelt auftritt. In der Regel tritt dieses Ereignis, in guter Übereinstimmung mit der Größenordnung der berechneten Lösung, irgendwo zwischen dem 20sten und dem 30sten Zuhörer ein.

Kognitionswissenschaftler haben festgestellt, dass das menschliche Gehirn große Fähigkeiten im Bereich der Mustererkennung hat. Im Laufe seiner Entwicklung musste es die Kompetenz entwickeln, Symmetrien, Regelmäßigkeiten und andere Formen von Systematik zu identifizieren und zu interpretieren. Muster in einem ganzen Ozean von Regellosigkeit zu erfassen, erleichtert dem menschlichen Gehirn das Verständnis der Welt und die Orientierung in ihr. Es bietet ihm Ansatzpunkte, um durch Intelligenz in der Welt zu bestehen. Vergleichsweise schlecht ist es aber um den intellektuellen Filter des Menschen für das kompetente Handling von Unsicherheit, Zufall und Wahrscheinlichkeiten bestellt. Auf dem Gebiet des Wahrscheinlichen und Unwahrscheinlichen bietet uns die Welt viele Möglichkeiten, uns zu irren. Das hier besprochene Geburtstagsparadoxon ist nur eine davon.

Aus meinem Archiv des nutzlosen Wissens

Der Kader der deutschen Nationalmannschaft für die Fußballweltmeisterschaft 2006 bestand aus 23 Spielern. Zwei Mitglieder des Kaders, nämlich Christoph Metzelder und Mike Hanke feiern am gleichen Tag Geburtstag: am 5. November.

12. *Für mehr Widersprüche im Alltag*

Unter diesem Punkt werden wir einer logischen Kalamität im Straßenverkehr begegnen. Hier sehen Sie eine zwar bildliche, aber nicht vorbildliche Straßenbeschilderung:

Abbildung 5: Stillleben und Spielleben. Beschilderung einer Nebenstraße in Prag

Bin ich nun eine Spielstraße? Oder bin ich keine Spielstraße? Hat das Verbotene Priorität gegenüber dem Erlaubten, die Negation gegenüber der Affirmation, wenn beide aufeinandertreffen? Oder neutralisieren sich beide zum Garnichts?

13. *Divide et impera et cetera oder Einfach neidfrei teilen*

Es gibt in der modernen Mathematik das sehr sinnfällige Gebiet der Kuchenteilungs-Algorithmen, das von Mathematikern, Informatikern und Ökonomen intellektuell bewirtschaftet wird. Es geht dabei um die Aufteilung einer teilbaren Ressource an beliebig viele Personen. Genauer handelt es sich um die Fragestellung, wie ein Gut auf mehrere Personen fair aufgeteilt werden kann, in dem Sinne, dass niemand auf den Anteil eines anderen neidisch ist und am liebsten mit ihm tauschen möchte. Damit eine Aufteilung als fair zu erachten ist, müssen sie alle Beteiligten für fair halten. Grundlage dieses Fairness-Konzeptes sind also subjektive Einschätzungen, nicht objektive Maßstäbe von Gerechtigkeit. Es ist durchaus möglich, dass ein und dieselbe Teilmenge des zu teilenden Gutes von zwei verschiedenen Personen unterschiedlich eingeschätzt wird. Meinungsverschiedenheiten bei der Wertzuweisung sind mithin erlaubt.

Problemstellung und Lösung finden zahlreiche Anwendungen in vielen Gebieten wie zum Beispiel der Politik (Aufteilung Deutschlands in Besatzungszonen der Alliierten nach dem Zweiten Weltkrieg) oder des Rechts (Aufteilung des gemeinsamen Besitzes von Ehepartnern bei Scheidungen). Bei dieser Version des Problems geht es um ein beliebig teilbares Objekt. Weitergehende Überlegungen müssen angestellt werden, wenn die zu teilende Gesamtheit auch nicht teilbare Anteile umfasst, wie etwa Häuser bei Scheidungen.

Jeder kennt aus der Kindheit eine einfache Prozedur, wie man einen Kuchen unter 2 Personen gütlich aufteilen kann. Es ist das Prinzip «Der eine teilt ein und der andere wählt aus». Dieses 2-Personen Protokoll ist fair, weil für den Einteiler beide Stücke gleich attraktiv sind und der Auswähler, falls sie es für ihn subjektiv nicht sein sollten, sich das aus seiner Sicht attraktivere aussuchen darf.

Doch wie soll man unter 3 Personen neidfrei teilen? Die Mathematiker Selfridge und Conway fanden 1962 jeder für sich nach ernsthafter Intelligenzarbeit die Antwort.

Hier ist das Selfridge-Conway-Protokoll. Es ist aufwändiger als die simple Teilen-dann-Wählen-Strategie, aber es ist immer noch ein Bierdeckelplan.

1. A teilt den Kuchen in 3 seiner Ansicht nach gleich große Stücke und reicht sie an B weiter.
2. B schneidet gegebenenfalls vom seiner Meinung nach größten Stück so viel ab, bis es in seinen Augen gleich groß ist wie das

zweitgrößte. Der dabei entstehende Kuchenschnipsel wird zunächst beiseitegelegt, die übrigen 3 Teile werden an C weitergereicht.
3. C nimmt sich das aus seiner Sicht größte Stück.
4. Als Nächstes darf B wählen, aber mit dem Vorbehalt, dass er jenes Stück nehmen muss, von dem er in Schritt 2 etwas abgeschnitten hat, sofern das der Fall war. Außer natürlich, wenn C dieses Stück bereits genommen hat.
5. A bekommt das übrig bleibende Stück.

Bevor es weitergeht, beurteilen wir das erreichte Zwischenstadium.

Der Kuchen ist neidfrei aufgeteilt bis auf den abgeschnittenen Schnipsel: C beneidet niemanden, da er als Erster wählen durfte. Auch B beneidet niemanden: Selbst wenn er das beschnittene Stück bekommt, ist er zufrieden, da es für ihn mindestens so groß ist wie die beiden anderen. Auch A ist nicht neidisch. Die Bedingung unter Punkt 4 garantiert ihm ein Stück, das er zu Beginn abgeschnitten hat.

Jetzt kommt der Rest. Was geschieht mit dem abgeschnittenen Schnipsel? Hier stockt der Gedankenfluss. So viel ist aber bereits klar: Wenn B im 2-ten Schritt nichts abgeschnitten hat, dann gibt es keinen Schnipsel, und wir sind schon fertig. Gut so.

Andernfalls wird derjenige von B oder C, der nicht das beschnittene Stück genommen hat, zum Schneider ernannt. Der andere dieser beiden ist der Nicht-Schneider. Jetzt kommt der Einblick, der alles wieder in Gang bringt: A hat gegenüber dem Nicht-Schneider einen uneinholbaren Vorsprung. Warum? Der Nicht-Schneider hat ja das beschnittene Stück erhalten, und selbst wenn ihm der Schnipsel komplett zugesprochen würde, hätte er in den Augen von A nicht mehr als den fairen Anteil bekommen, weil A den Kuchen in 3 subjektiv gleich große Stücke geteilt hatte. Mit anderen Worten: Egal, wie der Schnipsel verteilt wird, A wird auf den Nicht-Schneider nicht neidisch sein.

Sobald man dies eingesehen hat, ist der Rest reine Routine: Der Schneider darf nun den Schnipsel in 3 nach seiner Meinung gleich große Teile schneiden. Die Akteure greifen sich anschließend je einen dieser Teile in der Reihenfolge Nicht-Schneider, A, Schneider, und jeder wählt natürlich das in seinen Augen größte noch verbleibende Stück.

Wegen seines uneinholbaren Vorsprungs ist A nicht neidisch auf den Nicht-Schneider. Aber auch auf den Schneider ist er nicht neidisch, weil er vor diesem ein Stück des geteilten Schnipsels wählen durfte.

Der Schneider ist auch auf niemanden neidisch, weil er den Schnipsel ja zerlegt hat.

Auch der Nicht-Schneider hat keinen Grund zum Neid, weil er zuerst wählen durfte.

Damit ist alles bedacht und alle sind glücklich gemacht.

14. *Ideen-Collage: Pizza & Pythagoras*

Was könnte in der Schnittmenge von Pizza und Pythagoras liegen? Zum Beispiel dieses Sonderangebot bei Ihrem Lieblingsitaliener: Pizza «Groß» kostet so viel wie Pizza «Klein» plus Pizza «Medium».

Als Steilvorlage für Ihre Pythagoras-Kompetenz frage ich: Wie können Sie schnell und ohne Messung feststellen, ob Sie mehr Pizza erhalten, wenn Sie «Klein» plus «Medium» oder wenn Sie allein «Groß» bestellen?

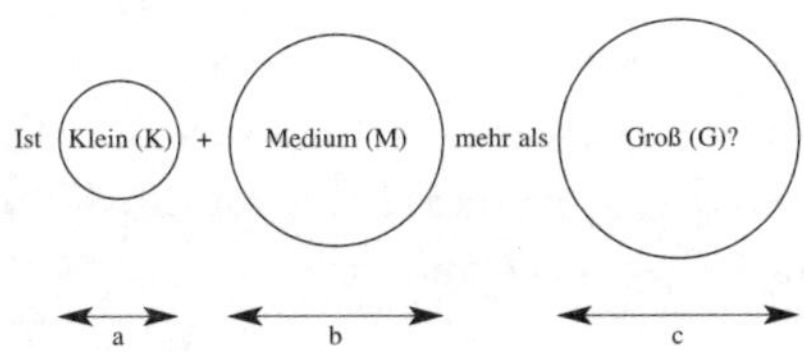

Abbildung 6: Ja oder Nein?

Es gibt eine burleske handwerkliche Patentlösung von John de Pillis, der mit einem unkonventionellen Serviervorschlag arbeitet: Jede Pizza in der Mitte durchschneiden, die Hälften in Dreiecksform anordnen und über das so gebildete Kunst-Werk reflektieren.

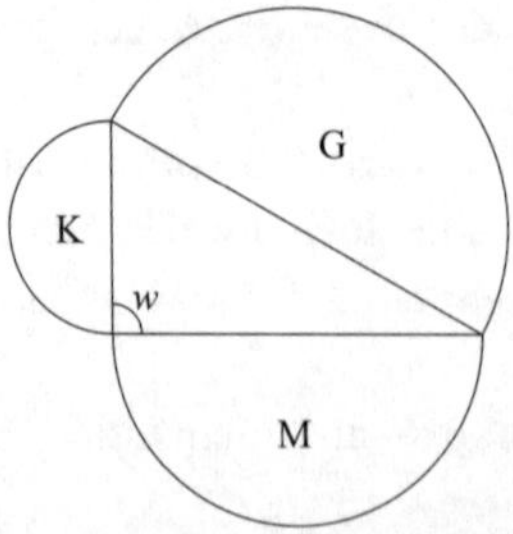

Abbildung 7: Visuelle Wege ins Wissen: Auf den Winkel w kommt es an!

Ist der Winkel w zwischen K und M gleich 90°, dann gilt der Satz des Pythagoras. Mit den Bezeichnungen der Durchmesser aus Abbildung 6 ist

$$a^2 + b^2 = c^2,$$

was nach einer einfachen Multiplikation übergeht in

$$\left(\frac{a}{2}\right)^2 \pi + \left(\frac{b}{2}\right)^2 \pi = \left(\frac{c}{2}\right)^2 \pi.$$

Die Terme in dieser Gleichung sind die Flächeninhalte der 3 Pizzagrößen. Übersetzt in den Pizza-Jargon, sagt die Gleichung deshalb: Pizza «Klein» + Pizza «Medium» = Pizza «Groß». Dann ist es egal, ob man «Klein» plus «Medium» oder ob man «Groß» kauft.

Wenn die Hypotenuse c aber länger wäre, dann ergäbe sich w > 90°. Dann ist es günstiger, die Pizza «Groß» zu bestellen. Wäre die Hypotenuse hingegen kürzer, so ergäbe sich w < 90°. Dann ist es günstiger, eine Pizza «Klein» und eine Pizza «Medium» zu bestellen. So viel zur Pizza-Pythagoras-Connection.

Die Teile und das Ganze

Machen Sie lieber 6, denn 8 kann ich nicht essen!

Baseballspieler Dan Osinski auf die Frage, ob er seine Pizza in 6 oder in 8 Stücke geschnitten haben möchte.

15. *Herr K als Retter*

Herr K schlendert am Strand entlang. Plötzlich schreit ein Ertrinkender um Hilfe. Herr K ist ein guter Schwimmer und zögert nicht, den Ertrinkenden zu retten. Dieser befindet sich 15 m senkrecht vom nächstgelegenen Strandpunkt S entfernt, und Herr K steht 8 m links von S direkt an der geraden Küstenlinie.

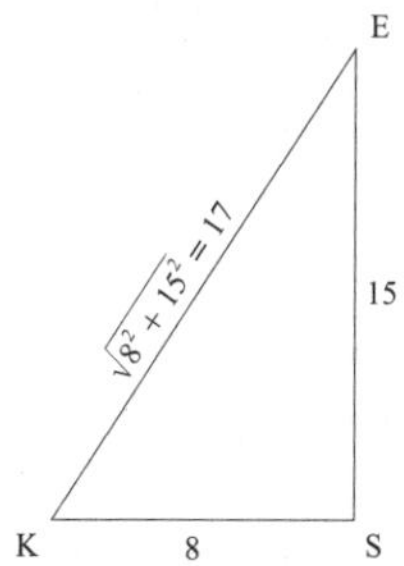

Abbildung 8: Ertrinkender E und Herr K

Herr Ks Laufgeschwindigkeit am Strand ist r m/sek. und er schwimmt mit der Geschwindigkeit s m/sek. Naturgemäß können Bruchteile von Sekunden entscheidend sein. Auf welchem Weg erreicht Herr K den Ertrinkenden schnellstmöglich? Nehmen wir konkret an, um unsere Rechnungen einfach zu gestalten, dass $s = 2$ m/sek und $r = 2\sqrt{10} \approx 6{,}32$ m/sek ist.

Bevor wir das Problem methodisch angehen, versuchen Sie doch selbst einmal, sich in die Situation von Herrn K zu versetzen. Von seinem aktuellen Standpunkt könnte Herr K sogleich ins Wasser springen, um auf geradem Weg auf den Ertrinkenden E zuzuschwimmen. Da physikalisch gesehen die Geschwindigkeit der Quotient aus zurückgelegtem Weg und der dafür benötigten Zeit ist, berechnet sich die Zeit t_1 bis zum Erreichen von E als

$$t_1 = \sqrt{8^2 + 15^2}/2 = 17/2 = 8{,}5 \text{ [Sekunden].}$$

Bei dieser Wahl des direkten Weges ist die von Herrn K zu schwimmende Strecke recht groß, nach Pythagoras eben $\sqrt{8^2 + 15^2} = 17$ [Meter], und seine Schwimmgeschwindigkeit beträgt nur rund ein Drittel seiner Laufgeschwindigkeit. Schwimmen, das ist Slowmotion. In der Bemühung, das zu schwimmende Stück deshalb möglichst kurz zu machen, könnte Herr K zunächst bis zum Punkt S laufen und dann senkrecht auf den Ertrinkenden zuschwimmen, insgesamt 15 m. Doch man erkennt schnell, dass dies die Gesamtzeit nicht verringert: Zwar muss er 2 m weniger schwimmen, was ihm 1 Sekunde an Schwimmzeit erspart, doch er benötigt mehr als diese 1 Sekunde, um bei einer Laufgeschwindigkeit von $r = 6{,}32$ [m/sek] die 8 Meter von K nach S zurückzulegen. Im direkten Vergleich der bisherigen beiden Routen ist das direkte Losschwimmen also vorzuziehen.

Doch würde man beim Ernstfall im richtigen Leben wirklich so vorgehen? Würde man vom Standpunkt K sogleich ins Wasser springen und auf E losschwimmen? Ich glaube nicht. Rein instinktiv liefe man wohl zunächst ein gewisses Stück der Strecke von K in Richtung S am Strand entlang, sagen wir, bis zu einem Punkt P im Abstand x vom Punkt S, um dann schräg auf den Ertrinkenden zuzuschwimmen.

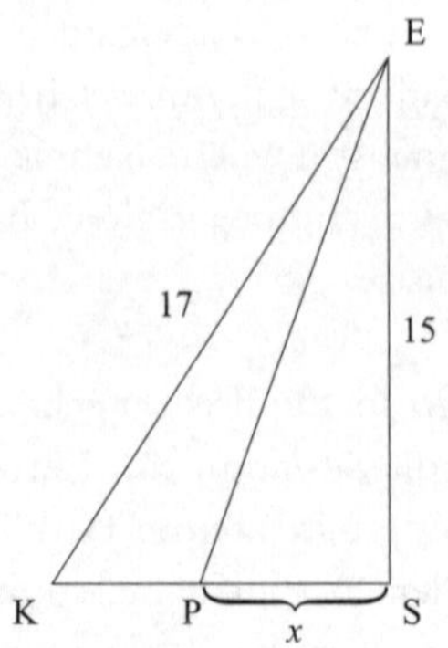

Abbildung 9: Strategie der Rettung

Der Punkt P des Wechsels vom Laufen zum Schwimmen wird dabei ganz intuitiv aus dem Bauch heraus gewählt.

Nehmen wir nun die gesamte Situation noch einmal mit unserer mathematischen Brille in Augenschein. Wie ist die Vorgehensweise mathematisch zu bewerten, unmittelbar vom Standort K ins Wasser zu springen und schräg auf E loszuschwimmen? Wir stellen dazu eine anschauliche Überlegung an: Sie basiert auf einem Vergleich der Strategie des unmittelbaren Losschwimmens mit einer leicht modifizierten Vorgehensweise, bei der Herr K ein kleines Stück am Strand entlangläuft – bis K′ – und erst dann ins Wasser springt, um zu schwimmen.

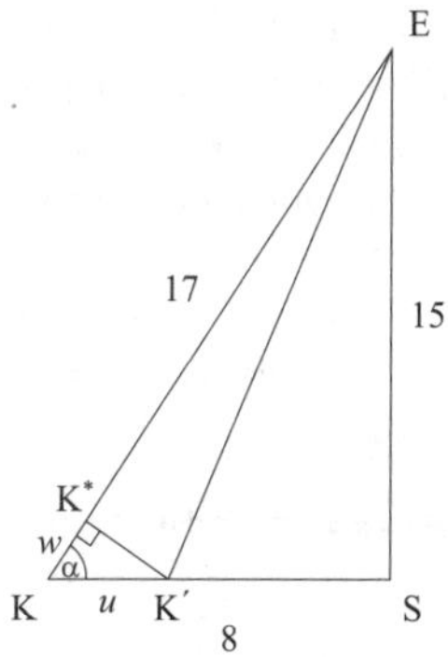

Abbildung 10: Analyse der Strategie des direkten Losschwimmens

Bei dieser zweiten Variante stellt der Vektor u eine kleine Entfernung vom Punkt K dar, als Repräsentant des in einer kurzen Zeit gelaufenen Weges. Der Vektor w bezeichnet das Stück, um welches der in Richtung E zu schwimmende Anteil dabei verringert wird. Man erhält ihn, wenn man den Vektor von E bis zum Punkt K′, der den Schwimmanteil von Strategie 2 darstellt, senkrecht auf die Strecke EK projiziert, was den Vektor von E bis K* ergibt. Dieser Vektor ist genau um w kürzer als der Vektor von E bis K. Läuft Herr K zunächst bis zum Punkt K′, so muss er – auf die Richtung KE übertragen – weniger weit schwimmen, und diesen Vorteil quantifiziert w. Diesem Vorteil w steht die kurze zu laufende Strecke entgegen, die im Diagramm von u verkörpert wird. Im Saldo: u wirkt sich negativ auf die Gesamtzeit aus, w wirkt sich positiv aus. Welcher dieser beiden Effekte überwiegt den anderen?

Um diese Frage zu beantworten, muss bedacht werden, dass man den Malus, den u verursacht, durch die Laufgeschwindigkeit r, und den Vorteil, den w repräsentiert, durch die Schwimmgeschwindigkeit s zu dividieren hat. Im konkreten Beispiel übersteigt der Vorteil den Nachteil. Sogleich loszuschwimmen wäre also kontraproduktiv.

Kontraproduktiv

Im Jahr der Behinderten 1981 gaben sich die Angestellten einer Großtankstelle in New York besondere Mühe, um für ihre behinderten Kunden dieselben Möglichkeiten wie für andere Kunden zu schaffen. Das taten sie so lange, bis im September 1981 ein Rollstuhlfahrer in die Kassenzone rollte, zwei Angestellte mit einer Schusswaffe bedrohte und sich den Kasseninhalt aushändigen ließ. Der verwegene Rollstuhlfahrer hatte seinen Weg so optimiert, dass er innerhalb nur weniger Augenblicke wieder in der Dunkelheit verschwinden konnte.

Nach Alexander Tropf: *Niederlagen, die das Leben selber schrieb*

Jetzt quantifizieren wir die beiden Effekte minutiös. Schreibt man α für den Winkel, unter dem Herr K direkt losschwimmen müsste, um E zu erreichen, dann ist mit elementarer Schultrigonometrie $\cos \alpha = 8/17 \approx 0{,}5$. Andererseits lässt sich $\cos \alpha$ aber auch mittels der Längen $|u|$ und $|w|$ von u und w darstellen, und zwar als

$$\cos \alpha = |w|/|u|.$$

Also haben wir die Beziehung

$$|w|/|u| = 8/17,$$

und somit gilt

$$|w|/|u| > s/r = 2/(2\sqrt{10}) = 1/\sqrt{10} \approx 0{,}3.$$

Das bedeutet:

$$|w|/s > |u|/r$$

Beta, Theta und Franz

Das erinnert mich an eine Mathe-Klausur, in der einem Mitschüler die griechischen Buchstaben ausgingen. Er nannte daraufhin einen Winkel «Franz».

R. H. Viehmann

Die Interpretation dieser Beziehung liegt auf der Hand: Der zeitliche Bonus, den das initiale Loslaufen verschafft, repräsentiert durch $|w|/s$, ist größer als der zeitliche Malus, der für das Laufen aufgewendet werden muss, repräsentiert durch $|u|/r$. Diese Überlegungen ergeben, dass der optimale Punkt P, von dem aus am günstigsten mit dem Schwimmen zu beginnen ist, sich irgendwo im Inneren der Verbindungsstrecke KS befindet und nicht am Rand. Aber wo genau?

Wie kann man die Lage dieses optimalen Punktes ermitteln? Richtig gelesen, gibt uns das folgende Diagramm Aufschluss. Es handelt sich um einen Schnappschuss des Entscheidungsproblems «Laufen oder Schwimmen», wenn sich der Abstand zwischen dem laufenden Herrn K und dem Punkt S auf den zu bestimmenden optimalen Abstand von x Entfernungseinheiten reduziert hat.

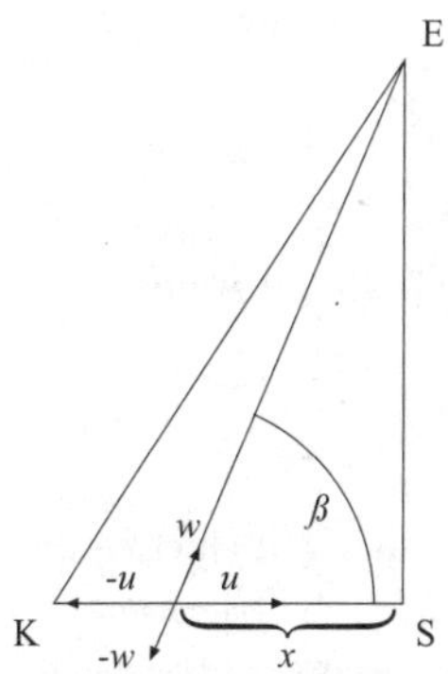

Abbildung 11: Das Entscheidungsproblem «Laufen oder Schwimmen»

Im optimalen Punkt P wird der zeitliche Nachteil |u|/r, den man erleidet, wenn man noch um das winzige Stück u weiter in Richtung S läuft, exakt aufgewogen vom zeitlichen Vorteil |w|/s, der aus der verkürzten Schwimmstrecke resultiert. Und aufgrund von Symmetriebeziehungen wird der Vorteil, der sich ergäbe, würde man schon um die Strecke u früher als erst in P losschwimmen, exakt durch den Nachteil der längeren Schwimmstrecke wettgemacht. Also resultiert weder Vorteil noch Nachteil, wenn der Punkt, von dem aus man schwimmt, relativ zu P ein winziges Stück nach links oder rechts verlegt wird. Eine Bestandsaufnahme kann deshalb nur zu dem Ergebnis kommen, dass in P selbst die Gleichung

$$\frac{|w|}{s} = \frac{|u|}{r} \text{ bzw. } \frac{|w|}{|u|} = \frac{s}{r}$$

Geltung besitzt. Wirft man das in die Waagschale, erhält man für den Winkel β in Diagramm 11 die Beziehung

$$\frac{s}{r} = \frac{|w|}{|u|} = \cos\beta = \frac{x}{\sqrt{x^2+15^2}}.$$

Insgesamt stellt sich ein

$$\frac{x}{\sqrt{x^2+15^2}} = \frac{2}{2\sqrt{10}}$$

bzw. $$\sqrt{x^2+15^2} = x\sqrt{10}$$

oder $$x^2 + 15^2 = 10x^2,$$

also $$9x^2 = 15^2, \qquad (1)$$

was als positive Lösung leicht erkennbar

$$x = 5$$

besitzt. Nach unseren bisherigen Überlegungen ist es auch klar, dass sich für x = 5 ein Minimum der benötigten Zeit ergibt. Bei der negativen Lösung x = –5 (Weiterlaufen über den Punkt S hinaus) von Gleichung (1) kann die benötigte Zeit nur erheblich größer sein.

Somit haben wir als Ergebnis ermittelt: Die mathematisch optimale Strategie hinsichtlich einer möglichst geringen aufzuwendenden Gesamtzeit besteht darin, zunächst 3 Meter bis zum optimalen Punkt P zu laufen und dann auf einer schrägen Geraden auf E zuzuschwimmen. Die benötigte Gesamtzeit dafür beträgt

$$\frac{3}{2\sqrt{10}} + \frac{\sqrt{x^2 + 15^2}}{2} \approx 8{,}38\ [\mathit{Sekunden}].$$

Schneller geht's nimmer. Die Lösung des Optimierungsproblems ist vollendete Tatsache.

Es ist erstaunlich und sei noch vermerkt, dass wir Menschen ein gutes intuitives Gespür für den optimalen Weg zum Ertrinkenden haben und allein durch intuitives Handeln dem Optimum recht nahe kommen. Vielleicht noch erstaunlicher, da überraschender, ist es, dass dies auch für andere Lebewesen gilt, z. B. für Hunde.

Kurze Hunde-Kunde

In einem Beitrag für die Zeitschrift *College Mathematical Journal* beschreibt der Mathematiker Dr. Timothy Pennings vom Hope College in Michigan (USA), wie sein Hund Elvis, ein Welsh Corgi – eine Rasse, die von Waliser Bauern schon seit Jahrhunderten als Hüte- und Treibhund eingesetzt wird –, sich in ähnlicher Situation so verhält, als habe er ebenfalls das obige Optimierungsproblem gelöst: Pennings und Elvis stehen am Ufer des Michigan-Sees, sagen wir, wie oben an der Stelle K, und Pennings wirft einen Ball ins Wasser, sagen wir, schräg hinaus zu einem Punkt E. Elvis stürmt los, um den Ball zu apportieren. Dabei beobachtet Pennings, dass Elvis weder sofort losschwimmt noch so weit läuft, dass er senkrecht zum Ufer dem Ball bei S gegenübersteht. Vielmehr läuft der Hund ein gewisses Stück und schwimmt dann schräg auf den Ball zu. Pennings wiederholt das Experiment und wirft den Ball mehrmals zu verschiedenen Positionen in verschiedenen Entfernungen unter verschiedenen Winkeln. «Um seine Optimierungsfähigkeit zu testen, nahm ich Elvis an einem Tag, als der Wasserspiegel relativ ruhig war, mit zum Lake Michigan», berichtete Pennings im erwähnten Artikel. «In 3 Stunden haben wir 37 Datenpunkte erhoben. Die Daten zeigen naturgemäß ein gewisses Maß an statistischer ➡

Streuung, doch die Übereinstimmungen mit der Optimallinie waren gut.» Pennings meint: «Das Verhalten von Elvis ist ein Beispiel für die geradezu unheimliche Art und Weise, in der die Natur optimale Lösungen findet. (...) Ich vermute, dass die meisten Hunde von der Natur mit einer derartigen Problemlösungs-Software ausgestattet sind.»

Übrigens hat der Hund Elvis, mit vollen Namen Elvis Bogart Wales, sich zu noch größeren Dingen aufgeschwungen. Kürzlich bekam er wegen seiner Optimierungskünste und der daraus resultierenden Medienprominenz den Ehrendoktortitel Litterarum Doctoris Caninarum des Hope College in Michigan verliehen. Er dürfte der einzige promovierte Hund der Welt sein.

16. *Mathematik: museumsfähig, briefmarkenwürdig, münztauglich*

Im Jahr 2000 ging in Uganda ein Geldstück in Form eines gleichschenkligen Dreiecks in Umlauf. Es zeigt Pythagoras und den nach ihm benannten Satz zusammen mit der Aufschrift *Pythagoras' Millennium*. Auch das keine schlechte Betitelung für das vergangene Jahrtausend. Sie ist fast auf einer Ebene mit *Gutenberg-Galaxis* (Marshall McLuhan) und *Mathematik-Universum* (John Wheeler).

Abbildung 12: 2000-Schilling-Münze aus Uganda

Katika haki-angled triangle ya mraba jun ya hypotenuse ni sawa yta ya jumla ya squares kwenye hypotenuse.

Satz des Pythagoras auf Suaheli

Ach, wenn man doch einer wohlklingenden afrikanischen Sprache mächtig wäre, nur zu gern würde man dieses Buch in sie hinein übersetzen.

17. *Aus der Serie* Regeln für die Faust*

Ständig müssen Entscheidungen getroffen werden: Kaufentscheidungen, Freizeitentscheidungen, Lebensplanungsentscheidungen und viele mehr. Dabei ist der *homo rationalis*, der sorgfältig seine Informationen sammelt, das Für und Wider abwägt und mit logischen Prinzipien rational seine Urteile bildet und Entscheidungen fällt, ein Hirngespinst der Ökonomen, das im richtigen Leben in freier Wildbahn selten bis kaumst anzutreffen ist.

Wir alle sind Menschen, deren Wissen bruchstückhaft, deren Zeit begrenzt und deren Zukunft ungewiss ist. Die penible Anwendung aller Regeln der Logik, der Gesetze der Wahrscheinlichkeitstheorie und der Erkenntnisse der Optimierung von Prozessen ist damit nicht kompatibel. Unter diesen stark einschränkenden Limitierungen und begrenzten menschlichen Ressourcen der Datenverarbeitung kommt es nicht so sehr auf analytische, sondern auf intuitive Intelligenz an. Intuition ist vom lateinischen Wort *intuitio* abgeleitet, wird synonym mit Instinkt oder Bauchgefühl und als Gegenbegriff zu Ratio und Rationalität gebraucht.

Die Grundlagen von Intuitionen sind Heuristiken. Dies sind kognitive Eilverfahren der Lösungsfindung, welche es erlauben, in einem Kosmos von Komplexität unter Zeitdruck schwierige Entscheidungen aufgrund einfacher Faustregeln zu treffen. Gute Heuristiken sind starke Informationsfilter, die nur einen geringen Bruchteil der verfügbaren Daten auswerten und den gesamten Rest ignorieren. Jeder Bas-

* Unter Verwendung von Informationen aus Gigerenzer (2007) und Goldstein & Gigerenzer (2002).

ketballspieler kann einen fliegenden Ball fangen. Doch fragte man ihn, wie er das macht, so wüsste es wohl kaum einer plausibel zu erklären.

Natürlich geht er nicht so vor, dass er die Differentialgleichung für die Wurfbahn des Balles aufstellt, diese Bahnkurve mathematisch fortsetzt, den Auftreffpunkt prognostiziert, diesen Punkt ansteuert und den Ball dort auffängt. Studien haben ergeben, dass Basketballspieler unter anderem die folgende Faustregel unbewusst anwenden:

Fixiere den Ball mit den Augen, laufe los und passe Laufrichtung und -geschwindigkeit so an, dass der Ball in deinem Blickfeld stets konstant bleibt.

Dies ist eine sehr brauchbare Als-ob-Optimierung, die so funktioniert, als ob die oben erwähnte komplizierte mathematische Analyse sich tatsächlich im Kopf ereignet hätte. Stattdessen operiert diese Blickheuristik aber nur mit einem einzigen Faktor, dem Blickwinkel, um die Hindernisse auf dem Weg zur Lösung aus dem Weg zu räumen.

Eine andere Heuristik ist die Rekognitionsheuristik. Sie ist noch elementarer und zeigt sogar den der Intuition zuwiderlaufenden Effekt, dass manchmal die Ignoranz bessere Voraussetzungen für treffsichere Entscheidungen schafft als das Wissen. Dazu betrachten wir ein instruktives Beispiel. Die Psychologen Gigerenzer und Goldstein legten amerikanischen Studierenden an der Universität von Chicago folgende Frage vor:

Welche Stadt hat mehr Einwohner, San Diego oder San Antonio?

Insgesamt 62% der amerikanischen Studenten gaben die richtige Antwort: San Diego.

Das Experiment wurde anschließend in Deutschland wiederholt. Man würde vermuten, dass die Deutschen mit dieser Frage mehr Schwierigkeiten haben als die Amerikaner. Viele Deutsche wissen tatsächlich wenig bis gerade noch etwas über San Diego und nichts über San Antonio. Dennoch beantworteten alle befragten Deutschen – ja, 100 % – die Frage richtig, obwohl sie weniger wussten. Ignoranz als Wettbewerbsvorteil. Paradox?

Ja, und doch auch wieder nicht! Die Deutschen wendeten teils unbewusst die Rekognitionsheuristik an: Wenn du zwischen zwei Alternativen wählen kannst, von denen dir eine bekannt vorkommt und die andere nicht, dann entscheide dich für die bekannte. Dies funktioniert immer dann gut, wenn der Bekanntheitsgrad mit dem Kriterium, um das es geht, positiv korreliert. Wenn die eine Stadt einem bekannt ist, die andere aber nicht, dann wird die bekannte höchstwahrscheinlich die größere der beiden sein. Man beachte, dass die amerikanischen Studenten diese Heuristik nicht anwenden konnten. Sie kannten beide Städte, hatten von beiden Städten gehört und wussten deshalb zu viel.

Dieser Weniger-bringt-mehr-Effekt zeigt sich auch in einer ganz anderen Situation. Der britische Billard-Meister Jimmy White hat die Angewohnheit, vor jedem Stoß rhythmisch mit dem Ringfinger auf den Billardtisch zu klopfen. Auf die Frage eines Reporters, ob ihm dies bei der Steigerung seiner Konzentration helfe, sagte White: «Überhaupt nicht. Im Gegenteil, es lenkt mich ab. Und das ist der Sinn der Sache. Wenn ich mich nicht ablenke, fange ich an, Winkel zu berechnen, und immer wenn ich das tue, geht der Stoß daneben.»

Eine andere wichtige quantitative Heuristik für viele Lebenslagen ist das Pareto-Prinzip. Es ist benannt nach dem italienischen Wirtschaftswissenschaftler und Soziologen Vilfredo Pareto (1848–1923), der vor rund 100 Jahren in einer Studie festgestellt hatte, dass in Italien 20 % der Bevölkerung des Landes im Besitz von 80 % des Volksvermögens sind. Dies ist ein Spezialfall der allgemeinen Pareto-Regel, die auf eine starke Disproportionalität in Input-Output-Situationen hinweist:

In vielen Ursache-Wirkungs-Zusammenhängen entfaltet bereits die zu etwa 20 % ausgeprägte Ursachenstärke etwa 80 % der Wirkung.

Zehn beschleunigte Beispiele:

20 % der Fehlerursachen ziehen 80 % der Fehler nach sich.
20 % der Kunden sorgen für 80 % des Umsatzes.
20 % der Produkte sind für 80 % der Reklamationen verantwortlich.
20 % der Arbeiterschaft leisten 80 % der Arbeit.

20 % der Krankheiten machen 80 % der Arztbesuche aus.
20 % der Kriminellen begehen 80 % der Verbrechen.
20 % der Autofahrer verursachen 80 % der Unfälle.
20 % der Buchtitel erzielen 80 % der Buchverkäufe.
20 % der Trinker konsumieren 80 % der Getränke.
20 % Ihres Aufwandes bewirken 80 % Ihrer Arbeitsresultate.

Das Pareto-Prinzip lässt sich auch auf das menschliche Zeitmanagement anwenden. Wer seine Zeit optimal nutzen will, sollte priorisieren, denn mit 20 % unserer Zeit werden 80 % unserer gesamten Arbeitsleistungen erzielt. Es gilt also, die wichtigsten Aufgaben und Tätigkeiten zu identifizieren und den eigenen Perfektionismus auf diese zu beschränken. Konzentrieren Sie Ihre persönlichen Optimierungsanstrengungen also auf Ihre Haupttätigkeiten. Da Sie mit 20 % Ihrer Zeit die überwiegende Mehrzahl Ihrer Erfolge generieren, lohnt es sich zu ermitteln, welche 20 % dies bei Ihnen sind.

Nichts hindert, das Pareto-Prinzip auch auf sich selbst anzuwenden. Dann sagt das so mit sich selbst potenzierte Prinzip, dass die Top 20 % der Top 20 % Ihres Aufwandes, 80 % der 80 % Ihrer Resultate erzielen. Mit anderen Worten: 4 % Ihrer Aktivitäten erzielen 64 % Ihrer Resultate. Und auch so weiter:

4 % der Fehlerursachen ziehen 64 % der Fehler nach sich.
4 % der Kunden sorgen für 64 % des Umsatzes.
Et cetera perge perge.

18. *Experimentalmathematik (I): Wir denken in Getränken**

Ein häufiger Anfängerfehler beim Addieren von Brüchen besteht darin, die beiden Zähler sowie die beiden Nenner zu addieren. Auf diese Weise würde 2/5 und 2/3 zu 4/8 falsch «addiert». Das ist nicht die übliche Addition, doch man kann fragen, was man mit dieser

* Angeregt durch Bierman & Blum (2002).

Verknüpfung «Zähler plus Zähler geteilt durch Nenner plus Nenner» erhält und ob sie einen Nutzen hat. Wir wollen sie durch das Symbol $\oplus$ ausdrücken, um sie von der üblichen Addition zu unterscheiden:

$$2/5 \oplus 2/3 = (2+2)/(5+3) = 4/8$$

Diese alternative Form des Addierens heißt sinnigerweise Ampèresche Mittelbildung. Betrachtet man einige Beispiele, so erkennt man schnell: Das Ergebnis der Verknüpfung $\oplus$ liegt irgendwo zwischen den beiden Ausgangsbrüchen. Als Mathematiker ist man dann schnell bei der Frage, ob dies ganz allgemein stets richtig ist, d. h. für ganze Zahlen a, b, c, d mit

$$a/b < c/d$$

immer gilt

$$a/b < (a+c)/(b+d) < c/d. \qquad (2)$$

Ja, dies ist in der Tat so, und hier ist ein «Schorle-Beweis» für diesen an sich ganz unkulinarischen Tatbestand: Wir interpretieren den Bruch a/b als eine Schorle aus a Teilen Apfelsaft und b Teilen Wasser, entsprechend den Bruch c/d als eine Schorle aus c Teilen Apfelsaft und d Teilen Wasser. Je größer der Bruch, desto dunkler ist die Schorle und desto apfelsaftiger schmeckt sie auch. Gießt man nun die (a/b)-Schorle und die (c/d)-Schorle zusammen, so ergibt sich eine neue Mischung aus $a + c$ Teilen Apfelsaft und $b + d$ Teilen Wasser, also eine $(a+c)/(b+d)$-Schorle.

Bis hierher handelt es sich um nicht mehr als nur einen Aufgalopp. Nun aber werden wir wesentlich. Aus unserer Trinkerfahrung ist nämlich klar: Bezüglich Farbe und Geschmacksintensität liegt die gemischte $(a+c)/(b+d)$-Schorle irgendwo zwischen der (a/b)-Schorle und der (c/d)-Schorle. Und das war's auch schon. Der Schorle-Beweis für die Gleichung (2) ist ein exaltiertes Kabinettstück mathematischer Beweistechnik. Schön zu erleben, wie rasant dieser Ansatz für die $\oplus$-Addition zweier Brüche, ohne lang herumzumäandern, zur

Wahrheit implodiert. Und der Schorle-Beweis ist überzeugend: ein zu Information aufbereiteter gastronomischer Vorgang, ein gutes Stück Mathematik für Epikureer.

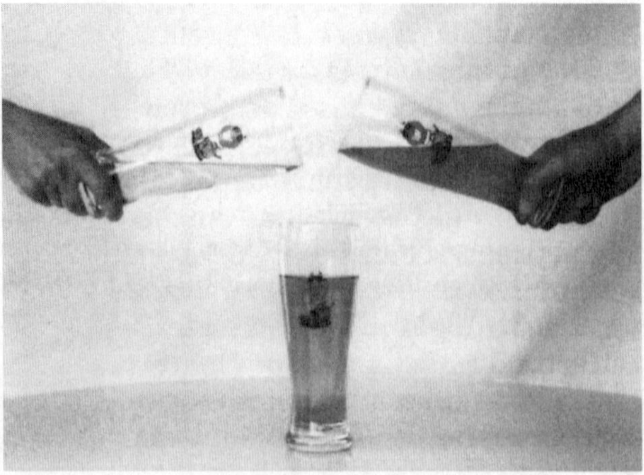

Abbildung 13: Mathematik Instrumentals: Der Schorle-Beweis

Übrigens, die Verknüpfung $\oplus$ ist nicht nur eine rein abstrakte Spielerei, sondern tritt auch im Alltag auf. Wenn etwa beim Fußball eine Mannschaft in der Hinrunde ein Torverhältnis von a : b verbuchen kann und in der Rückrunde von c : d, dann ist das Torverhältnis aus beiden Runden (a + c) : (b + d). Das ist das Ampère'sche Mittel $a/b \oplus c/d$.

Im Heimlabor: Mit Schokolade die Lichtgeschwindigkeit ermitteln

Mikrowellen sind elektromagnetische Wellen und bewegen sich wie diese mit Lichtgeschwindigkeit. Besitzen Sie einen Mikrowellenherd, dann können Sie mit einem Schokoriegel die Lichtgeschwindigkeit messen.

Dazu nehmen wir zunächst einmal den Drehteller aus der Mikrowelle, damit sich in ihr heiße Stellen bilden können. Um zu ermitteln, wo diese hot spots sich befinden, legen wir einen Schokoriegel hinein und mikrowellieren ihn. Nach etwa einer Dreiviertelminute beginnt der Riegel un- ➡

gleichmäßig zu schmelzen. Nehmen Sie ihn dann aus dem Herd und messen Sie den Abstand zwischen zwei benachbarten Schokoladenbläschen. In meinem eigenen Experiment ergaben sich 6,0 cm. Mathematisch ist das die Hälfte der Wellenlänge. Mikrowellen haben also eine Wellenlänge von 12 cm. Die Geschwindigkeit einer Welle ist das Produkt aus ihrer Wellenlänge und ihrer Frequenz. Die Frequenzangabe der Mikrowellen befindet sich hinten auf dem Gerät und ist auf 2450 Megaherz genormt. Also haben die Mikrowellen eine Geschwindigkeit von $12\,\text{cm} \cdot 2450\,\text{MHz} = 1{,}2 \cdot 10^{-4}\,\text{km} \cdot 2{,}45 \cdot 10^{9}\,\text{s}^{-1} = 294\,000\,\text{km/s}$. Der tatsächliche Wert beträgt 299792 km/s. Damit ist das experimentelle Ergebnis unserer Schoko-Methode äußerst genau.

19. *Wegen Eröffnung geschlossen*

Wir zeigen zwei weitere Stücke aus der Abteilung *Widersprüche im Alltag*. Zunächst einen fast schelmischen und mit grafischem Aufwand präsentierten, aber leider gescheiterten Beweis der Aussage: «Wir haben Ostern geöffnet.» Eine ohne betreutes Denken erkennbare Verifizierung des eigenen Gegenteils.

Abbildung 14: Schild aus dem Schaufenster eines Ladens am Düsseldorfer Hauptbahnhof

Als zweites Exempel aus der bewohnten Welt sehen wir einen nicht ganz geglückten Beweis der Aussage: «Wir sind für Sie da!»

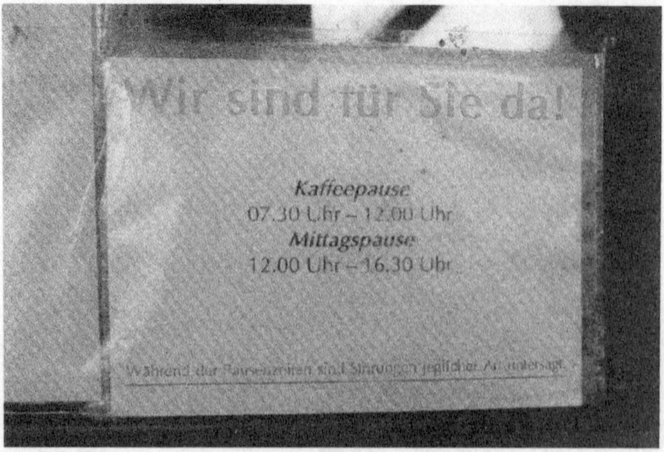

Abbildung 15: Power-Pausieren für Fortgeschrittene. Aushang an einer Imbiss-Stube bei Hermesdorf, Thüringen

Doing nothing, and doing it really well. Wo sind Sie für uns da? Ein Aushang, der einen mit der Frage zurücklässt, ob der, der für uns da zu sein behauptet, in letzter Konsequenz nicht doch ein bisschen fremdelt. Vielleicht liegt er als Unverrichter der Dinge in einer Hängematte, *somewhere over the rainbow,* verschaukelt die Tage und geht zyklisch-nahtlos von Kaffeepause in Mittagsruhe in Feierabend über, von halber acht bis tausend Uhr? Die Chinesen haben ein Wort dafür: wu-wei, das tuende Nichttun. Genau bedacht, handelt es sich hier sogar um aktives nichttuendes Tun, also um wei-wu, wenn die Chinesen uns dies gestatten. Vollkommener, gültiger und endgültiger als der Imbiss-Stubier kann man das Nichttun nicht tun.

20. *Sch... Das Fragment vom Scheitern*

Wir Menschen leben in Fehlerwelten. Fehler sind ein Rundumproblem. Viele Dinge stehen auf der Kippe, und wenn man nicht aufpasst, kippen sie einem auf die falsche Seite. Statt im Normalfall befindet man sich dann im Problemfall, bei dem das System als Ganzes auf die Verlustseite gerät. Jedes Gelungene liegt nur einen Gran von Versagenszuständen entfernt, in die es jederzeit dynamisch überzugehen droht.

Allerorts und immerfort sind wir umgeben von eigenen und fremden Fehlleistungsschlacken. Dabei sind Fehler, nach einer möglichen Definition des Deutschen Instituts für Normung (DIN), Ausprägungen, die vorgegebene Forderungen nicht erfüllen. Unter allen Alternativen kann man jene Optionen als Fehler ansehen, die in einem gegebenen Kontext vor dem Hintergrund eines spezifischen Interesses als so wenig günstig beurteilt werden, dass sie unerwünscht erscheinen. Oder kürzer: Fehler sind Lösungen, die gerade unpassend sind; sie sind manifest suboptimal, aber latent instruktiv.

Things people think

Boris-Becker-Bonmot + Christian-Hesse-Hinzufügung

Bonmot: Stark ist, wer keine Fehler macht. Stärker ist, wer aus seinen Fehlern lernt.

Hinzufügung: Am stärksten ist, wer aus seinen Fehlern und den Fehlern anderer lernt, dass das Lernen aus Fehlern kein Fehler ist.

Auch Mathematiker machen natürlich Fehler. Es gibt sogar ein Buch mit dem Titel *Erreurs de Mathématiciens des Origines a nos Jours* von Maurice Lecat. Erschienen ist es im Jahr 1935. Dieses Buch enthält mehr als 130 Seiten mit Fehlern, begangen von Top-Mathematikern seit der Antike bis 1900 ff. Ein Fehler von internationaler Größenordnung scheint in der Mathematik-Welt danach etwa alle 20 Jahre vorzukommen. Dabei handelt es sich um eine Kombination von Mathematiker mit großer Reputation, Problem von großer wissenschaftlicher Bedeutung und zunächst unentdecktem Beweisfehlschlag. Zum Beispiel dachte Hans Rademacher 1945, er hätte die Riemann'sche Vermutung bewiesen. Dies schlug große Wellen und sogar das US-Nachrichtenmagazin *Time* berichtete darüber. Ein anderer Riesen-Lapsus ereignete sich 1860, als Ernst Eduard Kummer glaubte, die Fermat'sche Vermutung geklärt zu haben.

Oder sehen Sie, was dem großen Leonhard Euler passierte, wenn auch erst mehr als 200 Jahre posthum. Anno 1753 hatte er korrekt bewiesen, dass es keine ganzen Zahlen x, y, z gibt, welche die Gleichung

$$x^3 + y^3 = z^3$$

lösen. Zwei dritte Potenzen können sich also nicht zu einer dritten Potenz addieren. Dieses Ergebnis und andere Einblicke veranlassten ihn zu der Vermutung, dass auch 3 vierte Potenzen sich nicht zu einer vierten Potenz und allgemein (m – 1) m-te Potenzen sich nicht zu einer m-ten Potenz addieren können. Wie gesagt, er hatte keinen handfesten Beweis, doch sehr viel sporadische Evidenz, um das Wagnis einzugehen, diese Vermutung in die Welt zu entlassen. Rund zwei Jahrhunderte blieb dies, was es war, eine Vermutung. Doch 1966 fanden Leon Lander und Thomas Parkin das Gegenbeispiel:

$$27^5 + 84^5 + 110^5 + 133^5 = 144^5$$

Für vierte Potenzen blieb die Frage zunächst noch offen. Noam Elkies von der Harvard-Universität und Don Zagier vom Max-Planck-Institut für Mathematik fanden dann fast bis auf den Tag genau gleichzeitig, aber unabhängig voneinander, einen Ansatz, der die Berechnung eines Gegenbeispiels für vierte Potenzen erlaubte. Doch nur Elkies gab ein Zahlenbeispiel an, nämlich

$$2682440^4 + 15365639^4 + 18796760^4 = 20615673^4,$$

da er Zugriff auf den Harvard-Computer hatte, während Zagier – auf Vortragsreise in der UdSSR unterwegs – nur einen kleinen Taschenrechner im Handgepäck führte.

Datierungs-Debakel

Einen Fehler der besonderen Art musste das Romanische Museum in South Shields, England, im Oktober 1971 zugeben. Eine Ausstellung von Artefakten präsentierte stolz eine Sesterius-Münze, die von Museumsexperten etwa auf das Jahr 137 n. Chr. datiert worden war. Doch eine Kennerin unter den Besuchern war anderer Ansicht. Die kleine Fiona Gordon, 9 Jahre alt, identifizierte das Ausstellungsstück als bedruckte Plastikscheibe der Getränkefirma Robinsons, die diese Scheiben jeweils für eine gewisse Anzahl gesammelter Flaschenetiketten an Kunden ausgegeben hatte. Als man Fiona höhnisch aufforderte, einen Beweis zu liefern, verwies sie auf das Warenzeichen der Firma, das auf der Rückseite enthalten sein sollte – und so war es denn auch. Die Experten hatten offenbar den stilisierten Buchstaben R als Abkürzung für Roma interpretiert statt für Robinsons.

Stephen Pile: _Book of Heroic Failures_

Fehler von kleinerer Größenordnung passieren natürlich noch öfter. Zum Beispiel identifizierte wiederum Euler (sorry!) fälschlich die Zahl 1 000 009 als Primzahl.

Doch nicht nur beim Denken, sondern auch beim schriftlichen Festhalten der Ergebnisse von Denkprozessen kann man danebengreifen. Die erste Auflage des Buches *A Handbook of Mathematical Functions*, von dem mehr als 100 000 Exemplare verkauft wurden, enthielt mehrere Hundert Fehler. In früheren Zeiten, als das Erstellen von Tabellen noch ein Handwerk war, gab es einen berühmten Tabellenmacher, der in große Tabellenwerke absichtlich Fehler einschmuggelte, um später anhand dessen feststellen zu können, ob andere seine Arbeit ohne Erlaubnis reproduziert hatten.

Abbildung 16: Nicht nur Menschen machen Fehler.

Gerichtsbericht

Das Protokoll der Verhandlung wird wie folgt berichtigt: «Die Angeklagte ist nicht bei den sieben Zwergen, sondern bei den Siemenswerken beschäftigt.»

Aus einer Verfügung des Landgerichts Regensburg, zitiert nach: *Der Spiegel* vom 11. 7. 1983

21. *Induktionsprinzip im Alltag*

Ein mathematisches Prinzip, das vollständige Induktion man sich zu nennen angewöhnt hat, ist eine mathematische Technik, um unendlich viele verschiedene Aussagen alle auf einmal mit nur zwei intellektuellen Handgriffen zu beweisen. Das hört sich fantastisch an, nicht wahr? Und ist es irgendwie auch. In der Mathematik gehört dieses Prinzip zur Schwerprominenz der Denkwerkzeuge und hat Star-Status erreicht. Es eignet sich für jede Situation, bei der sich die Aussagen in eine Reihenfolge bringen lassen, etwa A(1), A(2), A(3), ..., und eine bestimmte Beziehung zwischen aufeinanderfolgenden Aussagen hergestellt werden kann. Die benötigten Beweis-Handgriffe sind dann die jetzt notierten:

1. Man beweise, dass die Aussage A(1) richtig ist [Induktionsanfang].
2. Man beweise: Aus der Richtigkeit der Aussage A(n) folgt die Richtigkeit der Aussage A(n + 1) [Induktionsschluss].

Dann ist A(1) eine wahre Aussage und wegen A(1) auch A(2) und wegen A(2) auch A(3) ... usw. Dies ist zwar endlos, aber dennoch mit Happy End.

Das Induktionsprinzip fungiert bei der Lösung unglaublich vieler Probleme als Basislager durchschlagenden und zielführenden Denkens. Zwei seiner instruktiven Analogien seien hier zwecks Verständnisvertiefung erwähnt:

Angenommen, wir befinden uns auf einer langen Straße, die mit vielen Ampeln bestückt ist. Wenn einerseits die erste Ampel grün ist und andererseits für jede Ampel, die auf Grün steht, gilt, dass auch die unmittelbar folgende Ampel auf Grün steht, dann sind *alle* Ampeln auf Grün gestellt, die erste, die zweite, die dritte usw.

Noch schöner und fast noch klarer ist die Induktionsanalogie bei einer langen Serie nacheinander aufgestellter Dominosteine: Wenn irgendein Dominostein umfällt, dann bringt er auch den unmittelbar dahinter aufgestellten Dominostein zum Umfallen. Wenn also der allererste Dominostein angetippt wird und fällt, dann fallen schließlich alle Dominosteine um. Fällt der erste Dominostein aber nicht oder fällt mit irgendeinem Stein der unmittelbar folgende nicht, dann bleibt die Induktion resonanzlos auf ihren Möglichkeiten sitzen und eine vollständige Beweiskettenreaktion bleibt aus.

Induktion, ach

Am 9. Juni 1978 versuchte Bob Specas im Manhattan Center von New York einen bestehenden Weltrekord zu brechen, indem er 100 000 Dominosteine aufstellte und durch Berühren des ersten Dominos alle umzuwerfen trachtete. Seine Bemühungen fanden bereits während der Vorbereitungen ein vorzeitiges, unerwartetes Ende, als ein TV-Kameramann, nachdem in mühevoller Arbeit 97 500 Dominosteine aufgestellt waren, seinen Presseausweis fallen ließ und den Vorgang auslöste.

Stephen Pile: *Book of Heroic Failures*

22. *Erlebnisportal für Kopf und mehr*

Als mathematisches Logo zum Einstieg zeigen wir eine Bildschönheit für zwischendurch, eine allbekannte Punktwolke im Raum mit herzerwärmendem Charakter:

Abbildung 17: Happyologie mathematischer Gebilde: 3-d Vollblutpunktmenge vom Glück

Mathematisch gesehen handelt sich um die Menge aller Raumpunkte mit Koordinaten x, y, z, welche die Gleichung

$$10(2x^2 + y^2 + z^2 - 1)^3 - x^2z^3 - 10y^2z^3 = 0$$

lösen. Und diese mathematische Figur ist eine passende Einleitung zu unserem eigentlichen Thema, einem Satz mit ausstrahlendem Charme. Er sagt viel auf einmal. Wir formulieren ihn zunächst uncharmant als abstrakt anmutendes Zuordnungsresultat, das scheinbar nicht in Zusammenhang steht mit dem herzigen Einstieg ins Thema:

Ein System von verschiedenen Repräsentanten von Mengen $S_1, ..., S_n$ ist eine Menge von verschiedenen Elementen $x_1, ..., x_n$ dieser Mengen, wobei das Element x_i in der Menge S_i liegt, für alle i von 1 bis n. Ein Mengensystem $S_1, ..., S_n$ hat dann und nur dann ein System von verschiedenen Repräsentanten, wenn jede beliebige Vereinigung von t Mengen mindestens t Elemente enthält, für t von 1 bis n.

Die Einsamkeit dieses Theorems vor dem Publikum ist spürbar. Dieses erfordert und jenes verlangt in steigendem Maße eine Deutung. Das Theorem geht auf den britischen Mathematiker Philip Hall (1904–1982) zurück und ist ein kombinatorisches Großresultat. Es versorgt uns mit einer notwendigen und hinreichenden Bedingung dafür, dass aus jeder Menge innerhalb eines Mengensystems untereinander verschiedene Elemente ausgewählt werden können. Dafür gibt es viele Anwendungen.

Eine arg verformelte Redeweise ist es aber zugegebenermaßen, mit geringen Wertungen für Verständlichkeit und Amusement. Eine amüsantere Darstellung nehmen wir jetzt vor. Sie versucht sich mit metaphorischen Mitteln den Weg in die Köpfe des Publikums zu bahnen. Aus Gründen, die gleich klar werden, bezeichnen wir das Resultat als den Heiratssatz.

Eva möchte natürlich Adam heiraten, Romeo seine Julia, Napoleon die Josephine und Barbie den Ken, obwohl sie auch gefallen an Hänsel findet. Auf den hat aber Gretel ein Auge geworfen. Allerdings: Gegen Ken hätte sie auch nichts und erst recht nicht gegen Romeo, aber Adam lässt sie kalt. Ein komplexes Gefüge von positiven und negativen Beziehungen mit vielen interessanten Fragen. Nur eine davon ist diese: Wenn in einer Gruppe von Frauen und Männern jede der Frauen eine gewisse Teilmenge der Männer als heiratsfähig einschätzt, unter welchen Bedingungen ist es dann möglich, dass eine jede von ihnen einen von ihr als heiratsfähig eingeschätzten Mann ehelichen kann?

Das ist ein Zuordnungsproblem, von denen es in unserem Alltag sehr viele von exakt derselben Struktur gibt: Zuordnungen von Jobs mit bestimmten Anforderungen auf Jobsuchende mit bestimmten Qualifikationen. Zuordnungen von Hotels mit bestimmten Leistungsprofilen auf Urlauber mit bestimmten Ansprüchen usw. Eine wichtige Frage in Anwendungen lautet, wann vollständige Zuordnungen möglich sind. Diese Frage hat 1935 Philip Hall, damals noch Teil der Jungmathematiker-Avantgarde, mit obigem Satz beantwortet.

Umgedeutet hat man es dabei mit dem folgenden Beziehungsgeflecht zu tun. Grundstrukturen sind eine Menge von Damen D und eine Menge von Herren H. Jeder Dame d, also jedem Element von D, ist eine Gruppe von Herren zugeordnet, also eine Teilmenge F(d) von H. Das sind die von der Dame d als heiratsfähig eingestuften Herren. Nennen wir die Zuordnung d → F(d) für alle Damen d aus der Menge D kurz *Freundschaftssystem* und speziell F(d) die Menge der *Freunde* der Dame d. Die Funktionen h von der Menge D in die Menge H nennen wir *Heiratssysteme*, speziell ist h(d) der Mann, den die Dame d heiratet. Heiratssysteme sind also Massenhochzeiten. Wir gehen dabei von Monogamie aus. Zwei verschiedene Damen können nicht denselben Herrn heiraten, zwei verschiedene Herren können nicht dieselbe Dame heiraten.

Wir sagen ferner, das Heiratssystem h: D → H ist mit dem Freundschaftssystem F *verträglich*, wenn jede Dame einen ihrer Freunde heiraten kann. Verträglichkeit in dieser Sprachregelung erfordert, dass stets h(d) ein Element von der Menge F(d) ist. Außerdem sagen wir noch: Das Freundschaftssystem erfüllt die *Party-Bedingung*, wenn auf keiner von einigen Damen mit allen ihren Freunden veranstalteten Party Herrenmangel herrscht, d. h., es gibt stets mindestens so viele Männer wie Frauen auf der Party. Der freudianische Hauptinhalt der Party-Bedingung: Für alle möglichen m hat jede Gruppe von m Damen zusammengenommen mindestens m Freunde. Diese Sicht des Zuordnungsproblems als Heiratsszenario hat unschätzbare kognitive Vorteile.

Held honoris causa. Unser Theorem-Sommelier Philip Hall hat bewiesen, dass es dann und nur dann ein mit dem Freundschaftssystem verträgliches Heiratssystem gibt, anders gesagt, eine vollständige Zuordnung, wenn die Party-Bedingung erfüllt ist.

Wir versuchen zu verstehen, warum. Zunächst ist klar, dass die Party-Bedingung für eine vollständige Zuordnung eine *conditio sine qua non* darstellt. Doch wenn sie erfüllt ist, ist dies umgekehrt auch ausreichend?

Der Beweis verläuft mit Induktion nach der Anzahl n der Frauen. Für den Fall n = 1 ist die Party-Bedingung offensichtlich ausreichend. Beim Induktionsschluss unterscheidet man zwei Fälle. Kennen je k Frauen für k von 1 bis n mindestens k + 1 Junggesellen, dann können wir als Zeremonienmeister ein beliebiges Paar verheiraten und die verbleibenden unverheirateten Frauen und Junggesellen erfüllen trotz des Fehlens eines Junggesellen nach wie vor die Party-Bedingung. Also können auch die verbleibenden k – 1 Frauen nach Voraussetzung mit k – 1 Junggesellen verheiratet werden. Dieser erste Schritt bringt uns ins Basislager für unsere Gipfelambitionen.

Es folgt das zweite Teilstück des Aufstiegs zum Beweis. Gibt es andererseits eine Gruppe von k < n Frauen, die insgesamt nur genau k Junggesellen kennen, so lassen sich diese nach der Voraussetzung im Induktionsschluss verheiraten. Nun müssen die verbleibenden Frauen noch mit den verbleibenden Junggesellen verheiratet werden. Dazu betrachten wir s der verbleibenden n – k Frauen. Die k Frauen plus diese s Frauen müssen mindestens k + s Freunde haben aufgrund der Party-Bedingung. Da die Gruppe der k verheirateten Frauen insgesamt nur die Gruppe der Männer zu Freunden hatte, die sie geheiratet haben, müssen die s Frauen s andere Männer als die bereits verheirateten zu Freunden haben. Also erfüllen die n – k verbleibenden Frauen die Party-Bedingung mit den unverheirateten Männern. Geschafft.

Gerade noch mal Glück gehabt! Doch ohne Glück und Gunst ist die Kunst umsunst. Ende dieser denkakrobatischen Einlage. Eine kompakte Kreation ist es allemal: Alles andere als ein Satz ohne Eigenschaften. Und seine Begründung demonstriert eindrücklich den Synergieeffekt, wenn sich bei Denkwerkzeugen die Kompetenzen ergänzen.

Wenn man, wie hier Philip Hall, ein solch wunderbares Theorem bewiesen hat, so geht es einem im übertragenen Sinn wie einem Cowboy, der sich einen Colt umschnallt: Automatisch bekommt er einen anderen Gang. Und selbst bei geringer Anteilnahme am Beweis bleibt die Tiefensehkraft seines Schöpfers spürbar. Schade, dass man ein Theorem nicht umarmen kann!

23. *Rekursionsprinzip im Alltag*

In der Mathematik bedeutet Rekursion im Wesentlichen, etwas auf eine Version von sich selbst zurückzuführen. Reizvoll und einsatzfähig als Denkwerkzeug der Problemlösung ist das Rekursionsprinzip dann, wenn die entstehende Version des Problems von einfacherer

Natur ist als das Ausgangsproblem. Dieser Vorgang der Zurückführung einer schwierigeren auf eine leichtere Problemversion lässt sich anschließend abermals durchführen, so lange, bis man zu einer Schwundstufe des Problems gelangt, welche direkt lösbar ist.

Reproduktion als Rekursion

Ein gutes Ei ist eiförmig. Weicht es einmal von seiner Gestalt ab, dauert es nicht lange, bis es Federn und Flügel bekommt. Und danach, darüber darf man sich nicht täuschen, das fliegende Ei, das kopulierende Ei und – was der Gipfel der Absurdität ist – das eierlegende Ei.

Norman Frederick Simpson (1919*), englischer Dramatiker

Den Menschen haben die Nukleinsäuren erfunden, damit sie sich auch auf dem Mond reproduzieren können.

Sol Spiegelman (1914–1983), US-amerikanischer Molekularbiologe

Ins Leere läuft das Rekursionsprinzip hingegen, wenn die entstehende Problemversion mindestens genauso schwierig ist wie das Ausgangsproblem. Diesem Fall begegnen wir in folgender Nachricht:

> Viele Hunderte von Frauen sind bei
> Teheraner Fahrschulen auf Wartelisten,
> um das Autofahren zu erlernen und den
> Führerschein zu bekommen. Getreu
> der islamischen Tradition darf aber kein
> männlicher Fahrlehrer eine Frau unterrichten.
> Verzweifelt suchen daher die Fahrschulen
> Fahrlehrerinnen. Der Erfolg ist ungewiss.
> Denn um Fahrlehrerinnen auszubilden,
> müsste es erst einmal fahrtüchtige
> Lehrerinnen der Fahrlehrerinnen geben.
> **Nach Alexander Tropf: *Niederlagen, die das Leben selber schrieb***

24. *Die Nicht-Einerleiheit der Einheiten*

Diese Miniatur beginnt mit einem Gedankensplitter aus der Serie «Was alles nicht gilt».

Es ist Unsinn zu behaupten, dass 1 Euro = 10 000 Cent sind.

Doch wo steckt der Fehler, wenn ich es Ihnen folgendermaßen schmackhaft mache?

$$1 \text{ Euro} = 100 \text{ Cent}$$
$$z \text{ Euro} = 100 \cdot z \text{ Cent.}$$

Also durch Multiplikation beider linken und beider rechten Seiten

$$1 \cdot z \text{ Euro} = 100 \cdot 100 \cdot z \text{ Cent.}$$

Und nach Kürzen von z auf beiden Seiten ergibt sich die hübsche Euro-Vision

$$1 \text{ Euro} = 10\,000 \text{ Cent.}$$

Der Gedankenfluss sieht ganz vernünftig aus. Aber was da als Saldo unter dem Strich steht, ist eindeutig falsch. Denken ist offenbar ein seltsames Tun, manchmal geht's und manchmal geht's nicht.

Irgendwo muss ein Denkfehler vorliegen. Allein wo? Die Antwort lautet: Der Fehler hat sich durch die inkorrekte Handhabung der Einheiten Euro und Cent eingeschlichen. Nach Multiplikation der linken und rechten Seiten müssen bei korrekter Buchführung die Einheiten Euro und Cent im Quadrat auftreten. Ganz Ähnliches lässt sich mit Meter und Zentimeter durchführen, wodurch der Unterschied zwischen Längenmaßen, also eindimensionalen Größen, und Flächenmaßen, also zweidimensionalen Größen, deutlich wird. Deshalb bitte nicht vergessen: Zahlen, die etwas messen – Größe, Gewicht, Fläche etc. –, haben Dimensionen und Einheiten. Und mit Einheiten kann man auch rechnen, muss man sogar, denn auch auf diese kommt es beim Rechnen an. Einheiten und Dimensionen sind gleichermaßen wichtig. Das zeigt auch folgendes Beispiel:

Dimensionale Demenz. Ein Vergleich der Weltbevölkerung in 3 Aufzügen, in Anlehnung an John Allen Paulos und Alexander Dewdney

1. Wenn alle Menschen auf der Welt hintereinander in einer Schlange stehen würden, wäre diese fünfmal so lang wie die Umlaufbahn des Mondes um die Erde.
2. Wenn alle Menschen auf der Welt in einer einzigen Stadt leben würden mit der Bevölkerungsdichte von New York, dann wäre diese Stadt so groß wie der Bundesstaat Texas.
3. Wenn alle Menschen auf der Welt jeweils in einem 6 m · 6 m · 6 m großen Apartment leben würden, dann würde der gesamte Apartmentkomplex nur die Hälfte des Grand Canyon ausfüllen.

Mit jeder zusätzlichen Dimension erscheint die Größe der Weltbevölkerung weniger enorm. Insofern sind wir ziemlich rasch auch bei der Anschlussfrage: Welcher Vergleich ist der richtige?

Antwort: Da unser Grundbedürfnis Nahrung ist und die Größe von Agrarland nach Flächeneinheiten gemessen wird, ist der zweidimensionale Vergleichsmaßstab der angemessene. Landwirtschaftliche Anbaufläche lässt sich nicht übereinandertürmen wie die Wohnungen, in denen wir leben, sondern ist eine inhärent zweidimensionale Größe.

25. *Gleichungen & Ungleichungen, Rechnungen & Umrechnungen*

10^{12} Mikrophone = 1 Megaphon
10^{21} Piccolos = 1 Gigolo
12^{3} Therapien = 1 Schocktherapie
5 Essenzen = 1 Quintessenz
4 Täler = 1 Quartal
3 Angeln = 1 Triangel
1 Hexameter < 1 Elfmeter

Kleine Arithmetik des Alltags:

3-mal umgezogen = 1-mal abgebrannt
3 Ecken = 1 Tor

1 Nanobruchteil eines Hektojahres = 1 Pikobruchteil eines Kilojahrhunderts = π Sekunden
20 Terrabyte = 1 Nationalbibliothek
1 Tausendsassa = 1000 Sassa = 1 Kilosassa
Wenn x = Haus ist, so ist 2x = Doppelhaus und 2x/2 = Doppelhaushälfte.
«Die Wahrheit ist ein Weib.» Nietzsches Gleichung mit 2 Unbekannten (Alexander Eilers)
Vorbei mit dem «Du» = Dutzende

Mathematik nach meinem Geschmack: anything goes

$$\frac{1}{4}\cdot\frac{8}{5}=\frac{18}{45}\qquad\frac{1}{6}\cdot\frac{4}{3}=\frac{14}{63}\qquad\frac{4}{9}\cdot\frac{9}{8}=\frac{49}{98}$$

$$\frac{532}{931}=\frac{5\cancel{3}2}{9\cancel{3}1}=\frac{52}{91}\qquad\frac{865}{346}=\frac{8\cancel{6}5}{34\cancel{6}}=\frac{85}{34}$$

$$\frac{143185}{17018560}=\frac{143\cancel{18}5}{170\cancel{18}560}=\frac{1435}{170560}$$

$$\frac{37^3+13^3}{37^3+24^3}=\frac{37^{\cancel{3}}+13^{\cancel{3}}}{37^{\cancel{3}}+24^{\cancel{3}}}=\frac{37+13}{37+24}$$

Abbildung 18: Cartoon von Sidney Harris: «Bei Ihnen ist alles maßlos vereinfacht.»

Roger & Over!

2. Spiel und Zauber

26. *Ein Spiel für die einsame Insel*

Ein Schiffbrüchiger auf einer einsamen Insel vertreibt sich die Zeit mit einer Kombination von Damespiel und Solitaire.

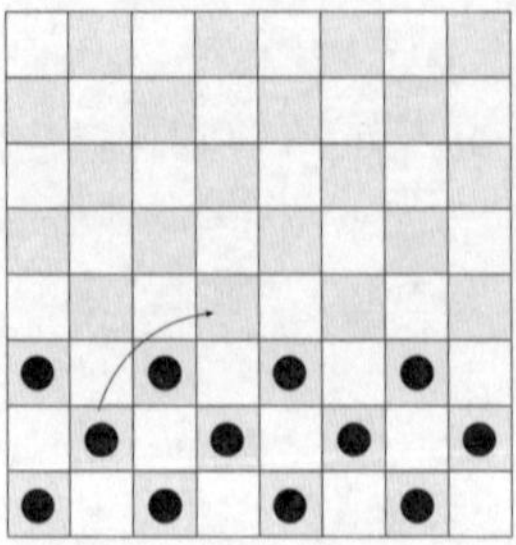

Abbildung 19: Ausgangsstellung des Spiels

Diagramm 19 zeigt die Anfangsstellung des Spiels und einen möglichen ersten Zug. Die Steine springen wie beim normalen Damespiel, aber nur nach vorne, nicht auch zurück. Sie können sich also nur über schräg vor ihnen liegende Steine hinwegsetzen und wie üblich auch nur dann, wenn das Zielfeld frei ist, wie in obigem Diagramm dargestellt. Übersprungene Steine werden vom Brett entfernt. Der Schiffbrüchige versucht, durch eine Gemeinschaftsaktion aller Steine einen von ihnen bis auf die andere Brettseite zu bringen. Doch dies misslingt ihm stets. Nach Wochen auf der Insel ist die Bildstellung 20 das Beste, was er je erreichen konnte:

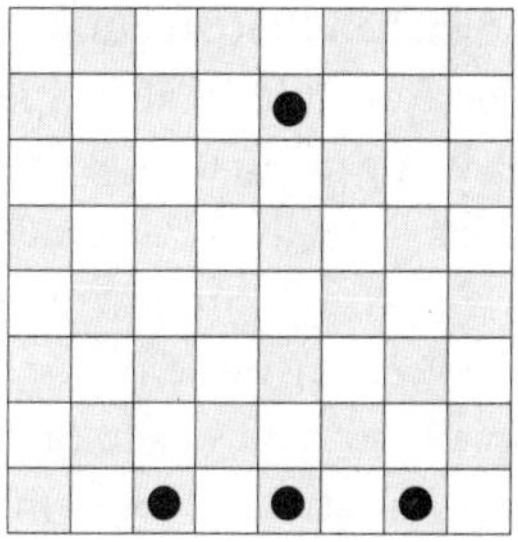

Abbildung 20: Endstellung mit Stein auf vorletzter Reihe

Und alle Steine haben sich verausgabt. Der letzte Hechtsprung erreicht leider nur die vorletzte Reihe. Experimentiert man mit diesem Spiel, um etwas Licht ins Dunkel zu bringen, so stellt sich bald das Gefühl ein, dass es selbst bei noch so filigraner Kooperation aller Steine schlechterdings unmöglich ist, einen Stein zur gegenüberliegenden Brettseite zu bringen, dass sich aber bei geschicktem Spiel immerhin die vorletzte Reihe erreichen lässt, wie etwa im Diagramm 20. Doch wie kann man dieses gefühlte Wissen in ein wasserdichtes Argument umwandeln? Das scheint ein Problem im Großformat zu sein.

Eine vollständige Aufzählung aller Spielverläufe ist wegen der Vielzahl der Möglichkeiten in diesem Problemdickicht ein langwieriges Unterfangen. Für den ersten Zug stehen 6, für den zweiten in Abhängigkeit vom ersten entweder 3, 4 oder 5 Möglichkeiten zur Verfügung. Nach zwei Zügen könnte die Position etwa so aussehen:

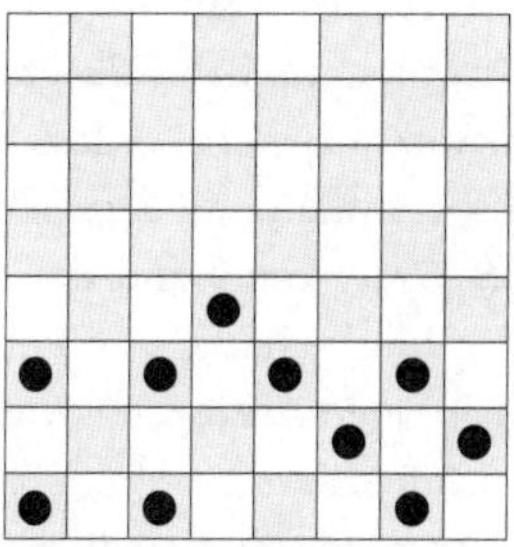

Abbildung 21: Mögliche Stellung nach 2 Zügen

Dies ist eine von 26 möglichen Brettstellungen nach 2 ausgeführten Zügen. Die vollständige Aufzählung aller Spielverläufe als Beweisprinzip ist in diesem Fall ungemein unpraktisch, elegant ist sie noch weniger. Wir begeben uns deshalb auf die Suche nach einer anderen Idee. Im Sinne eines Beweises durch Widerspruch (Reductio ad absurdum!) nehmen wir versuchsweise an, es sei tatsächlich möglich, die letzte Reihe des Spielbretts mit einem Stein zu erreichen. Dann muss die Spielsituation unmittelbar vor dem letzten Spielzug und seiner Erfolgsmeldung etwa so ausgesehen haben, wie in Abbildung 22 dargestellt, mit einem Stein auf der vorletzten und einem Stein auf der drittletzten Reihe sowie eventuell noch anderen Steinen irgendwo auf dem Brett.

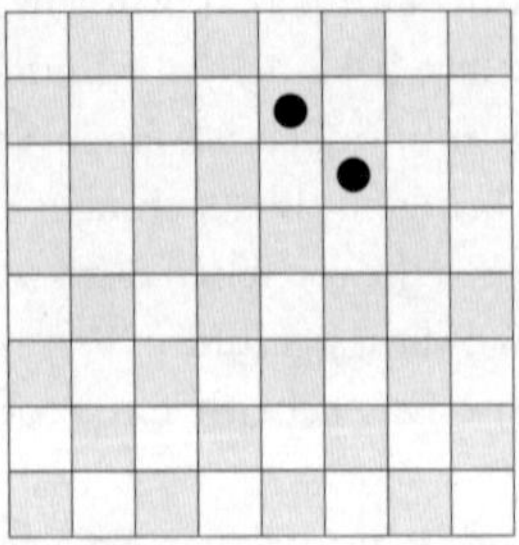

Abbildung 22: Rückwärtsarbeiten aus einer Endstellung

Das programmatische Stichwort lautet: Perspektive ändern, sich im Rückwärtsgang auf eine Antwort zubewegen.

Doch die Erwartung, dass die Analyse auf diese Weise zum Ziel führt, ist eine Fehlerwartung. Beim Rückwärtsarbeiten wird die wuchtige Vielzahl der zu beachtenden Fälle genauso schnell unübersichtlich wie beim Vorwärtsarbeiten, so dass auch diese Bemühungen rasch an ihre Grenzen stoßen und zum Scheitern verurteilt sind. Die Erwartbarkeit von Widerstand und das Ausloten von Gegenmaßnahmen geben der Mathematik ihre kämpferische Note. Wir stehen mit unseren bisherigen Ansätzen vor einem recht unsortierten Haufen von Ideen, die alle scheitern, sozusagen einem Ideen-Scheiterhaufen. Alle unsere Handlungen waren bisher nur Auflockerungen unserer eklatanten Handlungsunfähigkeit.

– Dieser Gedankenstrich hier kann gar nicht lang genug sein. Wir müssen offenbar ganz anders denken. Ein Neuanfang mit einer neuartigen Idee ist nötig. Als Nächstes versuchen wir einen Unmöglichkeitsbeweis. Unsere Gedankenlinie ist so angelegt, dass wir den Brettreihen in raffinierter Weise Zahlen zuordnen. Nummeriert man die Reihen von 1 (Grundreihe) bis 8 (gegenüberliegende Reihe), so hat jeder legale Zug die folgende Wirkung: Ein Stein von Reihe m überspringt einen Stein auf Reihe m + 1, entfernt diesen und begibt sich selbst auf Reihe m + 2. Im Saldo verlassen 2 Steine auf den aufeinanderfolgenden Reihen m, m + 1 das Brett und werden durch einen Stein auf der Reihe m + 2 ersetzt: Aus dieser Einsicht heraus bietet sich die Möglichkeit, eine konstant bleibende Größe zu finden; einen Zahlenwert, der einer Position zugeordnet ist und der sich nicht ändert, wenn in ihr ein legaler Zug ausgeführt wird. So beginnt unsere neue adrenalintreibende Idee. Und so geht sie weiter:

Einmal angenommen, wir weisen jedem schwarzen Feld des Brettes – dies sind ja die Felder, auf denen die Steine stehen können – eine natürliche Zahl zu und einem Stein auf einem schwarzen Feld ebenfalls die zugehörige Zahl des Feldes. Um diesen Sachverhalt begrifflich zu erfassen und um ein prägnantes Konzept zur Verfügung zu haben, nennen wir diesen Zahlenwert einfach die *Energie* des Steines bzw. des Feldes. Um diesen Einfall zu einem handlungsfähigen Konzept aufzurüsten, muss eine Zahl in der (m + 2)-ten Reihe sich als Summe der beiden Zahlen in der m-ten und der (m + 1)-ten Reihe ergeben. Es kommt ja nicht darauf an, wo auf einer Reihe ein Stein genau steht, bevor er zieht – stets landet er 2 Reihen weiter oben. Deshalb müssen die Energiewerte, die wir den Feldern einer Reihe zuordnen, identisch sein, und die Energiewerte der verschiedenen Reihen müssen so gestaffelt sein, dass der Energiewert der Felder der (m + 2)-ten Reihe, sagen wir E_{m+2}, sich ergibt als Summe des Energiewertes E_m der m-ten Reihe und des Energiewertes E_{m+1} der (m + 1)-ten Reihe. Und dies gilt immer für je drei aufeinanderfolgende Reihen. Sagen wir noch dies: Die *Gesamtenergie* einer Position ist die Summe der Energien aller sie bildenden Steine.

Dies ist jetzt der Moment, da Theorie in Magie übergeht, und es gibt nun eine feste Wahrheit: Aufgrund unseres Kunstgriffs im Design ändert ein legaler Zug die Gesamtenergie der Steine auf dem

Brett nicht. Damit hat sich eine Bedingung eingestellt, ohne die nichts mehr geht. Eine feine Finesse, die schon hier eine Ahnung von ihrer Durchschlagskraft gibt. Erst mal notieren wir: Die Gesamtenergie ist eine unveränderliche Größe oder Invariante. Berechne ich die Gesamtenergie aller Steine einer Stellung, führe dann einen legalen Zug aus und berechne die Gesamtenergie aller Steine der neuen Stellung, so sind die beiden Energiewerte gleich. Außerdem sind die Energiewerte aller Felder schon dann festgelegt, wenn wir nur die ersten beiden Reihen mit Energiewerten E_1 und E_2 bestücken. Diese können wir nach Belieben vorgeben. Der Energiebegriff scheint in unserer aktuellen Problemlandschaft vielversprechend zu sein. Um seine Möglichkeiten auszuloten, beginnen wir einmal versuchsweise mit den Energiewerten $E_1 = 1$ und $E_2 = 1$. Dann ist

$$E_3 = E_2 + E_1 = 2, E_4 = E_3 + E_2 = 2 + 1 = 3, E_5 = E_4 + E_3 = 5, E_6 = E_5 + E_4 = 8,$$
$$E_7 = E_6 + E_5 = 13 \text{ und } E_8 = E_7 + E_6 = 21.$$

	21		21		21		21
13		13		13		13	
	8		8		8		8
5		5		5		5	
	3		3		3		3
2		2		2		2	
	1		1		1		1
1		1		1		1	

Abbildung 23: Energiewerte der Brettreihen bei Wahl der Startwerte $E_1 = E_2 = 1$

Da in der Ausgangsstellung die jeweils 4 schwarzen Felder der ersten drei Reihen mit Steinen besetzt sind, ist die Gesamtenergie der Ausgangsstellung und damit zwingend auch aller anderen Stellungen, die sich aus beliebiger Zugzahl und beliebigen Zügen ergeben:

$$4E_1 + 4E_2 + 4E_3 = 4(1 + 1 + 2) = 16.$$

Wie steht es nun um die angesprochene erkenntnisfördernde Wirkung des hilfsweise eingeführten Energiekonzepts und seiner Kooperation mit dem Invarianz-Konzept? Sie bilden ein Dream-Team. Wir geben eine erste Probe von dessen Tauglichkeit. Nach den sehr nützlichen Vorarbeiten lässt sich der ins Auge gefasste Unmöglichkeitsbeweis nun mit einer ausgesprochen simplen Tatsächlichkeit ganz zügig führen: Da der Energiewert der achten Reihe $E_8 = 21$ ist, würde ein einziger auf ihr platzierter Stein bereits den Gesamtenergiewert 16 aller legalen Stellungen überschreiten. Also ist eine solche Stellung nicht erreichbar. Wir können jetzt definitiv verkünden, dass und warum kein Stein die achte Reihe erreichen kann.

Der virtuose Umgang mit dem Energiekonzept hat das Problem bewältigt. Doch im Hochgefühl des Erfolges könnte man in seiner Konkursmasse noch weiter sondieren wollen. Der gewählte Ansatz hat noch unausgelotete Entfaltungsmöglichkeiten in seinem Wirkungsradius.

Nichts hindert uns etwa daran, in den ersten beiden Reihen mit einer anderen Belegung der Energiewerte zu experimentieren, wodurch sich eventuell noch weitere Erkenntnisse über dieses Spiel gewinnen lassen. Setzen wir etwa $E_1 = 0$ und $E_2 = 1$, so stellt sich die folgende Energieverteilung auf dem Brett ein:

	13		13		13		13
8		8		8		8	
	5		5		5		5
3		3		3		3	
	2		2		2		2
1		1		1		1	
	1		1		1		1
0		0		0		0	

Abbildung 24. Energiewerte bei Wahl der Startwerte $E_1 = 0$, $E_2 = 1$

Nur eine kleine Intervention ist das, doch sie wird neue Einsichten vermitteln. Bei dieser Wahl hat die Anfangsstellung eine Gesamtenergie von $4E_1 + 4E_2 + 4E_3 = 8$. Das ist gleichzeitig der Energiewert E_7 der siebten Reihe. Was können wir ableiten, wenn diese beiden Halbgedanken im Kopf aufeinandertreffen? Offenbar dies: Wenn die siebte Reihe erreicht werden soll, benötigt man dafür alle Steine, die anfangs nicht auf der ersten Reihe stehen. Mit anderen Worten: Konfigurationen mit einem Stein auf der siebten Reihe können höchstens noch Steine auf der ersten Reihe, deren Energiewerte null sind, enthalten. Eine Inspektion des Diagramms 23 und der Energiewerte auf der ersten und siebten Reihe erlaubt dann noch den weitergehenden Schluss, dass bei Erreichen der siebten Reihe noch genau 3 weitere Steine auf der ersten Reihe stehen müssen, um die Gesamtenergiebilanz auf $1 \cdot E_7 + 3 \cdot E_1 = 1 \cdot 13 + 3 \cdot 1 = 16$ zu bringen.

Noch eine abschließende Frage sei neugierdehalber gestellt. Ist es möglich, 2 Steine auf die sechste Reihe zu hieven? Diagramm 23 schließt diese Möglichkeit nicht explizit aus, sondern lässt die Antwort offen. Der wichtigste Hebel zur Beantwortung dieser Frage ist wiederum das Energieprofil von Diagramm 24. Daraus liest man die Unmöglichkeit sogleich ab: Die Energiesumme der beiden Steine auf der sechsten Reihe läge bei 10, doch die Gesamtenergie der Anfangsstellung ist lediglich 8. Also ist auch dies nicht machbar.

Denken ist immer auch ein Realfight zwischen einem Denker und einer Problemwelt. Mit der richtigen Idee als Ass im Ärmel, der richtigen Denkfigur aus der Ideenkiste wird auch das Komplizierte bisweilen überraschend einfach. Auch Ideen können passen wie angegossen. In diesem Fall leistete dies die Energie.

So weit die Analyse: ein Gemisch aus Plänen, deren Misslingen und dessen Bewältigung, bis der Kopf die tragende Idee freigibt. Wer will, kann diesen Klassiker mit der Energieidee noch weiter assoziieren.

27. *Das Zaraspiel*

Quando si parte il gioco della zara
Colui che perde si riman dolente
Repetendo le volte, e tristo impara.
Dante Alighieri, Purgatorio, VI, 1–3

Übersetzt: Beim Abschiednehmen nach dem Zaraspiel/Bleibt der zurück, der verlor, voll Leid/Und probt zum Lernen Würfe aus.

Bei dem von Dante Alighieri (1265–1321) im Purgatorio seiner *Göttlichen Komödie* erwähnten Zaraspiel werden 3 Würfel geworfen. Die Spieler müssen zuvor die Summe der Augenzahlen vorhersagen (eine Zahl von 3 bis 18). Wer der tatsächlichen Summe am nächsten kommt, gewinnt.

Mehr als drei Jahrhunderte später wandten sich einige Florentiner Edelmänner an den schon damals berühmten Galileo Galilei (1564–1642), da ihnen beim Spiel aufgefallen war, dass die Augensummen 10 und 11 häufiger aufzutreten schienen als die Summen 9 und 12. Das kam ihnen seltsam vor und sie waren ratlos, da eine Auflistung ergeben hatte:

$$9 = 1 + 2 + 6 = 1 + 3 + 5 = 1 + 4 + 4 = 2 + 2 + 5 = 2 + 3 + 4 = 3 + 3 + 3$$
$$10 = 1 + 3 + 6 = 1 + 4 + 5 = 2 + 2 + 6 = 2 + 3 + 5 = 2 + 4 + 4 = 3 + 3 + 4$$
$$11 = 1 + 4 + 6 = 1 + 5 + 5 = 2 + 3 + 6 = 2 + 4 + 5 = 3 + 3 + 5 = 3 + 4 + 4$$
$$12 = 1 + 5 + 6 = 2 + 4 + 6 = 2 + 5 + 5 = 3 + 3 + 6 = 3 + 4 + 5 = 4 + 4 + 4$$

Für die Augensummen 9, 10, 11, 12 gibt es also jeweils eine identische Anzahl von Kombinationen von Ausfällen, die sie bilden, nämlich 6. Also sollten auch alle 4 Augensummen langfristig gleich häufig erscheinen, meinten die Gentiluomini.

Wie würden Sie den Edelmännern ihren Irrtum beweisen? Sie sind nur einen ganz kurzen Gedankengang von Galilei entfernt und können die Denkweise dieses großen Mannes über eine Entfernung von 400 Jahren berühren.

Galileis Antwort bestand im Kern darin zu erklären, dass die obige Auflistung unvollständig ist, und den Edelmännern darzulegen, dass etwa die Kombinationen 1, 2, 6 und 1, 4, 4 und 3, 3, 3 im Fall der Augensumme 9 nicht alle gleich wahrscheinlich sind. Es macht hinsichtlich der Auftretenswahrscheinlichkeit einen Unterschied, ob die 3 beteiligten Zahlen allesamt verschieden sind oder nicht.

Alternativ kann man auch die Buchführung der Einzelfälle verfeinern. Ein vollständiges Verzeichnis für die Augensumme 9 müsste die 6 oben aufgeführten Kombinationen weiter unterteilen, und zwar so:

$$1 + 2 + 6, 1 + 6 + 2, 2 + 1 + 6, 2 + 6 + 1, 6 + 2 + 1, 6 + 1 + 2$$
$$1 + 3 + 5, 1 + 5 + 3, 3 + 1 + 5, 3 + 5 + 1, 5 + 3 + 1, 5 + 1 + 3$$
$$1 + 4 + 4, 4 + 1 + 4, 4 + 4 + 1$$
$$2 + 2 + 5, 2 + 5 + 2, 5 + 2 + 2$$
$$2 + 3 + 4, 2 + 4 + 3, 3 + 2 + 4, 3 + 4 + 2, 4 + 3 + 2, 4 + 2 + 3$$
$$3 + 3 + 3$$

Für drei verschiedene Zahlen als Summanden gibt es also 6 mögliche Aufteilungen auf die 3 Würfel, bei zwei gleichen Zahlen nur 3 und bei drei gleichen Zahlen nur 1. Wendet man diese höher auflösende Auflistung für die anderen Augensummen entsprechend an, ergeben sich für die 9 und die 12 jeweils 25 mögliche Fälle, die allesamt gleich wahrscheinlich sind (mit einer Wahrscheinlichkeit von jeweils $(1/6)^3$). Für die 10 und die 11 ergeben sich genau 27 Fälle mit derselben Wahrscheinlichkeit. Also treten die Augensummen 10 und 11 gegenüber den Augensummen 9 und 12 langfristig tatsächlich geringfügig öfter auf. Das nur gefühlte Wissen der Edelmänner ist damit intellektuell fixiert.

28. *Ein wahres und rares Mirakel von der Theorem-Front: Verlust + Verlust = Gewinn*

Zwei ungünstige Spiele kann man unter Umständen zu einem günstigen Spiel kombinieren. Das ist die Kernaussage eines mathematischen Paradoxons, das der spanische Physikprofessor Juan Parrondo 1997 entdeckte. Er hat es unter großem intellektuellen Aufwand generiert. Gut und überschaubar verdeutlichen lässt es sich an folgendem Szenario zweier Spiele gegen eine Spielbank:

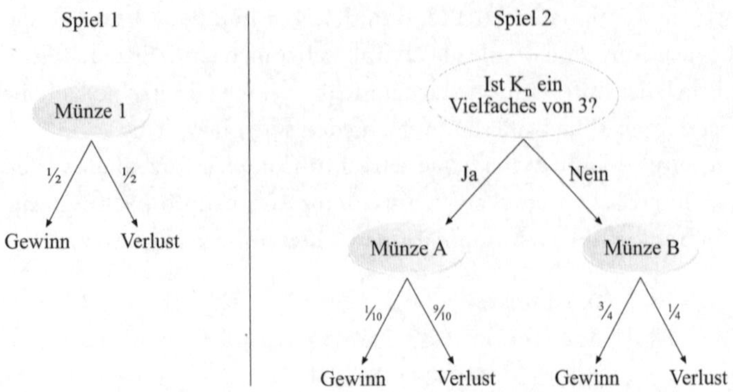

Abbildung 25: Spiel 1 und Spiel 2 bei Parrondos Paradoxon

Beim ersten Spiel zahlt man eine Spielgebühr und gewinnt oder verliert je einen Euro mit Wahrscheinlichkeit 1/2. Es könnte etwa eine Münze geworfen werden. Beim zweiten Spiel dagegen hängen die je aktuellen Chancen vom bisherigen Spielverlauf ab. Dieses zweite Spiel hat folgende Struktur: Ist der bislang angesammelte Gewinn K_n (Verlust ist dabei ein negativer Gewinn) des Spielers ein Vielfaches von 3, dann verliert er mit Wahrscheinlichkeit 9/10 einen Euro und mit Wahrscheinlichkeit 1/10 gewinnt er einen Euro. Dieser Fall ist offensichtlich für den Spieler ungünstig. Der andere Fall – der derzeitige Gewinn ist kein Vielfaches von 3 – ist dagegen für den Spieler günstig. Dann gewinnt er mit Wahrscheinlichkeit 3/4 einen Euro und verliert mit Wahrscheinlichkeit 1/4 einen Euro. Beide Fälle von Spiel 2 sind gerade so konstruiert, dass sich im Mittel Gewinn und Verlust die Waage halten. Doch aufgrund der zu leistenden Spielgebühr haben wir es auch hier langfristig mit einem Verlustspiel zu tun.

Und nun kommt das Weltbewegende: Wenn der Spieler vor jeder Spielrunde eine Münze wirft, ob Spiel 1 oder Spiel 2 gespielt wird, dann ist das so kombinierte Spiel 3 für den Spieler ein Gewinnspiel. Diese simple Konfiguration der beiden Spiele durchbricht die Barriere zur Gewinnzone. Finden wir eine Spielbank, die bereit ist, ein solches Spiel gegen uns zu spielen, so können wir mit entsprechend viel Zeit beliebig reich werden.

Diese Tatsache wirkt mit der Wucht einer Sensation. Es handelt sich um einen zunächst ganz rätselhaften Effekt, welcher sich aber mathematisch sauber beweisen und durch Simulationen realisieren lässt. Magno cum gaudio lassen sich also mit etwas Raffinement zwei Verluste zu einem Gewinn kombinieren. Das ist eine ermutigende und zum Bleiben bestimmte Erkenntnis. Und ein prima Prinzip, das sich über Spielernaturen aller Couleur herabsenkt wie ein Angebot, das man nicht ablehnen kann.

Gegenwärtig wird untersucht, ob und wie das Phänomen verallgemeinerungsfähig ist. Wäre es nicht schön, zwei verlustträchtige Aktien zu einer Gewinnaktie kombinieren zu können, zwei Krankheiten zu einer Gesundheit, zwei unerfreuliche Gefühle zu einem angenehmen ... generell mit zwei Negativa das Negative als solches bemeistern zu können?

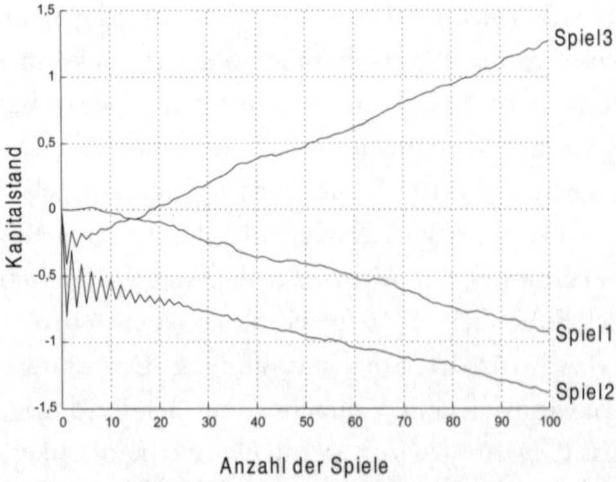

Abbildung 26*: Parrondos Paradoxon: Verlauf der Spiele 1, 2, 3, gemittelt über jeweils 10 000 Spielserien der Länge 100

Man kann das Hintergrundphänomen des Paradoxons besser begreifen, wenn man an den analogen Mechanismus einer Rätsche denkt. Dies ist ein Bauteil mit schiefen Zähnen, wie es auch in mechanischen Uhren eingebaut ist. Parrondos Paradoxon kann man auf intuitiver Ebene mit einer pulsierenden Rätsche vergleichen und so leichter verstehen. Die Zähne einer pulsierenden Rätsche klappen periodisch ein und aus, ähnlich einer Treppe, deren Stufen abwechselnd da sind und nicht da sind. Ein kleiner Ball würde in beiden Fällen – auf der Treppe und auf der schiefen Ebene – jeweils abwärtsrollen.

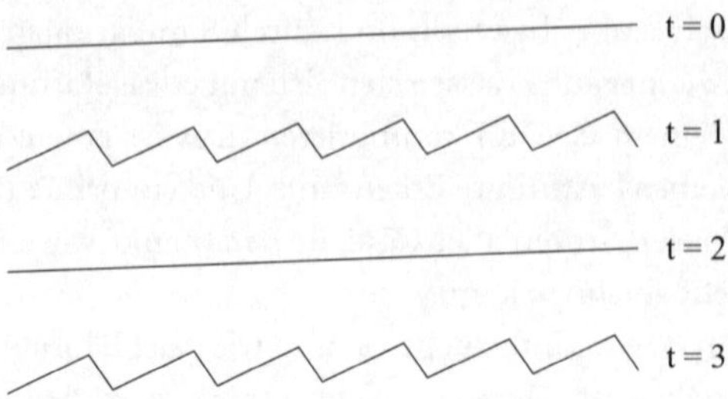

Abbildung 27: Pulsierende Rätsche

* Nach Hesse (2003).

Bei einem alternierenden Wechsel zwischen den beiden Zuständen *Treppe* und *Ebene* wird der Ball aber gegen das Gefälle nach oben massiert.

In solcher Sicht verliert das Paradoxon etwas von seinem Schockwert. Dazu mag auch hilfreich sein, die beiden zufallsbestimmten durch zwei deterministische Verlustspiele X und Y zu ersetzen, bei denen im Folgenden der Buchstabe n den aktuellen Gewinn des Spielers bezeichne:

Spiel X: Ist n gerade, dann gewinnen Sie 1 Euro, andernfalls verlieren Sie 3 Euro.
Spiel Y: Ist n ungerade, dann gewinnen Sie 1 Euro, andernfalls verlieren Sie 3 Euro.

Spielt man nur X oder nur Y, so verliert man kontinuierlich Geld. Doch in der alternierenden Reihenfolge XYXYXY..., beginnend mit 0 Euro, hat man ein Gewinnspiel vor sich.

Es gibt auch ein räumliches Analogon zu Parrondos Paradoxon. Angenommen, wir betrachten eine große Zahl von Städten, die wir von 1 beginnend fortlaufend nummerieren. Die Buslinie X biete Verbindungen von Stadt n nach Stadt n + 1 und zurück an, für alle geraden n. Entsprechend biete Buslinie Y Verbindungen von n nach n + 1 und zurück für alle ungeraden n. Wenn man nur Tickets der Buslinie X oder nur der Buslinie Y kauft, fährt man ständig zwischen dem Ausgangspunkt und einer benachbarten Stadt hin und her und kommt nicht weiter. Doch wenn man Tickets beider Linien kauft und diese alternierend einsetzt, kann man beliebig weit fahren.

Biobeimischung dieser Miniatur. Zum Schluss sei noch ein Beispiel aus der Natur erwähnt: In der Landwirtschaft ist es wohlbekannt, dass sowohl Insekten wie auch Spatzen allein das ganze Getreide einer Saison auffressen und so die Ernte vermasseln können. Gibt es aber in einem Jahr sowohl Spatzen als auch Insekten, dann kann man mit einer ertragreichen Ernte rechnen.

Parrondos Paradoxon ist Realität. Es ist die faszinierende Kopplung zweier Unerfreulichkeiten zu etwas Positivem. Nicht weiter erstaunlich also, dass es neben seinem kniffligen Realbetrieb einen ganzen Überbau von philosophischen Deutungen und Missdeutungen hervorgebracht hat. Wir stehen erst am Anfang eines genauen Studiums seines ganzen Wirkungsspektrums.

> ***Realität ist, wenn …***
>
> Die Realität ist das, was selbst dann, wenn man aufhört, daran zu glauben, nicht weggeht.
>
> **Philipp K. Dick (1928–1982), US-amerikanischer Science-Fiction-Autor**

29. *Duell der Köpfe*

In einer Firma läuft ein Job-Interview zur Auswahl zwischen zwei Bewerbern folgendermaßen ab: Beiden Bewerbern werden zwei Zehneuroscheine und ein Zwanzigeuroschein gezeigt; jeweils einer von den insgesamt drei Scheinen wird für jeden von beiden verdeckt ausgewählt. Sie sollen ihn hinter ihrem Kopf hochhalten, so dass jeder nur die Banknote des anderen sieht, selbst aber nicht weiß, welchen Schein er hat. Ohne ihr Wissen wurde beiden ein Zehneuroschein gegeben. Die Situation ist also vollkommen symmetrisch. Die Aufgabe besteht für die Bewerber darin, ihre eigene Banknote zu ermitteln.

Niemand der beiden sagt etwas. Was folgt daraus? Nun, jeder der beiden kann schließen, dass es sich bei seiner eigenen Banknote zwingend um eine Zehnernote handeln muss; denn andernfalls hätte derjenige, der einen Zwanzigeuroschein sieht, sofort ermitteln können, dass er selbst eine Zehneuronote hält. Ein Beweis durch Widerspruch en miniature! Die Situation der beiden Kombattanten ist ein Showdown wie im Finale eines Westerns, bei dem sich die Revolverhelden gegenüberstehen. Wer zieht zuerst, d. h., wer zieht den richtigen Schluss zuerst?

Epilogo: Statt den härteren Western-Schluss zu bemühen, hätte man als behutsamer Antoine-de-Saint-Exupéry-Zitierer auch abschließend sagen können: «Überlegen macht überlegen!»

30. *Eigenschaftslosigkeit als eigentliche Eigenschaft*

Eine Gruppe von Versuchspersonen erhält die Aufgabe, sich ohne Absprache für eine der Zahlen

7, 100, 13, 99, 261, 555

zu entscheiden. Entscheiden sich alle für dieselbe Zahl, so erhält jeder ein hübsches Sümmchen. Welche Zahl soll man wählen?*

Nun, es gibt eine logische Wahl: eine einzige Zahl, an die sich weder persönliche Vorlieben noch Aversionen knüpfen, die weder Glücks- noch Pechzahl ist, weder symmetrische noch runde Zahl. Die einzige prominente Zahl ist die 261, prominent allein durch Abwesenheit jeglicher der genannten Eigenschaften. Es ist die einzige «unbedeutende» der genannten Zahlen, die einzige, die keine Ansprüche stellt.

Neue Zahlen: Die Defensivnull

Fußballtrainer Mirco Slomka [übrigens auch er ein studierter Mathematiker, doch es muss noch offenbleiben, ob er die Wissenschaft adelt oder die Wissenschaft ihn (Anmerkung des Autors)] hatte Balance als oberstes Spielziel ausgegeben. Zwar sollte die auf Schalke etwas sehr heilige Defensivnull gut verteidigt werden, aber natürlich wollte man sich auch offensiv Respekt verschaffen.

Aus der *Süddeutschen Zeitung*, 6. 3. 2008

Es handelt sich um einen Fall interdependenter Entscheidungsfindung. Die Grundfigur ist eine Synthese aus Psychologie, dem Gegenteil von Zahlenmystik und manifester Rückbezüglichkeit. Es geht nicht allein darum, sich zu überlegen: Welche Zahl soll ich wählen?

* Unter Verwendung von Informationen aus Watzlawick (2003).

Ließe man es dabei bewenden, wäre man kognitiv zu früh abgebogen. Und selbst mit Blick auf jedes der anderen Gruppenmitglieder geht es auch nicht nur um die Frage: Welche Zahl würde ich an seiner Stelle wählen? Denn man muss sich nicht einfach nur vorstellen, was jeder der anderen tun würde, denn jeder andere wird die Zahl wählen, von der er sich vorstellt, dass wiederum jeder andere sie wählen wird, und so weiter. Also: Welche Zahl würde ich wählen, wenn ich an seiner Stelle wäre und mich fragen würde, welche Zahl er wählen würde, wenn er an meiner Stelle wäre und sich fragen würde, welche Zahl ich an seiner Stelle wählen würde ...?

Ein interdependenter Sumpf ist das hier, in dem rückbezügliches Denken über das rückbezügliche Denken selbst erforderlich ist, aus dem man sich aber interessanterweise am eigenen Schopf herausziehen kann.

31. *Die Mathematik von links und rechts**

Links und rechts sind vom Betrachter abhängige Richtungsangaben und stellen fundamentale Anordnungsbeziehungen zwischen den Dingen unserer Umwelt her. Deshalb ist zu erwarten, dass man diese Begriffe auch in der Mathematik an sichtbarer Stelle wiederfindet.

Wenn wir unsere Hände betrachten, so sind diese in gewissem Sinne gleich. Wenn wir allerdings versuchen, sie direkt übereinanderzulegen, sehen wir, dass sie verschieden sind und dass die eine Hand den Platz der anderen nicht einnehmen kann. Legen wir sie dagegen in einer Weise aneinander, dass sich die Handinnenflächen berühren, so verdecken sie sich. Denken wir uns eine hypothetische Ebene zwischen unseren Handinnenflächen, dann ist die eine Hand das Spiegelbild der anderen Hand an dieser Ebene. Unsere beiden Hände sind also nicht deckungsgleich, sondern gehen durch Spiegelung an einer Ebene ineinander über.

Schauen wir in einen vor uns stehenden Spiegel, dann gewinnen wir den Eindruck, dass er links und rechts vertauscht. Stimmt das aber wirklich? Wenn es so ist, warum vertauscht ein Spiegel dann

* Unter Verwendung von Informationen aus Skoruppa (2000).

nicht auch oben und unten? Immerhin ist die Spiegeloberfläche völlig glatt. Seine obere und seine untere Seite sind in keiner Weise anders als seine linke und seine rechte Seite. Und wenn wir diesen Spiegel vor uns um 90 Grad drehen, warum wird dann nicht auch unser Spiegelbild gedreht? Das sind keine schlechten Fragen.

Überraschend ist, dass ein Spiegel entgegen dem Ersteindruck gar nicht links und rechts vertauscht. Das kann man sich mit einem einfachen Hilfsmittel klarmachen: Wenn man einen Pfeil in beide Hände nimmt, die Spitze in der linken Hand und das Ende in der rechten Hand, und ihn parallel zum Spiegel hält, so zeigt der Pfeil nach links und auch das Spiegelbild des Pfeils zeigt nach links, beides von uns aus gesehen. Demnach findet keine Links-Rechts-Vertauschung statt.

Aber warum denken wir dann, dass links und rechts vom Spiegel umgekehrt werden? Es ist ein kognitiver Fehlschluss. Betrachte ich mich im Spiegel, so vergleiche ich das, was ich sehe, mit der Situation, bei der ich einer realen Person gegenüberstehe, hier einer Kopie von mir selbst. Wie aber hat die Kopie in meiner Vorstellung ihre Position eingenommen? Nun, ganz einfach: Sie ist durch eine halbe Drehung von mir selbst dorthin gelangt. Aber dann würde die Uhr am Handgelenk meiner linken Hand dem freien rechten Handgelenk der Kopie gegenüberliegen. Das ist aber im Spiegelbild nicht so. Die Uhr ist am anderen Handgelenk. Deshalb denke ich, dass der Spiegel links und rechts vertauscht haben muss. Tatsächlich habe ich es aber selbst in meiner Vorstellung getan, in der ich mich ja halb gedreht habe.

Der Spiegel vertauscht also nicht links und rechts und nicht oben und unten. Aber er vertauscht doch etwas, nämlich hinten und vorne. Gehen wir nochmals zu unserem Pfeil zurück. Halte ich den Pfeil mit der Spitze von mir weg, senkrecht zum Spiegel, so liegt aus meiner Blickrichtung der Pfeilanfang vorn und die Pfeilspitze hinten. Im Spiegel ist es umgekehrt. Aus meiner Blickrichtung liegt jetzt die Pfeilspitze vorn und der Pfeilanfang hinten. Oder noch anders: Wenn ich auf den Spiegel zugehe, scheint mein Spiegelbild aus dem Spiegel herauszukommen. Vorne und hinten werden also vertauscht, in dem Sinne, dass ich und mein Spiegelbild in entgegengesetzte Richtungen laufen.

Wussten Sie schon?

6 der letzten 12 US-Präsidenten waren Linkshänder. Das ist statistisch signifikant und bedeutet wahrscheinlich etwas.

Daniel Geschwind, Genetiker

Wir können unser Gedankenexperiment noch etwas weiterführen. Durch die bisherigen Ergebnisse sensibilisiert, halten wir nun 2 Pfeile vor den Spiegel. Der eine zeigt senkrecht zum Spiegel mit der Spitze vom Betrachter weg. Der zweite wird quer über den ersten gelegt, beide parallel zum Boden. Es gibt zwei Arten, dies zu tun. Die Spitze des zweiten Pfeils kann entweder rechts oder links relativ zur Zeigerichtung des ersten Pfeils liegen. Was macht der Spiegel aus diesem Arrangement? Er vertauscht die beiden Möglichkeiten, die Pfeile übereinanderzulegen.

In der Mathematik ist es nötig, zwischen diesen beiden Möglichkeiten zu unterscheiden. Wenn man in Richtung eines Pfeils (mathematisch gesprochen: eines Vektors) schaut, so zeigt jeder Vektor mit einer anderen Richtung entweder nach links oder nach rechts. Das ist eine Aussage über die relative Lage zweier Vektoren. Sie bleibt gültig, auch wenn wir beide Pfeile um den gleichen Winkel drehen oder zwei am Ausgangspunkt fest verbundene Pfeile entlang eines beliebigen Pfades in einer Ebene verschieben. Anders formuliert: Legen wir einen Buchstaben p in eine Ebene, so kann kein wie auch immer geartetes Herumschieben in der Ebene ihn je in sein Spiegelbild, den Buchstaben q, verwandeln.

Mathematisch sagt man, dass die Ebene orientiert ist. Es macht Sinn, bei Ebenen über links und rechts zu sprechen. Dies ist übrigens alles andere als selbstverständlich. Es gibt zweidimensionale «Welten», die nicht orientierbar sind. Eine davon ist das legendäre Möbius-Band, entdeckt 1858 vom Mathematiker August Ferdinand Möbius. Am einfachsten kann man ein Möbius-Band so erzeugen: Man nehme einen schmalen Papierstreifen, verdrehe diesen um 180 Grad und klebe dann die beiden Enden zusammen.

Abbildung 28: Möbius-Band

Dies ist ein Objekt, das nur eine einzige Seite und nur einen einzigen Rand hat. Wenn man auf einer der scheinbar zwei Seiten beginnt, fortschreitend die Fläche einzufärben, so hat man zum Schluss das ganze Objekt eingefärbt. Ähnlich verhält es sich, wenn man fortlaufend, an einer Stelle beginnend, den Rand einfärbt.

Von hier aus kann man noch einen Schritt weitergehen. Hat man das Möbius-Band aus transparenter Folie hergestellt und darauf nebeneinander die beiden Buchstaben p und q platziert, so kann man zum Beispiel das p einmal längs des Bandes verschieben, bis es wieder neben dem q erscheint. Man stellt dann überraschenderweise fest, dass das p in sein Spiegelbild übergegangen ist und man nun zwei q vor sich hat. Das Möbius-Band ist also nicht orientierbar in dem Sinne, wie wir eine Ebene orientierbar genannt haben: Es gibt keine Unterscheidung zwischen links und rechts in der Möbius-Welt. Nach jeder Runde auf dem Band nimmt man alles jeweils gespiegelt wahr, wie zum Beispiel auch diese Ameisen in M. C. Eschers Holzschnitt *Moebius Strip II* aus dem Jahr 1963 (Abb. 29).

Bei Kant gibt es das Ding an sich, Hegel spricht vom Ding überhaupt. In diese illustre Gesellschaft möchten wir gern aufgenommen werden mit dem hier angesprochenen Ding und wie man es dreht: dem Möbius-Band.

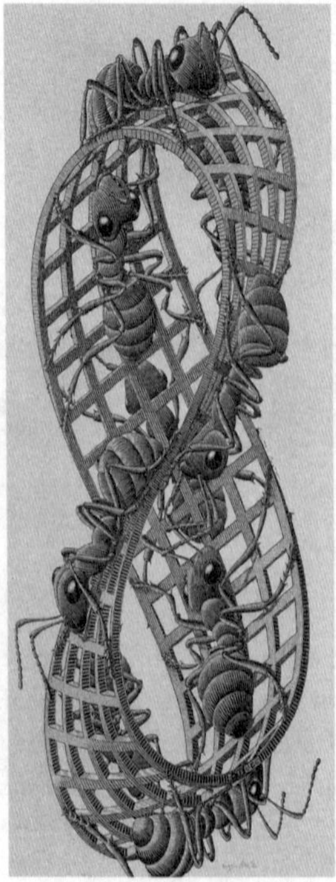

Abbildung 29: *Moebius Strip II* von M. C. Escher (1963), Ameisen auf einem Möbius-Band

32. *Schach auf dem Möbius-Band*

In dieser Miniatur setzen wir ein Möbius-Band mit einer Breite von 4 Felderreihen als Schachbrett ein. Einige Figuren stehen auf dem Band und bilden ein komponiertes Schachproblem. Es ist eine Stellungsarchitektur, die aus lauter möbial verstreuten Fragmenten besteht. Alle Figuren sind sichtbar, es gibt keine weiteren Figuren auf den nichtsichtbaren Teilen des Bandes. Auch auf einem solchen Brett kann man Schachspielen und Schachaufgaben lösen. Die hier gestellte Aufgabe ist ein so genannter Zweizüger und lautet wie folgt:

Abbildung 30
Weiß zieht und setzt in 2 Zügen matt

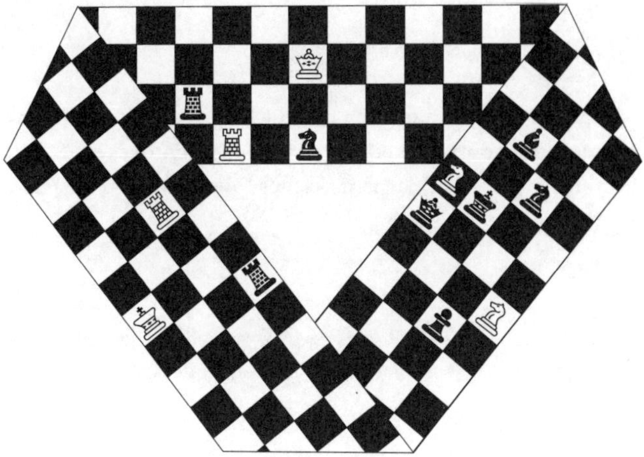

Abbildung 30: Schachproblem auf einem Möbius-Schachbrett

Die wegen ihrer Geometrie elegante Lösung wird allein von den weißen Schwerfiguren getragen. Um sie darzustellen, spreche ich vom oberen, linken und rechten Streifen, obwohl sie alle Teil desselben Bandes sind. Der erste Zug von Weiß geschieht mit der Dame. Die weiße Dame zieht nach rechts, landet auf der Rückseite des rechten Streifens (zweite Reihe von oben), dann auf der Vorderseite des linken Streifens (zweite Reihe von unten), dann auf der Rückseite des oberen Streifens (zweite Reihe von unten), dann auf der Vorderseite des rechten Streifens (zweite Reihe von unten) und schlägt schließlich den beim schwarzen König stehenden Springer. Damit gibt sie dem schwarzen König Schach. Der König kann die Dame nicht schlagen, da diese von einem weißen Springer gedeckt ist. Auch der schwarze Läufer kann die weiße Dame nicht schlagen, da er von dem weißen Turm auf dem linken Streifen gefesselt ist. Der schwarze König muss also ausweichen und den Springer schlagen. Dann zieht der weiße Turm auf dem oberen Streifen nach links über die Rückseite des linken Streifens (untere Reihe) und die Vorderseite des rechten Streifens (obere Reihe), bis er dort die schwarze Dame schlägt und Matt gibt.

Eine hübsche und aufgrund ihrer Originalität erfrischende Komposition.

33. *Mathematische Knotentheorie*

Mit der Mathematik-Brille kann man in alle Bereiche des Lebens hineinschauen und dort bemerkenswerte Dinge entdecken. Selbst so etwas vermeintlich Unmathematisches wie ein Knoten lässt sich wunderbar mathematisieren.

> Die Aufgabe ist nicht zu sehen, was noch nie jemand gesehen hat, sondern über dasjenige, was jeder schon gesehen hat, zu denken, was noch nie jemand gedacht hat.
>
> **Erwin Schrödinger**

Man könnte an dieser Stelle auf mancherlei erstaunliche Resultate der Knotentheorie hinweisen und auf deren Ausstrahlung in verschiedene Gebiete, zum Beispiel auf die String-Theorie in der Physik. Erwähnt sein soll hier aber nur ein einziger, wenngleich entzückender Satz der mathematischen Knotentheorie:

Knoten kürzen sich nicht weg!

Werden zwei beliebige Knoten in einen Faden geknüpft und die Enden des Fadens zusammengefügt, kann der Faden nicht entknotet werden.

Vor diesem Hintergrund sei zum Abschluss dieser Micro-Miniatur die folgende Frage gestellt: Kann man ein auf dem Tisch liegendes gerades Stück Seil mit je einer Hand an je einem Seilende aufnehmen und dann allein durch Arm- und Körperbewegungen, ohne die Seilenden loszulassen, einen Knoten im Seil erzeugen? Nimmt man die Seilenden in der herkömmlichen Weise auf, so dass sie mit den Armen und dem Körper einen geschlossenen Ring bilden, geht das aufgrund des obigen Satzes nicht. Verschränke ich jedoch zunächst die Arme, mache mir also gleichsam zuerst einen Knoten in die Arme, und nehme dann derart verknotet die Seilenden auf, dann wird der

Knoten, den ich mir in die Arme fabriziert habe, ins Seil transportiert, und wir haben den gewünschten Knoten im Seil.

Knotentheorie und -praxis

Übernommen hatte sich Janos, der sensationelle Schlangenmensch, während einer Abendvorstellung des Zirkus Roberts im August 1978 in New York. Janos verknotete seine Gliedmaßen mit solch genialer Kunstfertigkeit, dass es ihm nicht mehr gelang, sie zu entwirren. Der Zirkusdirektion blieb nichts anderes übrig, als das Menschenbündel per Lieferwagen ins Hospital zu transportieren. Die Ärzte brauchten über eine Stunde, bis sie den Artistenleib entflochten und geordnet hatten.

Alexander Tropf: _Niederlagen, die das Leben selber schrieb_

34. *Surrogate des Staunens: Ein Zerlegungswunder*

Wir beginnen etwas handgreiflich mit einer Fläche und deren Zerschneidung.

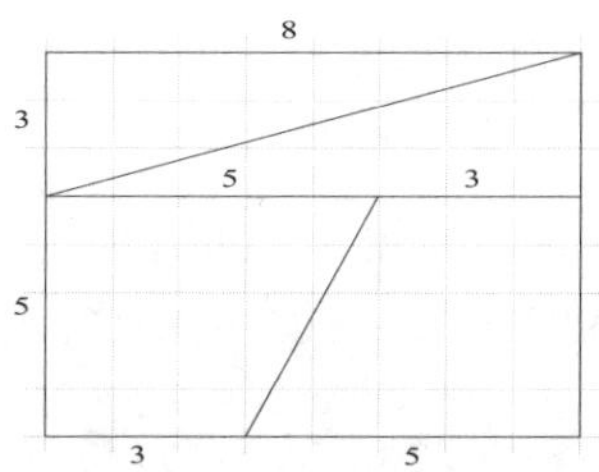

Abbildung 31: Zerlegung eines 8x8-Quadrates in 4 Teile

Sie sehen hier ein Quadrat der Seitenlänge 8, das aus 64 kleinen quadratischen Kästchen besteht. Dieses Quadrat zerlegen wir, indem es entlang der fett eingezeichneten Linien in 4 Teile geschnitten wird. Die 4 Teile setzen wir dann zu einem Rechteck der Maße 5×13 Kästchen zusammen.

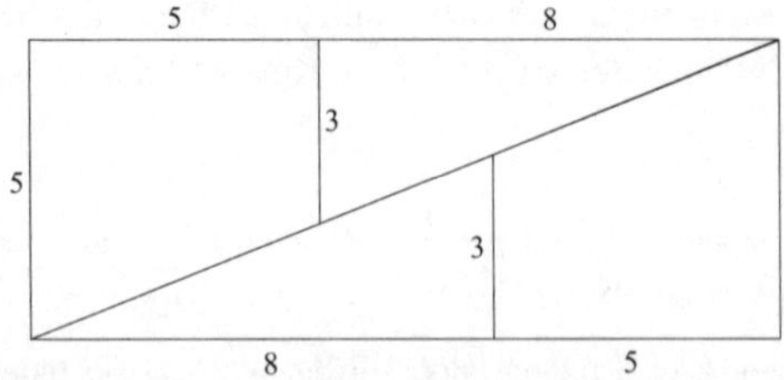

Abbildung 32: Anordnung der 4 Quadrat-Teile zu einem 5x13-Rechteck

Die Flächenstücke bilden zusammengelegt zwei verschiedene Flächen derselben Größe. Also haben wir experimentell bewiesen, dass $8 \cdot 8 = 5 \cdot 13$, also $64 = 65$ ist. Wie bitte? Das ist natürlich falsch – aber wo steckt der Fehler?

Ich hoffe, dass Sie erst dann zur Lektüre der Antwort übergehen, nachdem Sie eine Weile über die Frage nachgedacht haben. Die Antwort lautet: Zeichenungenauigkeiten erzeugen diesen Trugschluss. Im Rechteck der Abbildung 32 liegen die beiden «Dreiländerecke» nicht exakt auf der Diagonalen des Rechtecks. Die einfachste Möglichkeit, dies einzusehen, besteht in einem Vergleich der Steigungen der relevanten geometrischen Objekte.

Dreieckshypotenuse: $3/8 = 0{,}375$
Trapezseite: $2/5 = 0{,}4$
Rechtecksdiagonale: $5/13 = 0{,}3846$

Mit höherer Auflösung und etwas überpointiert gezeichnet ist die vorliegende Situation also wie folgt zu sehen:

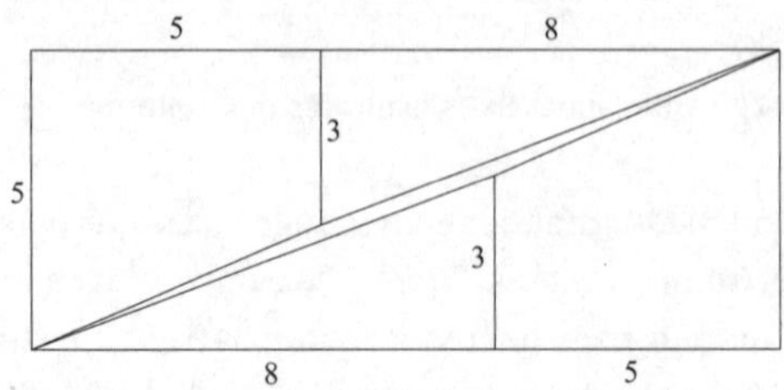

Abbildung 33: Anordnung der 4 Quadratteile, höhere Auflösung

Ein extrem lang gezogenes Parallelogramm, das den Flächeninhalt genau eines Kästchens hat und bei etwas dickerem Strich innerhalb der Zeichenungenauigkeit verschwindet, ist für die Flächendifferenz verantwortlich.

Das Spiel lässt sich noch beliebig fortsetzen, beispielsweise mit einem 13×13-Quadrat, das sich nach der Zerlegung von Diagramm 34 zu einem 8×21-Rechteck rekombinieren lässt. Scheinbar ein experimenteller Beweis für die Gleichung $169 = 13 \cdot 13 = 8 \cdot 21 = 168$.

In diesem Fall ist das aus den Quadratstücken entstehende Rechteck um eine Flächeneinheit kleiner als das Quadrat.

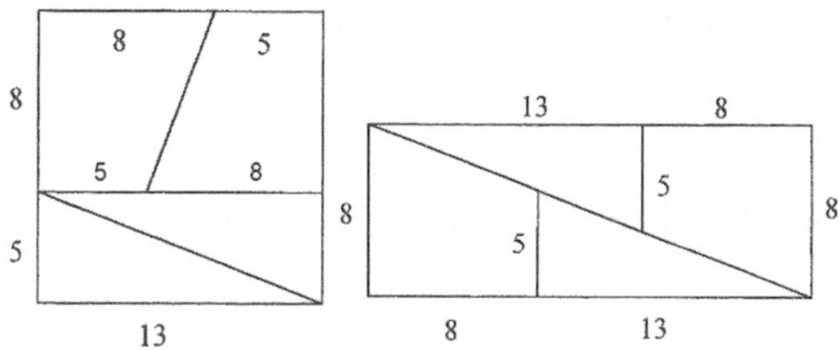

Abbildung 34: Zerlegung von 13x13-Quadrat und Umordnung zum 8x21-Rechteck

Was ist hier los? Es ist etwas da, was es zu verstehen gilt, irgendein Effekt, der das Phänomen hervorruft.

Zunächst fällt auf, dass es sich bei allen auftretenden Zahlen um ganz besondere Zahlen handelt: 5, 8, 13, 21. Dies ist ein Anfangsstück der Folge der Fibonacci-Zahlen F_n. Diese Folge ist dadurch charakterisiert, das man beginnend mit $F_0 = 0$ und $F_1 = 1$ die nächste Zahl der Folge durch Addition der beiden vorhergehenden Folgenglieder erhält: In Kurzschrift bedeutet das: $F_{n+1} = F_n + F_{n-1}$. Mit dieser Bauanleitung ergibt sich der Anfang der Folge als 0, 1, 1, 2, 3, 5, 8, 13, 21, 34, 55, 89, 144, ... Neben der definierenden Gleichung gilt für je 3 aufeinanderfolgende Zahlen der Folge immer auch die kompliziertere Gleichung

$$F_{n+1} \cdot F_{n-1} - F_n \cdot F_n = (-1)^n, \text{ für alle natürlichen Zahlen } n. \quad (3)$$

Diese wertvolle Beziehung heißt Cassini-Gleichung. Man prüft sie leicht mit dem Prinzip vollständige Induktion. Wir wollen das kurz durchführen. Die Gleichung (3) ist gültig für n=1, wegen

$$F_2 \cdot F_0 - F_1 \cdot F_1 = 0 - 1 = (-1)^1 .$$

Das ist der Induktionsanfang.

Nun der Induktionsschluss: Angenommen, die zu beweisende Gleichung gilt für eine beliebige natürliche Zahl n. Dann richten wir unser Vorgehen an der Möglichkeit aus, für F_{n-1} in der Gleichung (3) die Differenz $F_{n+1} - F_n$ einzusetzen, die sich aus der definierenden Fibonacci-Gleichung ergibt. Wir erhalten die Aussage

$$F_{n+1} \cdot F_{n+1} - F_n \cdot (F_{n+1} + F_n) = (-1)^n,$$

die nach Multiplikation mit der Zahl (–1) übergeht in

$$F_n \cdot (F_{n+1} + F_n) - F_{n+1} \cdot F_{n+1} = (-1)^{n+1}$$

und durch Einsetzen von F_{n+2} für $F_{n+1} + F_n$ zu

$$F_n \cdot F_{n+2} - F_{n+1} \cdot F_{n+1} = (-1)^{n+1} \tag{4}$$

wird. Eine überschaubare Situation ist entstanden: Die Gleichung (4) ist nichts anderes als die Gleichung (3) mit n ersetzt durch n+1. Gut so. Damit ist der Induktionsschluss vollzogen und der Beweis erbracht.

Jede Gleichung erzählt eine Geschichte. Welche Geschichte erzählt uns die Cassini-Gleichung? Was können wir aus ihr lernen? Im Kontext unserer Zerlegungsprobleme ist ihr Lehrwert nicht allzu versteckt: Man kann offenbar immer ein $F_n \times F_n$-Quadrat in ein $F_{n-1} \times F_{n+1}$-Rechteck umorganisieren, und der Unterschied der Flächeninhalte ist genau $(-1)^n$, also entweder +1 oder –1.

Damit ist der Effekt geklärt. Kein Wölkchen mehr am Problemhorizont. Die Fibonacci-Zahlen waren der Hauptdarsteller in dieser Analyse. Der Oscar für die beste weibliche Nebenrolle geht an die Cassini-Gleichung.

35. *Wo steckst du, o Loch?*

Ein möglicher Koan zum Thema dieser Miniatur ist eine Frage, die schon Bertolt Brecht sich stellte: Was wird eigentlich aus dem Loch, wenn der Käse alle ist?

Unser Ausgangspunkt ist ein Puzzle aus vier Teilen mit Tücken. Es soll der Publikumsverwirrung dienen. Die vier Teile sind auf zwei verschiedene Arten zu Dreiecken konfiguriert. Das obere Dreieck ist mit einem Loch verziert. Das untere Dreieck ist ungelocht. Beide bestehen aus denselben vier Flächenstücken.

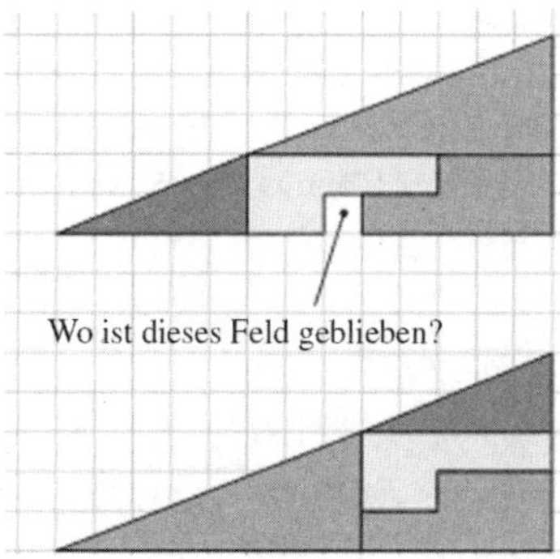

Abbildung 35: Dreieck und Dreieck: Gelocht und ungelocht

Die vier Flächenstücke wurden also nur verschoben. Ihre Gesamtfläche bleibt unverändert. Doch was wurde aus dem Loch? Eine Frage für die Leser zum Lösen.

Nach kurzer Bedenkminute nun zur Aufklärung dieses vermeintlichen Paradoxons. Bei der Inspektion der Figuren stellt sich die Vermutung ein, dass es sich bei beiden nicht um exakte Dreiecke handelt, selbst wenn wir bei der ersten Figur großzügig das Loch ausfüllen. Es handelt sich vielmehr um zwei leicht verschiedene Vierecke. Um das damit Gemeinte deutlicher zu verarbeiten, überzeichnen wir die Abweichungen von der Dreiecksform ein wenig:

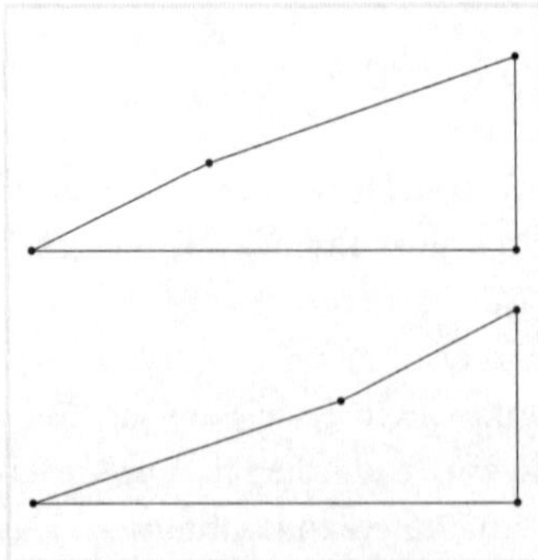

Abbildung 36: Größeres und kleineres Viereck

Das obere Viereck ist dabei geringfügig größer als das untere Viereck. Beide zusammengenommen und in einem einzigen Diagramm abgebildet, belegen die Existenz eines schmalen lang gezogenen Zwischenbereichs, welcher der Fläche eines Kästchens, des Lochs, entsprechen muss.

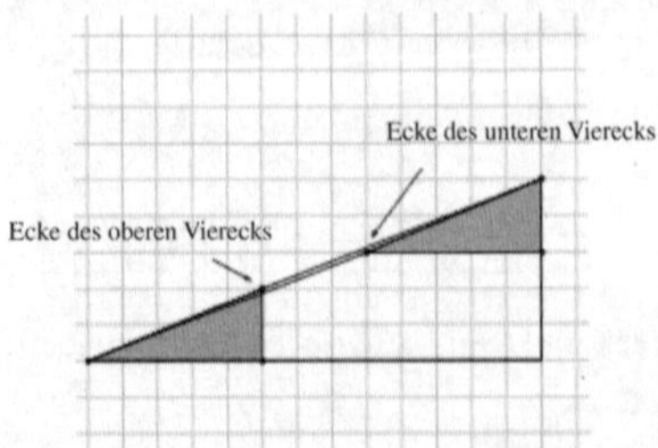

Abbildung 37: Überlagerte Vierecke nebst Zwischenbereich

Obwohl wir jetzt verstehen, wo sich das Loch versteckt hat, behält das Puzzle seine Faszination. Es impliziert eine krasse Flächenveränderung. Ein handliches kleines Quadrat wird in etwas lang gezogenes Spitzes verwandelt. Fortgeschrittene können versuchen, wieder den Zusammenhang mit Fibonacci-Zahlen herzustellen, denn letztlich ist auch diese Dreiecksbeziehung zum Loch ein Fibonacci-Quickie.

36. *Made by Mathematics: Münzwurfentscheid übers Telefon*

Tom und Jerry wollen am Telefon per Münzwurf ein Entscheidungsdilemma auflösen: Gehen wir heute Abend ins Kino oder ins Theater? Einer soll eine Münze werfen. Doch wie kann der andere sicherstellen, dass der Münzwerfer nicht schummelt? «Honesty is best policy, I try both ways», könnte die Einstellung des Münzwerfers sein. Kann man, kurz gefragt, einen fairen Münzwurf übers Telefon ohne Hilfestellung einer dritten Person organisieren?

Unmöglich? Wer das denkt, unterschätzt die bis in die Neuzeit durchprobte Fähigkeit der Mathematik, das unmöglich Erscheinende möglich zu machen. Mathematik ist, wenn man trotzdem kann. Und die Mathematik hat hier tatsächlich eine Lösung parat. Tom und Jerry müssen folgendes Verfahren verabreden.

Tom wirft die Münze. Bei *Kopf* wird Tom 2 von ihm geheim gewählte Primzahlen mit jeweils ungefähr 90 Stellen multiplizieren. Bei *Zahl* soll er entsprechend 3 Primzahlen mit jeweils ungefähr 60 Stellen multiplizieren. (Falls er sich nicht daran hält und es umgekehrt macht, kommt das später raus.) Dann teilt Tom dem Jerry nur das Endergebnis seiner Multiplikation mit, in beiden Fällen ist es eine etwa 180-stellige Zahl. Jerry versucht den Ausgang von Toms Münzwurf zu erraten und sagt nun entweder *Kopf* oder *Zahl*. Tom verkündet, was es wirklich war. Dann erhält Jerry von Tom die ursprünglichen (entweder 2 oder 3) Primzahlen zur Kontrolle des Münzwurfes. Er muss dazu nur die erhaltenen Zahlen multiplizieren und prüfen, ob Tom ihm vorher das richtige Produkt mitgeteilt hat. Die Zerlegung einer jeden Zahl in Primfaktoren ist eindeutig. Also hat die von Tom vorher übermittelte Produktzahl entweder genau 2 oder genau 3 Primfaktoren. Im ersten Fall war sein Münzwurf *Kopf*, im zweiten Fall *Zahl*. Er kann also nicht schummeln.

Dieses Verfahren beruht darauf, dass es ausgesprochen leicht ist, sehr große Primzahlen miteinander zu multiplizieren, aber selbst bei Unterstützung seitens der aktuell höchstleistenden Computer unmöglich ist, sehr große (auch 180-stellige) Zahlen in Primzahlfaktoren zu zerlegen. Deshalb kann Jerry aus der Mitteilung der 180-stelligen Zahl nicht auf die Primzahlfaktoren bzw. deren Anzahl schließen und also nicht den Münzwurf ermitteln.

37. *Kalender im Kopf: unplugged, unschwer und schnell*

An einem aprilernen Maitag in Mannheim. Trotz der Komplexität unseres modernen Kalenders mit Normaljahren, Schaltjahren und anderen Besonderheiten gibt es einen kurzen, leicht zu merkenden Algorithmus, um den Wochentag für ein beliebiges Datum der vergangenen und kommenden Jahrhunderte im Kopf anzugeben. Man muss nur einen kleinen Aktionsbaum mit 6 Schritten durchlaufen:

1. Teile die letzten zwei Stellen der Jahreszahl durch 4, ignoriere den Rest (Beispiel: 2009 ergibt 09 : 4 = 2 Rest 1, was zu 2 führt).
2. Addiere dazu die letzten beiden Stellen des Jahres (Beispiel: 2 + 09 = 11).
3. Subtrahiere davon 1 für einen Januar oder Februar eines Schaltjahres (Beispiel: keine Subtraktion für 2009).
4. Addiere dazu 6 für ein 2000er oder 1600er Jahr, eine 4 für ein 1700er oder 2100er Jahr, eine 2 für ein 1800er und 2200er Jahr und 0 für ein 1500er oder 1900er Jahr (Beispiel: Für 2009 haben wir jetzt 11 + 6 = 17).
5. Addiere dazu den Tag des Datums (Beispiel: 15.5. führt zu 17 + 15 = 32).
6. Addiere dazu eine Zahl für den Monat nach folgendem Schlüssel: Eine 1, 4, 4, 0, 2, 5, 0, 3, 6, 1, 4, 6 für die Monate J, F, M, A, M, J, J, A, S, O, N, D (Beispiel: 15.5. ergibt nun 32 + 2 = 34).

Der verbleibende Rest bei Division der erhaltenen Zahl durch 7 ergibt den Wochentag mit der Zuordnung So, Mo, Di, Mi, Do, Fr, Sa bei einem Rest von 1, 2, 3, 4, 5, 6, 0. In unserem laufenden Beispiel ist die Schlussrechnung damit 34 : 7 = 4 Rest 6 und einer 6 entspricht der Freitag. Stimmt! Das Kalenderblatt auf meinem Schreibtisch sagt, dass heute der 15. 5. 2009 ist und es ist tatsächlich Freitag.

Das ist die Unterwegsmethode für die Wochentagsbestimmung aus dem Datum. Mit ein bisschen Übung geht die Zuordnung von

Wochentag und Datum recht zügig und Sie können sich als Hochleistungserwachsener präsentieren. Hab ich alles schon erlebt.

38. *Weniger als ein Wunder wäre zu wenig*

Zahlen zu multiplizieren ist leicht. Der umgekehrte Vorgang des Faktorisierens von Zahlen kann sehr schwierig bis richtiggehend unmöglich sein, je nach Größe der Zahlen: $953 \cdot 827 = 788\,131$ ist schnell ermittelt. Doch fragen Sie einmal jemanden, welche zwei Zahlen sie multipliziert haben, um 788 131 zu erhalten. Tricky!

Seit Euklid uns verkündet hat, dass es da draußen unendlich viele Primzahlen gibt, haben Mathematiker nach Methoden gesucht, mit denen man feststellen kann, ob eine vorgelegte Zahl prim ist oder nicht. Die gefundenen Methoden sind für größere Zahlen nur mit Computerhilfe praktikabel. Umso erstaunlicher ist diese Episode aus der Mathematikgeschichte: Der französische Jesuitenpater und Mathematiker Mersenne schrieb im April 1643 an Pierre de Fermat und fragte ihn, ob die Zahl 100 895 598 169 eine Primzahl sei. Die Beantwortung solcher Fragen kann ohne Computerunterstützung Jahre in Anspruch nehmen, doch Fermat antwortete postwendend innerhalb weniger Stunden am 7. April 1643: «Sie fragten, ob die Zahl 100 895 598 169 prim ist oder nicht und nach einer Methode, mit der man dies innerhalb eines Tages feststellen könne. Auf diese Frage antworte ich, dass die Zahl zusammengesetzt ist und das Produkt der beiden Zahlen 898 423 und 112 303 ist, die beide Primzahlen sind. Wie immer verbleibe ich, verehrter Pater, in Zuneigung ihr ergebener Diener Fermat.»

Allein schon mit dieser Leistung war man im 17. Jahrhundert nicht nur der Star der Stunde, sondern mindestens der Star des Jahres.

Bis zum heutigen Tag weiß niemand, wie Fermat das Primzahlprodukt so schnell ermittelt hat. Ist eine äußerst mächtige Faktorisierungsmethode verschollen?

Vor diesem Hintergrund erscheint auch die folgende Geschichte zusätzlich mysteriös: Der amerikanische Psychiater Oliver Sacks widmet sich in einem Kapitel seines Kultbuches *Der Mann, der seine Frau mit einem Hut verwechselte* den geistig behinderten Zwillingen John und Michael. Ihre Biographie ist sehr anrührend. Beide waren zwergenhaft mit stark unproportionierten Körpern, piepsigen Stimmen und erheblicher Entwicklungsverzögerung. Doch sie besaßen eine besondere Gabe: Mit bis zu 20-stelligen Zahlen jonglierten sie in einer Leichtigkeit, als wären es Bauklötze, und sie konnten unter anderem extrem schnell angeben, ob es sich um eine Primzahl handelte oder nicht. Seltsamerweise beherrschten sie andererseits aber nicht einmal die Grundrechenarten und wussten ihre Vorgehensweise leider auch nicht zu erklären, denn sie redeten, wenn überhaupt, dann nur in Zahlen. Wie mentales Pingpong warfen sie sich ständig irgendwelche Zahlen hin und her und feixten dabei, als habe jemand eine amüsante Geschichte erzählt.

Irgendwann kam Oliver Sacks darauf, dass es sich stets um große Primzahlen handelte. Daraufhin spielte er mit ihnen das folgende Spiel: Er notierte sich aus einem Buch Primzahlen, bis hin zu 6-stelliger Größe. Dann ging er zu den Zwillingen und nannte eine davon. Sofort gab John die nächste Primzahl an, dann umgehend Michael die nächst größere, dann wieder Oliver Sacks und so weiter reihum, bis Sacks die Primzahlen ausgingen. Die Zwillinge bemerkten, dass Sacks nicht weiter konnte und rezitierten unter riesiger Begeisterung weiter lange Zahlenkolonnen.

Eine andere Episode, die Sacks von den Zwillingen erzählt und die in den berühmten Film *Rain Man* mit Dustin Hoffman und Tom Cruise einging, ist folgende: Irgendwann fiel eine Streichholzschachtel vom Tisch und die Hölzer lagen verstreut auf dem Boden. «Hundertelf», riefen die beiden Zwillinge gleichzeitig, und John murmelte «Siebenunddreißig» und Michael wiederholte das. Sacks zählte die Streichhölzer, was einige Zeit in Anspruch nahm, und es waren 111. «Wie konntet ihr die Hölzer so schnell zählen», fragte er. «Wir haben sie nicht gezählt», antworteten sie «Wir haben die 111 gesehen.» – «Und warum habt ihr siebenunddreißig gemurmelt?» Die Zwillinge sangen im Chor: «37, 37, 37, 111.»

Die Geschichte der Zwillinge endete traurig. Man unterzog sie einer «Therapie», die sie dazu befähigte, alleine zu leben und in ihrer Heimatstadt New York selbständig Bus zu fahren, doch ihre unbegreifliche Gabe der Primzahlfindung und ihre Lebensfreude hatten sie eingebüßt.

39. *Mit Mathematik sieht man mehr Wirklichkeit …*

Die kuriose Erfahrung, dass eine kompliziertere Situation manchmal leichter zu analysieren ist als eine weniger komplizierte, machen wir auch bei der Beziehung zwischen *Schach* und dem Spiel *Doppelschach*, bei dem jeder Spieler zweimal hintereinander statt nur einmal ziehen darf, aber abgesehen von Details dieselben Regeln gelten wie beim normalen Schach.

Beim herkömmlichen Schach ist es eine ungelöste Frage, ob die Ausgangsstellung für Weiß bei bestem Spiel beider Seiten gewonnen oder unentschieden ist. Beim Doppelschach dagegen, als dem komplizierteren Spiel, kann man durch ein außerordentlich einfaches Argument leicht beweisen, dass die Ausgangsstellung für Weiß bei bestem Spiel mindestens Remis ist. Das geht mit einem kurzen Argument durch Widerspruch, einer Reductio ad absurdum: Angenommen, in der Ausgangsstellung mit Weiß am Zug hätte Schwarz eine zwingende Gewinnstrategie. Dann könnte Weiß durch Ziehen eines beliebigen Springers im ersten Zug und sofortiges Zurückspielen des Springers auf sein Anfangsfeld die Zugpflicht in der Ausgangsstellung auf Schwarz abwälzen, und es wäre dann Weiß, der eine zwingende Gewinnstrategie hätte. Doch das ist bereits ein Widerspruch zur getroffenen Annahme der Reductio. Das war's schon. Eine nicht gerade enorme Idee, die aber das Moment der Durchschlagskraft für sich reklamieren kann, eine gute Kandidatin für jedes Aha!-Handbuch des schnellen, zielführenden Denkens. Zu ihren Überraschungseffekten gehört auch die Plötzlichkeit, mit der sie die Sachlage klärt. Wir sehen damit den interessanten Fall eines schwierigeren Spiels, das gegenüber dem leichteren in der betrachteten Frage einer einfachen Analyse zugänglich ist, während eine Analyse des leichteren Spiels – Schach – immer noch hoffnungslos ist. Wie lange würde es wohl dauern, die mit dieser Idee beglaubigte Erkenntnis auf empirische Weise zu erlangen? Für alle praktischen Zwecke so gut wie unendlich lang! Als Fazit kann man deshalb die Überschrift dieser Miniatur wie folgt fortsetzen: *Mit Mathematik sieht man mehr Wirklichkeit … als vom reinen Empirismus offiziell vorgesehen.*

40. *Der Mathematiker als Action-Künstler bei einer Qualitätsveranstaltung*

Viele Zaubertricks basieren auf mathematischen Prinzipien, die aber teils so versteckt sind, dass sie nur dem Eingeweihten offenkundig werden. Diese Mathematik-Tricks, von denen einige besonders filigrane mit Spielkarten durchgeführt werden, haben oft sehr verblüffende Wirkungen. Auch ein bekannter Philosoph hat sich einst mit mathematischen Zaubertricks beschäftigt. Der amerikanische Logiker Charles Sanders Peirce (1839–1914) hat sogar zahlreiche Zaubertricks selbst erdacht. Sein aufwendigster Trick beruhte auf einem Satz von Fermat und benötigte allein 13 Seiten für die Beschreibung der Durchführung und weitere 52 Seiten für die Erläuterung der Funktionsweise. Leider war der Effekt der Vorführung im Vergleich zum betriebenen Aufwand eher bescheiden. Der Trick wurde ein Volvo mit Gardine. Und bei seiner Aufführung mit «enden wollendem» (Friedrich Torberg) Beifall bedacht.

Wir zeigen nun einen weit weniger aufwendigen und dennoch effektvollen Trick, der auf den französischen Mathematiker Joseph Diaz Gergonne zurückgeht. Er wirkte stilbildend.

Insgesamt 27 Karten werden in 3 Stapel ausgeteilt, und zwar offen. «Austeilen» meint, dass die oberste Karte zur untersten Karte des ersten Stapels wird, die zweitoberste Karte zur untersten Karte des zweiten Stapels, die dritte Karte zur untersten Karte des dritten Stapels, die vierte Karte kommt auf die bereits ausliegende Karte des ersten Stapels usw. Außerdem werden alle Karten und Stapel immer mit dem Gesicht nach oben gehalten und die Stapel werden untereinandergeschichtet.

Ein Zuschauer merkt sich eine der ausgelegten Karten, sagen wir Karte X, und nennt unabhängig davon eine beliebige Zahl n zwischen 1 und 27. Der Zauberkünstler verkündet daraufhin, dass er nach zwei weiteren Durchgängen des Auslegens die ihm unbekannte Karte X an die vom Zuschauer genannte Stelle manövrieren werde. Zunächst fragt er den Zuschauer nach demjenigen der ausgelegten Stapel, in dem sich seine Karte X befindet. Dann nimmt er die 3 Stapel auf und teilt sie von oben nach unten wieder aus. Der Zuschauer lässt den Zauberer abermals wissen, in welchem Stapel sich seine Karte befindet. Der Zauberer nimmt die Stapel wieder auf und teilt sie ein letztes Mal aus. Wiederum sagt der Zuschauer, in welchem Stapel seine Karte liegt. Der Zauberer legt sodann die Stapel zusammen, und mysteriöserweise befindet sich die nur dem Zuschauer bekannte Karte X nun tatsächlich an der von ihm anfangs verlangten Stelle.

Schwerlich lässt sich behaupten, die hier wirksame Mathematik liege offen zutage oder verstehe sich von selbst und auf Anhieb. Deshalb erklären wir den Modus Operandi des Tricks ganz detailliert.

Angenommen, nach dem ersten Auslegen wird der Stapel mit der Karte X als a-ter Stapel aufgenommen. Die Zahl a ist gleich 1, 2 oder 3. Dann kann man Folgendes über die Anordnung der Karten aussagen:

1. Im oberen Teil des Gesamtstapels liegen $a - 1$ Stapel mit je 9 Karten.
2. Als Nächstes kommen 9 Karten, eine davon ist Karte X.
3. Zuunterst liegen die übrigen Karten.

Nun werden die Karten ein zweites Mal ausgeteilt. In jedem Stapel stammen die unteren $3(a - 1)$ Karten aus 1., die nächsten 3 Karten aus 2. und die übrigen $9 - 3a$ Karten aus 3. Anschließend wird der Stapel mit Karte X als b-ter Stapel aufgenommen. Dann ist dies zutreffend:

i. Oben im Gesamtstapel liegen $9(b - 1)$ Karten.
ii. Dann folgen $9 - 3a$ Karten.
iii. Darauf folgen 3 Karten, eine davon ist Karte X.
iv. Schließlich kommen die übrigen Karten des Gesamtstapels.

Auch dieser Zustand ist nur ein Interim. Es ist nicht ganz einfach, beim Rangieren den Überblick zu behalten, und noch weniger einfach, ihn auch nach abermaligem Austeilen nicht zu verlieren. Die Karten seien also noch ein weiteres Mal ausgeteilt. In jedem Stapel stammen die unteren $3(b - 1)$ Karten aus i., die nächsthöheren $3 - a$ Karten aus ii., die nächsthöhere Karte ist eine der 3 Karten aus iii., und die übrigen $8 - 3b + a$ Karten stammen aus iv. und liegen oben.

Wenn also in dieser Situation der Stapel mit der Karte X nochmals benannt wird, weiß der Zauberkünstler, dass Karte X die $(9 - 3b + a)$-te Karte von oben in dem benannten Stapel ist. Wenn dieser Stapel anschließend als c-ter Stapel aufgenommen wird, dann ist Karte X die $9(c - 1) + 9 - 3b + a = 9c - 3b + a$-te Karte von oben im Gesamtstapel. So weit, so gut. Soll die Karte X in der vorgegebenen Position n erscheinen, dann muss der Zauberkünstler die Zahlen a, b, c so gewählt haben, dass sie die Gleichung

$$n = 9c - 3b + a$$

erfüllen. Formal ist das eine Gleichung mit drei Unbekannten, die Werte in der Menge $\{1, 2, 3\}$ annehmen. Bei Aufbietung von etwas Raffinement sind die Unbekannten leicht zu bestimmen: a ist die kleinste Zahl, die, wenn man sie von n abzieht, eine durch 3 teilbare Zahl ergibt. Und b ist die kleinste Zahl, die man zu $(n - a)/3$ addieren muss, um ein Vielfaches von 3 zu erhalten. Mit b und a stellt sich dann sofort $c = (n - a + 3b)/9$ ein.

Ein Beispiel zur Illustration mag hier nützlich sein: Nennt der Zuschauer die Zahl $n = 26$, so ist $a = 2$, da $26 - 2 = 24$ durch 3 teilbar ist ($26 - 1$ ist nicht durch 3 teilbar). Weiter ist $(26 - 2)/3 = 8$ und somit $b = 1$, denn $8 + 1 = 9$ ist durch 3 teilbar. Schließlich ist $c = (26 - 2 + 3)/9 = 3$.

Schwankt Ihr Verständnis des Tricks zwischen getrübter Klarheit und ungetrübter Unklarheit? Eher ja? Dann probieren Sie den Kartentrick doch selbst einmal aus, schrittweise der Gebrauchsanweisung genau folgend. Sie werden sehen, dass es klappt. Und wenn Sie ihn schnell, ohne allzu langes Kopfrechnen, ausführen können, werden Ihre Zuschauer verblüfft sein.

Dieser Trick, der in einer wissenschaftlichen Publikation des Jahres 1813 behandelt wird, enthält eine Reihe von zahlentheoretisch interessanten Aspekten. In obiger Variante hat er eine enge Beziehung zum Zahlensystem mit der Basis $m = 3$. Er kann auf ein Zahlensystem mit beliebigem m verallgemeinert werden, benötigt dann aber m^m Karten, die in m Haufen mit je m^{m-1} Karten m-mal ausgelegt werden müssen. In unserem vertrauten Dezimalsystem etwa mit $m = 10$ müsste der Zauberkünstler mit $10^{10} = 10$ Milliarden Karten hantieren. Ein Partytrick, der jede Party in den roten Bereich brächte. Doch davon abgesehen, wäre die Wirkung wohl berauschend. Mit nur 10-maligem Auslegen und nur 10 Antworten des Zuschauers eine von 10 Milliarden Karten exakt vorhersagen und in eine beliebige Position bugsieren zu können müsste auch jene noch berühren, die auf herkömmliche Weise unterhalten zu werden nicht mehr gewohnt sind. Heben wir uns diesen Trick auf für unseren Weg von Zeit nach Ewigkeit.

41. *Nichtstunmüssen als Event: Ein Trick für faule Zauberer*

Der hier erklärte Kartentrick ist praktisch selbstausführend. Der Zauberer lässt sich vom Publikum 2 beliebige, verschiedene Kartenwerte nennen, ohne die Farbe. Sagen wir, 3 und 10. Dann mischt der Zauberer das 52er-Blatt willkürlich und verkündet dabei, er werde es unbemerkt so mischen, dass eine 3 und eine 10 unmittelbar nebeneinanderliegen. Dann geht man das Blatt durch, und es ist tatsächlich so, wie vom Zauberer vorhergesagt. Versuchen Sie es doch selbst einmal.

Sie können übrigens das Blatt ganz beliebig mischen, ohne irgendetwas Besonderes dabei zu tun. Nur in 10 % der Fälle liegen eine 3 und eine 10 nicht direkt nebeneinander, sondern im schlimmsten Fall um eine Karte getrennt. Führen Sie als Zauberer diese eintretende Eventualität dann einfach auf die Tatsache zurück, dass Sie sich nicht gut genug konzentriert haben.

42. *Ein stochastischer Zaubertrick*

Der folgende Kartentrick wurde von Professor Martin Kruskal von der Rutgers-Universität (USA) erfunden. Er basiert auf wahrscheinlichkeitstheoretischen Prinzipien der Kopplung zweier Zufallsprozesse.

Ein Zauberer gibt jemandem aus dem Publikum ein Kartenspiel und sagt zu ihm:

1. Denken Sie sich eine Geheimzahl von 1 bis 10 (z. B. 7).
2. Mischen Sie die Karten und legen Sie eine nach der anderen mit dem Bild nach oben ab, dabei unhörbar jede Karte zählend (1, 2, 3, ...).

3. Wenn Sie Ihre Geheimzahl erreichen, nehmen Sie den Wert der zugehörigen Karte – wir nennen sie die erste Geheimkarte – als Ihre nächste Geheimzahl. Ein Ass zählt eins, Bube, Dame König je 5, die anderen Kartenwerte wie darauf angegeben. (Wenn die 7-te Karte des Stapels eine 5 ist, dann wird 5 zur nächsten Geheimzahl.)
4. Zählen Sie nach jeder Geheimkarte mit 1 beginnend weiter bis zu Ihrer aktuellen Geheimzahl. Die zugehörige Geheimkarte gibt abermals Ihre nächste Geheimzahl an. Setzen Sie diesen Vorgang fort, und merken Sie sich die letzte Geheimkarte, bevor der ganze Kartenstapel abgearbeitet ist.

Das ist alles. Mit ein bisschen Abrakadabra kann der Zauberer zur Überraschung der Zuschauer die letzte Geheimkarte benennen. Das ist überraschend, da hier offenbar sehr viele dem Zauberer unbekannte, zufällige Aspekte in den Ablauf hineinspielen: die vom Zuschauer zufällig gewählte Zahl, der vom Zuschauer gemischte Kartenstapel mit zufälliger Anordnung, die zufällige Abfolge der Geheimkarten. Wie geht's also?

Der Trick ist in seinen Anforderungen an den Zauberer denkbar elementar. Er muss einfach nur von Anfang an dasselbe tun, was der Zuschauer tut. Auch der Zauberer muss zu Beginn im Stillen eine Geheimzahl wählen und dann mit ihr beginnend in der oben beschriebenen Weise von Geheimkarte zu Geheimkarte zählen. In 5 von 6 Fällen treffen sich die Pfade der Zufallsprozesse der Geheimkarten von Zuschauer und Zauberer bei einem 52er-Blatt und laufen dann in derselben Weise weiter bis hin zur letzten Geheimkarte, die bei Zauberer und Bezaubertem dann natürlich auch identisch ist. Der Trick basiert auf dem überraschenden Phänomen, dass sich mehrere Zufälligkeiten gegenseitig auslöschen können und ihre Überlagerung zu etwas Vorhersagbarem wird. Eine Analogie aus der Wahrscheinlichkeitstheorie ist das Gesetz der großen Zahlen: So ist zum Beispiel der Ausgang eines einzigen Münzwurfes nicht vorhersagbar, aber wenn man einen Würfel 1000-mal wirft, kann man so gut wie sicher sein, dass das Mittel der dabei geworfenen Augenzahlen auf eine Dezimale gleich 3,5 ist, was das Mittel der 6 möglichen Augenzahlen 1, 2, 3, 4, 5, 6 ist. Eine weitere, aber gänzlich andere Analogie ist der Lärm. Es ist keine Legende: Lärm lässt sich tatsächlich mit Lärm bekämpfen. Trifft eine Schallwelle auf eine Schallwelle, die im genauen Gegenteil schwingt, dann löschen sich beide aus. In der Handy-Technik etwa wird ein phasenversetzter Geräuschpegel erzeugt, um störende Nebengeräusche wie Straßenlärm auszufiltern. So wird Lärm plus Lärm zu Stille.

Es ist also ein auch philosophisch faszinierender Trick, der alles andere als transparent ist und eine große Wirkung entfaltet, solange man sein Geheimnis nicht preisgibt.

43. *Momentweise durchaus halbwegs überirdisch: «Der größte Kartentrick aller Zeiten!»*

Dieser Trick geht auf den amerikanischen Mathematikprofessor William Fitch Cheney jr. (1894–1974) zurück, der nebenbei ein Hobby-Zauberkünstler war. Des Öfteren benutzte er Zaubertricks in seinen Vorlesungen, um den Studenten verschiedene mathematische Prinzipien zu verdeutlichen. Auch war er beidhändig und beschleunigte bei Bedarf seine Vorlesungen damit, dass er lange Formeln simultan mit beiden Händen außen beginnend aufschrieb, die sich dann irgendwo in der Mitte am Gleichheitszeichen trafen. Der nun beschriebene Trick wurde gelegentlich als der größte Kartentrick aller Zeiten bezeichnet. Er wird hinsichtlich seiner Funktionsweise fast jedes Publikum ratlos zurücklassen.

Durchführung: Der Zauberkünstler gibt einem Zuschauer ein 52er-Kartenspiel, bittet ihn, zu mischen und dann, während der Zauberkünstler den Raum verlässt, 5 Karten beliebig auszuwählen und dem Assistenten des Zauberers zu übergeben. Der Assistent legt anschließend 4 dieser Karten offen und eine verdeckt auf dem Tisch aus. Der Zauberer betritt wieder den Raum und erklärt, er werde die verdeckte Karte benennen. Eine Höchstschwierigkeit? Braucht er ein oder zwei Wunder? Oder ist es unmöglich gar?

Unmögliches möglich machen können

Die Hummel hat 1,5 cm^2 Tragfläche bei einem Flächenwinkel von 7 Grad und 5 g Gewicht. Nach den Gesetzen der Aerodynamik ist es ➡

unmöglich, bei diesem Verhältnis zu fliegen. Die Hummel hat aber von Aerodynamik keinen blassen Schimmer und fliegt trotzdem.

Es mag unmöglich erscheinen, ist es aber nicht. Jedenfalls nicht für einen Mathematik-Aficionado. All you need is Math.

Unter den 5 Karten, die der Zuschauer auswählt, sind mindestens 2 derselben Farbe: Kreuz, Pik, Herz oder Karo. Zauberer und Assistent haben vorher abgesprochen, dass die erste vom Assistenten offen ausgelegte Karte dieselbe Farbe haben wird wie die verdeckte. Sieht der Zauberer also später die erste Karte, weiß er, dass es nur noch 12 Möglichkeiten für die verdeckte Karte gibt. Der Trick scheint trotzdem noch undurchführbar zu sein; denn auch durch verschiedenartige Anordnung der verbleibenden 3 offenen Karten kann der Assistent dem Zauberer lediglich 3! = 6 verschiedene Botschaften zukommen lassen, oder? Hm! Das ist aber zu wenig, um die verdeckte Karte eindeutig zu identifizieren. Ist es? Wäre es. Wäre da nicht bei gründlicherer Inspektion ein kleines Detail, welches die Rettung bringt. Ein weiterer Steigerungsakt ist jedenfalls vonnöten. Und in der Tat: Der Assistent hatte ja auch die Wahl, welche Karte des Paares gleicher Farbe er offen und welche er verdeckt auslegt. Angenommen, wir platzieren die 13 Karten einer Farbe kreisförmig im Uhrzeigersinn beginnend mit Ass, Zwei, Drei bis Dame und König und definieren den Abstand zwischen Karte X und Karte Y, geschrieben *Abstand(X, Y)*, als Schrittzahl im Uhrzeigersinn von Karte X bis Karte Y. Für zwei beliebige dieser 13 Karten ist dann entweder *Abstand(X, Y)* ≤ 6 oder *Abstand(Y, X)* ≤ 6. Wenn beide Abstände mindestens 7 wären, dann müssten mindestens 14 Karten kreisförmig angeordnet sein. Es sind aber nur 13.

Der Zauberer und sein Assistent können vorab auch noch vereinbaren, dass der Assistent stets jene Karte X offen und jene Karte Y verdeckt auslegt, für welche der *Abstand(X, Y)* ≤ 6 ist. Wenn zum Beispiel die Karten *Vier* und *Dame* dieselbe Farbe haben, wird der Assistent die Vier verdeckt und die Dame offen auslegen, da *Abstand(Dame, Vier)* = 5, aber *Abstand(Vier, Dame)* = 8 ist.

Jetzt, nach und wegen der getroffenen Vereinbarung, muss der Assistent mit den verbleibenden 3 Karten als Code dem Zauberer nur noch eine Zahl von 1 bis 6 übermitteln. Dieser wird dann vom Kartenwert der ersten ausgelegten Karte diese Anzahl Karten im Uhrzeigersinn weiterzählen und kommt zum Wert der verdeckten Karte. Es geht also nur noch darum, mit den 3 offen auszulegenden Karten eine der Zahlen 1, 2, ..., 6 zu kodieren.

Es gibt viele Möglichkeiten, dies zu tun. Wir wählen ein Schema, das eine schnelle Dekodierung erlaubt: Dazu bringen wir die 52 Karten des Decks in eine Rangfolge, und zwar aufsteigend Ass, Zwei, Drei, Vier, ..., Dame, König sowie als Tiebreaker eine alphabetische Reihenfolge bei den Farben nach Anfangsbuchstabe, also Herz, Karo, Kreuz, Pik. Mit dieser Festlegung ist zum Beispiel *Kreuz-Zwei* weniger wert als *Karo-Vier*, aber mehr als *Karo-Zwei*. So gewappnet, kann man den 3 offen auszulegenden Karten die Zahlen 1, 2, 3 zuordnen: 1 = kleinste Karte, 2 = mittlere Karte, 3 = größte Karte. Mit dieser Nummerierung ordnen wir dann den Zahlen 1, 2, 3, 4, 5, 6 die Kartenreihenfolgen (123), (213), (231), (132), (312), (321) zu. Um nun eines dieser Zahlentripel schnell in eine der 6 Zahlen zurückzuübersetzen, kann man so vorgehen. Die Position der kleinsten Karte liefert uns zunächst eine 1, 2 oder 3. Die Reihenfolge der beiden größten Karten sagt uns, ob wir eine 3 dazuaddieren müssen oder nicht: Ist die Abfolge dieser beiden Karten aufsteigend, addiere keine 3, andernfalls addiere eine 3.

Alles klar? Zur Verdeutlichung geben wir ein vollständiges Beispiel: Der Zuschauer hat die Karten *Kreuz-Fünf, Kreuz-Acht, Herz-Zehn, Pik-Dame* und *Karo-Zehn* gewählt und dem Assistenten übergeben.

Abbildung 38: Beispiel zum größten Zahlentrick aller Zeiten

Weil sich darunter 2 Karten der Farbe Kreuz befinden, wird der Assistent eine dieser beiden Kreuz-Karten verdeckt und die andere als erste in der Kartenreihe auslegen. Da der *Abstand(Fünf, Acht)* = 3 ≤ 6 ist, wird die *Acht* verdeckt ausgelegt und die *Fünf* offen. Mit den verbleibenden drei Karten *Herz-Zehn*, *Pik-Dame*, *Karo-Zehn* muss der Assistent nun noch die Zahl 3 auf die beschriebene Art und Weise verschlüsseln. Unter diesen Karten ist *Herz-Zehn* die kleinste, *Karo-Zehn* die mittlere und die *Pik-Dame* die größte. Um die der 3 entsprechende Anordnung 231 zu erhalten, legt er die Karten also in der Reihenfolge *Karo-Zehn*, *Pik-Dame*, *Herz-Zehn* aus. Zusammenfassend wird der Assistent dem Zauberer die Karten demnach wie folgt präsentieren:

Abbildung 39: Vom Assistenten ausgelegte Karten

Der Zauberer wird dann in Sherlock-Holmes-Manier rückwärtsgehend folgendermaßen kombinieren: Er inspiziert die erste Karte, *Kreuz-Fünf*, und weiß damit schon, dass es sich bei der verdeckten Karte um eine Kreuz-Karte handelt. Als Nächstes schaut er sich die übrigen 3 offenen Karten an. Er ermittelt, dass *Herz-Zehn* die kleinste, *Karo-Zehn* die mittlere und *Pik-Dame* die größte nach Wertigkeit ist. Er sieht, dass diese drei Karten als (231) gereiht sind. Die kleinste Karte ist also in Position 3. Nun geht es darum, ob er zu dieser Zahl 3 noch weitere 3 addieren muss. Doch da im Zahlentripel (231) die Zahlen 2 und 3 aufsteigend angeordnet sind, ist das nicht der Fall. Der Zauberer hat auf diese Weise ergrübelt, dass das Kartentripel die Zahl 3 chiffriert. Er muss also von der ersten offen ausliegenden Karte *Kreuz-Fünf* im Uhrzeigersinn 3 Karten weiterzählen, um zum Wert der verdeckten Karte zu kommen: *Kreuz-Sechs, Kreuz-Sieben, Kreuz-Acht.* Bei der verdeckten Karte handelt es sich um die Kreuz-

Acht. Dies teilt er dem Zuschauer wohl zu dessen nicht geringem Erstaunen mit.

Der Trick ist hundertprozentig mathematisch und von ausgeprägter Individualität. Er lässt sich noch zusätzlich mystifizieren, indem man ihn als ein Experiment des Gedankenlesens aufbereitet. Nur die allergewieftesten Zuschauer werden überhaupt den Anflug einer Ahnung haben, wie er funktionieren könnte.

Mein Vorsatz für 2010

Dieses Jahr werde ich 50. Zeit, endlich jemanden zu finden, der mir den Trick erklärt, wie man eine Jungfrau zersägt.

3. Sprache und Literatur

44. *Von der Negation des Negativen oder Nicht nur nichts für ungut, alles für gut*

In der Mathematik gilt die Regel «Minus Minus ist Plus». In Zeichen: $-(-x) = x$. Im Hochdeutschen ist es ebenso. Eine doppelte Verneinung ist eine Bejahung: nicht unintelligent = intelligent. In der mittelhochdeutschen Sprache sowie in manchen Dialekten ist die doppelte Verneinung dagegen eine Verstärkung der Verneinung, etwa im Plattdeutschen: Ick krieg gaar keen Ruh nich.

Eine Kuriosität, die in diesen thematischen Zusammenhang fällt, kann bei der Beschilderung im Straßenverkehr vorkommen: Hier kann der Zustand eintreten, dass ein zeitweiliger Baustellenbereich über das beschilderte Ende eines Abschnitts mit begrenzter Geschwindigkeit hinausreicht. In diesem Fall wird das Schild «Ende der Geschwindigkeitsbegrenzung» mit drei breiten roten Streifen überklebt. Dann ist auf dem Schild die Höchstgeschwindigkeitsangabe zunächst einmal fünffach durchgestrichen, und zwar in blassem Grau. Außerdem sind Zahl und graue Striche noch dreimal rot durchgestrichen.

Abbildung 40: Straßenschild mit Anti-Aussage

Wat säht uns dat?, wie man in Köln sagt. Es sagt uns zunächst einmal nicht, dass die ursprüngliche Geschwindigkeitsbegrenzung von 60 Stundenkilometern wieder gilt, also durch zweimaliges Durchstreichen doppelt verneint wurde. Das Schild sagt uns vielmehr, ex negatione, dass es als Ganzes zurzeit nicht gilt. Es ist vorübergehend außer Kraft gesetzt. Aus einem Schild wird keines. Es ist ein Schild, das dazu aufruft, es zu ignorieren. Ignoriert man es aber, wenn man es ignoriert? Kann man es überhaupt ignorieren? Ein Schild mit tief ins Logische hineinreichenden Implikationen ist es, das meinen Ansprüchen an unverklärten Tiefsinn heute (Heiligabend), da ich dies schreibe, ganz gut genügt. Ein Stück Philosophie der Logik im Straßenverkehr.

Fast wie ein Satz vom Ringelnatz

Vielfache Verneinungen:
3-fach: «Koa Kartoffeln hamma heuer koa nimmermehr.»
4-fach: «Nanednana!» Österreichisch in der Bedeutung von *Ja, sicher!*
5-fach: «Bei uns hod no nia koana koa Gäid net kabd.» Bairisch für *Bei uns hat noch nie einer Geld gehabt.*

Dass mehrfache Verneinungen hermeneutisch nicht ohne sind, zeigt auch die Tatsache, dass selbst Sprachgewaltige wie Gotthold Ephraim Lessing sich in ihrem Dickicht bisweilen verfangen haben. «Wie wild er schon war, als er nur hörte, dass der Prinz dich jüngst nicht ohne Missfallen gesehen!», ruft die Mutter von Emilia Galotti im gleichnamigen Drama (II, 6) aus. Der Kontext zeigt dagegen klar, dass nur «nicht ohne Wohlgefallen» an dieser Stelle gemeint sein kann, also «wohlgefällig». Die dreifache Verneinung aber ist logisch gesehen ein Nein, wenn auch eine recht vertrackte Art des Neinsagens. *Nicht ohne Missfallen* ist ein Formulierungsbaustein für sprachlich sensible Synapsen.

Beschließen wollen wir diesen Beitrag mit einem von Regisseur Werner Herzogs expressiven Textteilen, gesprochen und der Welt übergeben bei der Premiere seines Films *Fitzcarraldo*: «Ein Film, wie ihn noch nie niemals niemand keiner je gesehen hat.»

Die Dialektik der doppelten Bejahung

Der renommierte Sprachforscher John Langshaw Austin hielt einst einen Vortrag an der New Yorker Columbia-Universität über den Akt des Sprechens und führte darin aus, dass zwar eine doppelte Verneinung in manchen Sprachen der Welt eine Bejahung bedeute, es aber umgekehrt keine Sprache der Welt gebe, in der eine doppelte Bejahung eine Verneinung bedeute. Der im Publikum sitzende Philosoph Sidney Morgenbesser sagte daraufhin mit einer Geste der Geringschätzung: «Yeah, Yeah.»

45. *Mathematisch wahr = wahr immerfort mal wahr allerorts mal wahr jedwederseits*

Der Satz des Pythagoras umfasst
24 Worte, das Archimedische Prinzip 67,
die Zehn Gebote 179, die amerikanische
Unabhängigkeitserklärung 300 – und
allein Paragraph 19 a des deutschen
Einkommensteuergesetzes 1862 Worte.
Erwin Huber, deutscher Politiker

Wissenschaftliche Kurz-Arbeit

Die wissenschaftliche Arbeit von Peter Higgs über das später nach ihm benannte Elementarteilchen Higgs-Boson ist nur 79 Zeilen lang und enthält nicht mehr als 5 Gleichungen.

Ob kurz oder ob lang – was die Mathematik einmal korrekt als wahr erkannt hat, daran muss nie wieder jemand etwas korrigieren. Was gültig ist, ist auch endgültig. Die Mathematik empfiehlt sich als Verrichtung, die Wirklichkeit mit Wahrheit zu bevölkern: Mathematische Wahrheiten sind personenübergreifend, grenzüberschreitend, verfallsdatumfrei. Mathematik ist eine Twentyfourseven-Kultur allseits und für alle.

Während ich dies schreibe singt im Radio Carlos Santana «She's got a magic of another World». Und auch dieses Statement passt hier noch gut hin.

46. *Kommutatives und Nichtkommutatives*

Das Vertauschungsgesetz oder Kommutativitätsgesetz, wie es in gehobener Diktion heißt, ist eine mathematische Regel, welche es erlaubt, die beteiligten Ausdrücke bei bestimmten Operationen zu vertauschen, ohne dass sich das Ergebnis ändert. Zum Beispiel ist die gewöhnliche Addition kommutativ, denn es ist immer $x + y$ gleich $y + x$.

In der Sprache gilt Kommutativität dagegen nur eingeschränkt. Die Verknüpfung von Worten durch Bindestrich zum Beispiel ist offensichtlich nicht kommutativ:

Schrank-Wand ≠ Wand-Schrank, Ball-Spiel ≠ Spiel-Ball,
Baum-Stamm ≠ Stamm-Baum

Bisher war ich der Meinung, dass die Verbindung sprachlicher Ausdrücke durch «und» kommutativ sei, doch das folgende publizistische Fundstück belehrte mich eines besseren:

«Zu Punkt 1 und 2 *NRW-Staatssekretärin für Frauenfragen* muss es richtig heißen: Frau Ilse Ridder-Melchers ist ‹Parlamentarische Staatssekretärin für die Gleichstellung von Frau und Mann›, nicht ‹von Mann und Frau›.»
Aus: *Spiegel der Frauenpublizistik*, herausgegeben vom Bundespresseamt

Und da wir schon einmal beim Thema sind: Neben dem Kommutativitätsgesetz ist auch das Assoziativgesetz eine grundlegende Regel der Mathematik. Sie besagt, dass bei bestimmten Aktionen die Reihenfolge der Ausführung keine Rolle spielt, z. B. bei der Addition $(x + y) + z = x + (y + z)$. Die Addition ist also assoziativ. Aber nicht alles, von dem man es denkt, ist auch tatsächlich assoziativ:

(Lederhosen)träger ≠ Leder(hosenträger)

Rechts handelt es sich um einen Hosenträger aus Leder, links um jemanden oder etwas, der oder die oder das eine Lederhose trägt.

$$\text{Mädchen(handelsschule)} \neq \text{(Mädchenhandels)schule}$$

Links steht eine Handelsschule, auf der Mädchen ausgebildet werden, rechts eine Schule, auf der man für den Mädchenhandel ausgebildet wird. Uiih: Schlimme Verböserung durch Andersklammerung.

47. *Initiative zur Eindämmung politisch inkorrekter Ausdrucksweisen: Sektion Mathematik*

Der Begriff «negative Zahl» ist anstößig und zahlenfeindlich. Er sollte durch den Ausdruck «nichtpositive von Null verschiedene Zahl» ersetzt werden.

Ist der Begriff Geometresse für eine Expertin der Geometrie politisch korrekt?

Dazu wollen wir ganz wittgensteinisch schweigen und die Frage flugs an Befugtere weitergeben. Soll doch die Dudenredaktion oder die Alice Schwarzer hier weiterdenken.

48. *Sprechen Sie Mathematik?*

Mathematik ist ein grenzenloser intellektueller Freiraum und ein gewaltiger Abenteuerspielplatz des Denkens. Es ist eine Ordnungsmacht im Dschungel der Phänomene mit eigener Szene und eigener Szenesprache. Mathematik ist deshalb Spracharbeit, nicht nur, aber auch, und zwar ziemlich. Hat Galileo Galilei recht, dann ist sie sogar die Sprache, in der das Buch der Natur geschrieben ist. Und ein Teil der Arbeit, die die Mathematik leistet, besteht darin, diese Sprache zu entschlüsseln.

Mathematik ist nur ein Wirklichkeitsverhältnis unter vielen anderen. Es ist aber ein ganz mysteriöses Phänomen und grenzt ans Wunderbare, dass diese von Menschen geschaffene Aktivität des geschickten Operierens mit Strukturen und mit Regeln für deren Modifikation so vieles von der Welt, in der wir leben, so erfolgreich erklärt und uns verständlich macht. Wenn man mit einer kontrollierten Explosion in Form einer gezündeten Rakete Menschen aus der Erdatmosphäre hinauskatapultieren und punktgenau zu einem Fleck auf dem Mond fliegen lassen kann, über diese alltagsenorme Entfernung Kontakt mit ihnen halten und sie wieder sicher zur Erde zurückholen kann, wie anders ist das erklärlich, als dass man die Mathematik der Bewegungsgesetze der Himmelskörper und elektromagnetischen Wellen genau kennt, verstanden hat und anzuwenden weiß?

Die Sprache der Mathematik ist eine für viele Menschen gewöhnungsbedürftige Fachsprache, dicht gespickt mit einer eigentümlichen und eigenwilligen Notation, die eine geheimnisvolle Bereicherung des bereits vorhandenen menschlichen Symbolvorrats ist und mathematischen Texten dieses fast mystische Erscheinungsbild verleiht. Die mathematische Symbolik hat dabei einen ausgeprägt minimalistischen Touch. Ein extremes Beispiel ist der Punkt als Multiplikationszeichen, der manchmal sogar ohne Bedeutungsänderung weggelassen wird. Diese inhaltpräzisierende und formkomprimierende Darstellungsweise erlaubt es, eine ungeheuer große Zahl von Eigenschaften und Zusammenhängen mit nur einer Handvoll ausgewählter Symbole einzufangen. Man denke nur an die gewaltige Verdichtung in $E = mc^2$, der Ikone unter den Formeln.

Auch eine Fachsprache

Ladung zum 19.10. 1984, 9.30 Uhr (pünktl.) (d. per. Ersch. d. Part. bzw. i. gesetzl. Vertr. bzw. e. Vertr., d. z. Aufkl. d. Tatbest. u. z. Abg. d. erf. Erkl. i. d. Lage u. insbes. z. Abschl. e. Vergl. Bevollm. i., i. angeordn.) m. Hinw. u. Ausf. d. Beschl. v. 5. 7. 1984 sowie begl. u. einf. Abschr. d. SS v. 6. 7. 84.

Eine vom Landgericht Fulda verschickte Vorladung, zitiert nach *Der Spiegel* vom 6. 8. 1984

Da außerdem die verwendeten Zeichen treffsicher und eindeutig definiert sind, kann die Sprache der modernen Mathematik als präziseste Ausdrucksform menschlichen Denkens angesehen werden. Ihre gebräuchliche formale Verkehrsschrift ist die Resultierende einer Kombination von Präzision, Universalität und Einfachheit. Sie verkörpert eine gedankliche und darstellerische Exaktheit, die manch anderem Gebiet ganz guttun würde.

Der mathematische Zeichenvorrat umfasst neben den zehn Ziffern und den Möglichkeiten, diese durch Aneinanderreihung und Potenzierung zu verknüpfen, auch die lateinischen und griechischen Buchstaben als Platzhalter für mathematische Objekte. Außerdem gibt es die Verknüpfungszeichen +, –, ·, : sowie die Gruppierungszeichen ( ), { }, [ ] und die Vergleichszeichen >, ≥, <, ≤, = nebst vielen Operationszeichen, wie zum Beispiel √, f, $\iiint$, dx, Σ, Π, d/dx, ∂/∂x, lim. Darüber hinaus sind einige Hundert weitere, aber weniger prominente Symbole in Gebrauch. Zu den visuell reizvolleren gehören Sonderzeichen wie

$$\oint \otimes \oplus \exists \forall \# \triangle \nabla \square \uplus \perp$$

Manche Zeichen in ihrer aktuellen Form sind das Ergebnis einer vielhundertjährigen Entwicklung; sie haben sich schließlich gegen andere, weniger taugliche Darstellungsweisen durchgesetzt. Auch bei mathematischen Symbolen stellt sich so etwas wie das Überleben der Tüchtigsten ein. Das detaillierte Buch von Florian Cajori aus den 1920er Jahren ist auch eine reichhaltige Kollektion untergegangener Bezeichnungsweisen. Der Mathematiker Samuel Foster machte sich, um ein Beispiel zu nennen, 1659 stark für die Potenzschreibweise mit den Zeichen

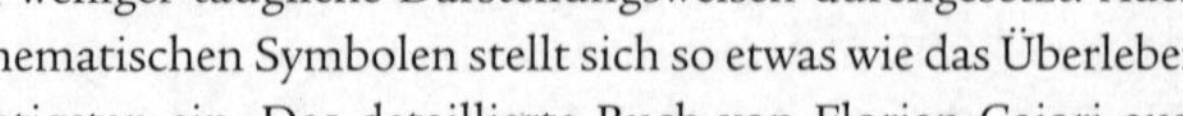

für $x^2, x^3, \ldots, x^9$. So schrieb er etwa

für unser heutiges

$$AC : AR = \overline{CD}^2 : \overline{RP}^2$$

Zahlen, bitte!

Ein Eintrag aus dem *Dictionary of unusual words:*

zenzizenzizenzic – Veralteter Ausdruck für eine zur achten Potenz erhobene Zahl. Eingeführt 1557 von Robert Recorde in seinem Buch *The Whetstone of Witte.* Das Wort stammt aus einer Zeit, als es noch schwer war, andere Potenzen als Quadrate und Kuben von Zahlen auszudrücken.

Erst allmählich setzte sich die Descartes'sche Schreibweise x^2, x^3 etc. durch. Diese intuitive Notation unterstützte den Fortschritt der Mathematik in nicht zu unterschätzender Weise, denn von ganzzahligen Exponenten ist es dann nur ein kleiner Schritt zu Brüchen, reellen Zahlen und schließlich imaginären Zahlen als Exponenten. «Nirgendwo wird die Bedeutung einer guten Notation für die zügige Entwicklung einer mathematischen Disziplin deutlicher als in der Potenzschreibweise der Algebra», schreibt Cajori. Symbole geben uns bisweilen mehr zurück, als wir ursprünglich hineingesteckt haben. So auch hier.

Die wichtigsten mathematischen Bezeichnungsweisen haben Einzug in alle Sprachen aller Kulturen gehalten. Mathematik ist die wahre Weltsprache. Aussagen wie die Symbolfolge $x + 1 = 2$ werden auf der ganzen Welt verstanden und gelöst.

Wörter mit Migrationshintergrund

Nicht nur die Mathematik, auch Deutsch ist eine Weltsprache, jedenfalls partiell und für einen exklusiven Club von Wörtern. Die Redensart «Hamburger Rechnung» ist ins Russische emigriert; nach Hamburger Rechnung handeln bedeutet dort «fair, gerecht und richtig handeln, ohne faule ➡

Kompromisse, dunkle Machenschaften oder verdeckte Vereinbarungen». Daneben gibt es einige Hundert deutsche Wörter in vielen anderen Sprachen. Geradewegs prächtig sind diese Beispiele ausgewanderter Wörter: orogasumusu (Japanisch für *sexuellen Höhepunkt*), wihaister (Polnisch für *Dingsbums*), Aberjetze (Afrikaans für *Deutscher*). Im Zusammenhang mit Fußballweltmeisterschaften heißt das deutsche Team im Arabischen *el mannschaft*. Im Dänischen ist bundesliga-hår das Wort für eine *Vokuhila-Frisur*. Das ultimative Highlight ist das finnische kaffepaussi, das in der Bedeutung von *gerade nicht im Einsatz* bzw. *Betriebspause* verwendet wird.

Trotz ihrer weltweiten Verbreitung ist die Mathematik leider auch eine nicht leicht zugängliche Sprache, die einer besonderen Schulung des Geistes bedarf. Mit ihr kann man komplizierte Dinge bündig ausdrücken. Allerdings lässt sie sich auch als eine Art Einschüchterungsprosa einsetzen, in der das Einfache kompliziert wird und das Triviale enorm. Als Wulst hat sich zusätzlich zum anspruchsvollen Realbetrieb ein immenser Überbau an Klischees, Paniken und Vorurteilen herausgebildet.

Viele Mathematiker können in der Regel ohne große Mühe auch wissenschaftliche Arbeiten anderer Disziplinen lesen und großenteils verstehen, doch man sagt nicht zu viel, wenn man erwähnt, dass das umgekehrt in der Regel nicht so ist. Die höhere Mathematik hat einen derart hermetischen Charakter, dass es zum Beispiel den meisten Germanisten oder Chemikern schwer fällt, Mathematik im Forschungsstadium auch nur ansatzweise zu verstehen. Diese Unzugänglichkeit ist sicher ein Grund dafür, dass Formeln bei vielen Menschen negative Gefühle auslösen und zu einem Formelfluchtreflex führen können.

Wie grübeln glanzvoll geht: Ästhetisierung der Mathematik

Man kann mit guten Gründen der Meinung sein, dass ein großes Hindernis für eine breite gefühlsmäßige Akzeptanz der mathematischen Symbolsprache ihre Minimalität und emotionale Kargheit ist. Diese Kargheit unterstreicht musterhaft schon die folgende einfache Aussage: ➡

$$P \to Q \to \neg Q \to \neg P$$

Zum Beispiel: Aus dem Satz «Wenn heute Mittwoch ist, dann ist morgen Donnerstag» folgt «Wenn morgen nicht Donnerstag ist, dann ist heute nicht Mittwoch.»

Formalismus als verungegenständlichte Kunst. Mathematische Wahrheiten bleiben bei Änderung der Bezeichnungsweise bestehen. Warum also nicht die Mathematik visuell beleben und einen Formalismus mit *human touch* einführen? Für die logischen Operationen Negation («nicht»), Konjunktion («und»), Disjunktion («oder»), Implikation («wenn, dann»), Äquivalenz («dann und nur dann») führen wir die Piktogramme

ein sowie ein Trennungszeichen

und Symbole, die Aussagen repräsentieren:

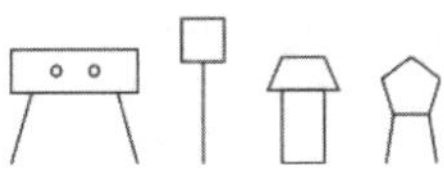

Dann wird aus der obigen kargen Mitteilung, die äquivalente, aber darstellungsästhetisch weit überlegene Wahrheit

und jeder Mathematiker wird gleichzeitig Piktogrammatiker.

Hat die neue Symbolik nicht mindestens so viel dynamischen Sex-Appeal wie ein Schwingdeckelmülleimer?

49. *Literarisch-Mathematisches: Dichtung, nicht ganz petrarcagleich*

Alljetzo kommt ein Limerick für Leute, die davon viel oder gar nichts verstehen:

$$\frac{12 + 144 + 20 + 3\sqrt{4}}{7} + 5 \cdot 11 = 9^2 + 0$$

(Jon Saxton)

Und für alle, denen es schwerfällt, in dieser Darreichungsform den Limerick zu lokalisieren, übersetzen wir ins Gestrophte und Gereimte:

> A dozen, a gross and a score, / plus three times the square root of four, / divided by seven, / plus five times eleven, / equals nine squared and not a bit more.

... und die Gleichung ward Wort. Vielleicht die Geburtsform der neuen Kunstform des «Limathik». Mathematisch richtig ist das Ganze übrigens auch noch.

50. *Klassisch-Erstklassisches*

Im Jahr 1968 hat Marvin Spivack sich die Mühe gemacht zu ermitteln, dass Shakespeare alles in allem 884 647 Wörter publiziert hat und dass dabei 31 534 verschiedene Wörter, anders gesagt, verschiedene Zeichenfolgen, verwendet wurden. Die folgende Liste ist ein Auszug aus Spivacks Analyse:

Häufigkeit i	1	2	3	4	5	6	7	8	9	10
Anzahl der Worte n_i	14376	4343	2292	1463	1043	837	638	519	430	364

Das heißt, 14 376 Wörter kamen demnach in Shakespeares Opus nur einmal vor, 4343 Wörter zweimal usw. Die vollständige Tabelle dieser Häufigkeitsklassen ist wesentlich länger und informiert uns in ihrer Gesamtheit, dass 5 Wörter genau 100-mal verwendet wurden und insgesamt 846 Wörter mehr als 100-mal. In der damaligen Zeit war dies eine buchhalterische Herkulesaufgabe Spivacks. Wie im Reich des Geistes üblich fragen wir nicht, warum er so etwas Verrücktes tat, sondern etwas Leichteres:

Wie groß war Shakespeares Wortschatz insgesamt?

Im Jahr 1976 erschien ein Artikel der beiden Statistiker Bradley Efron und Ronald Thisted unter dem Titel *Schätzung der Anzahl der ungesehenen Arten. Wie viele Wörter kannte Shakespeare?* So unzugänglich das Erfragte zu sein scheint, man kann die Problematik seriös in den Griff kriegen, vorausgesetzt, man ist mit einer Schätzung zufrieden.

Die erwähnten Daten Spivacks können als Zusammenfassung einer Stichprobe aus Shakespeares Gesamtwortschatz angesehen werden. Die Grundidee besteht dann darin, jede Wortposition als eine Zufallsgröße zu betrachten. Angenommen, es gibt W verschiedene Wörter, und in einem Textkorpus von m Wörtern Umfang haben wir für $w = 1, \ldots, W$ jeweils m_w Wörter vom Typ w. Nicht alle Wörter treten natürlich in einem m-Wörter-Text auf. Jene mit $m_w = 0$ sind nicht vertreten. Nun wird die Annahme getroffen, dass Wörter vom Typ w ($w = 1, \ldots, W$) zufällig auftreten mit einer je eigenen Rate von r_w Stück pro Korpus von m Wörtern. Deutlicher gesagt: Die Anzahl m_w ist der beobachtete Wert einer Poisson-verteilten Zufallsgröße, die statistisch um ihren Mittelwert r_w streut. Die Poisson-Verteilung kann hier gerechtfertigt werden, wenn man noch annimmt, dass die Wahrscheinlichkeit, ein gegebenes Wort in einem gegebenen Textabschnitt anzutreffen, proportional zur Länge dieses Textabschnitts ist und dass ferner das Auftauchen eines Wortes an einer Stelle statistisch unabhängig vom Erscheinen oder Nichterscheinen des Wortes an allen vorausgehenden Textstellen ist. Mit diesen Annahmen konnten Efron und Thisted eine Beziehung herstellen zwischen den Anzahl-Daten m_w und den Klassen-Daten n_i der obigen Tabelle. Außerdem konnten sie von den Zählungen m_w im m-Wörter-Korpus extrapolieren auf die zu erwartenden Zählungen in größeren Werken, sagen wir, in solchen Texten mit $t \cdot m$ weiteren Wörtern. Sei $m_w(t)$ die Anzahl der Wörter w im gesamten Textkorpus der dann $(1 + t)m$ Wörter. Die getroffenen Annahmen liefern uns Folgendes:

$m_w(t)$ hat eine Poisson-Verteilung mit Mittelwert $(1 + t)r_w$.

Die Stichprobe vom Umfang m ist repräsentativ für den größeren Bestand vom Umfang (1 + t)m Wörter.

Hieraus kann man mit der erwähnten Beziehung auch n(t), die Anzahl verschiedener Wörter im (1+t)m-Wort-Korpus schätzen. Die Schätzung des Gesamtvokabulars des Autors ergibt sich dann als der Grenzwert für immer größer werdendes t.

Hypothetisch sei einmal angenommen, ganz neue Shakespeare-Werke würden entdeckt mit demselben Umfang (d. h. auch 884 647 Wörter) wie die tatsächliche Stichprobe, die sein Opus ist. Dazu stellen wir eine Frage, mit der wir uns dem Untersuchungsgegenstand nähern: Wie viele Wörter könnten wir in dieser zweiten Stichprobe erwarten, die nicht auch schon in der ersten Stichprobe vertreten sind? Efron und Thisted konnten mit der beschriebenen Methode schätzen, dass 11 430 neue Wörter in dieser zweiten Stichprobe erwartet werden könnten. Dasselbe Argument wurde mit einer dritten, vierten und fünften Stichprobe wiederholt usw. Jede Stichprobe entspricht dabei hypothetisch gefundenen, ganz neuen Werken Shakespeares desselben Umfangs mit zufälligen Wortanzahlen gemäß der Poisson-Verteilung. Für jede Stichprobe kann man die Zahl ganz neuer Wörter abschätzen, die vorher noch in keiner Stichprobe aufgetaucht sind. Die Zahl neuer Wörter wird mit jeder weiteren Stichprobe immer kleiner. Schließlich, bei hinreichend vielen Wiederholungen dieses Prozesses, kommen keine neuen Wörter mehr hinzu; im konkreten Fall liegt dann die Gesamtzahl neuer Wörter in der zweiten bis letzten Stichprobe bei rund 35 000. Dies ist das Ergebnis der Analyse von Efron und Thisted. Es bedeutet, dass Shakespeare zusätzlich zu den 31 534 verschiedenen Wörtern, die er kannte und in seinen Werken verwendete, noch rund 35 000 Wörter kannte, die er nicht in seinen Werken verwendete. Wir können also Shakespeares Wortschatz mit rund 66 500 Wörtern beziffern.

Auch eine Weltsprache

c Hamlet

(2 b) .or. (.not. 2 b)

Shakespeare, Übersetzung in die Computersprache FORTRAN

Im November 1985, etwa zehn Jahre nachdem Efron und Thisted ihre Analyse vorgelegt hatten, entdeckte der Literaturwissenschaftler Gary Taylor in der Bibliothek der Oxford University ein neues Gedicht von einem unbekannten Autor aus der Shakespeare-Zeit. Es könnte von Shakespeare sein oder aber von John Donne, Christopher Marlowe, Ben Johnson. Es war eine Sensation, die durch die Weltpresse ging. Efron und Thisted begannen ihre Theorie an dem neuen Gedicht, das 430 Wörter enthält, zu erproben.

Wie vorher war die erste Stichprobe das Shakespeare-Werk mit seinen 884 647 Wörtern. Die zweite Stichprobe wurde jetzt von den 430 Wörtern des neuen Gedichtes gebildet. Die gleichen statistischen Methoden wie zuvor ließen nun erwarten, dass das neue Gedicht, wenn es von Shakespeare stammt, 7 neue Wörter enthalten sollte, die nicht im Werk selbst auftauchen. In der Tat enthielt das Gedicht 9 neue Wörter. Ferner sollte das neue Gedicht statistisch geschätzte 4 Wörter enthalten, die im Shakespeare-Werk genau einmal, und 3 Wörter, die im Werk genau zweimal vorkommen. Die tatsächlichen Zahlen waren 7 und 5. Efron und Thisted haben den Vergleich weit fortgesetzt und festgestellt, dass das neue Gedicht ausgezeichnet zu Shakespeare passt, weitaus besser als zu den anderen genannten Autoren. Zum Beispiel enthielt ein Gedicht von John Donne 17 Wörter, die Shakespeare nie verwendet hatte, statt eines für das Gedicht berechneten Erwartungswertes von 8, ermittelt unter der Annahme, dass es ein Gedicht dieser Länge von Shakespeare ist.

Die Efron-Thisted-Methode, die auf Überlegungen des berühmten Statistikers Ronald A. Fischer aufbaut, lässt sich auch in einem anderen Kontext gut anwenden. An Fischer hatte sich Anfang der 1940er Jahre ein Biologe gewandt, der in Malaysia Schmetterlinge gefangen und aus den Daten eine Häufigkeitstabelle dieses Typs erstellt hatte:

Häufigkeit i	1	2	....	i
Anzahl der Arten n_i	n_1	n_2	....	n_i

Der Biologe hatte also von n_i Schmetterlingsarten je i Schmetterlinge gefangen. Seine Frage an Fischer lautete: «Wie viele Arten habe ich nicht gesehen?»

Fischer löste das Problem, indem er annahm, dass Schmetterlinge zufällig gefangen werden mit Wahrscheinlichkeiten, die proportional zur Anzahl der von jeder Art vorhandenen Individuen sind.

Auch dies ist ein glänzendes Beispiel für die imponierende Erklärungskompetenz statistischer Methoden selbst in scheinbar hoffnungslosen Situationen.

51. *Haiku-Konvolut: What is mathematics?*

Drei temporeiche Antworten in Haiku-Form von Katherine O'Brien:

Fire and Ice
Strange anomaly
The flame of intuition
Frozen in rigor.

Faith and Reason
Strands of axioms
Intertwining with logic
In convolution.

Truth and Beauty
Crucible of proof
Outshining alabaster
Outlasting marble.

Kürzlich stellte mir auf einem Sommerfest eine Fernsehjournalistin unter anderem die Frage, was für mich persönlich Mathematik sei. Meine Antwort hat sie sich so gemerkt: «Mathematik ist eine Sinn stiftende Erlebniswelt aus Geist, Gewissheit und Leidenschaft. Mathematik machen heißt, ein Stück von sich über die Logik als Medium einem Publikum darbieten.»

52. *Mathematische Erfolgsgeschichten: Griechisch-Römisch*

Der Mathematiker Ricardo Mansilla und der Klassizist Edward Bush haben mit mathematischen Methoden altgriechische und römische Lyrik analysiert. Die Wissenschaftler entdeckten, dass zwar sowohl griechische wie auch römische Dichter das Versmaß Hexameter benutzt haben, die Griechen es aber in viel strengerer Form taten als die freieren Römer. Der Unterschied ist etwa so wie zwischen Bach und Strawinsky in der Musik. Was die Antike betrifft, kann man also die griechischen Dichter als die Klassiker ansehen und die römischen Dichter als die Modernen.

Hexameter sind auftaktlose Sechsheber. Von ihren 6 Einheiten sind die ersten 5 Daktylen, die aus einer betonten langen und zwei unbetonten kurzen Silben gebildet werden, während das sechste Element aus einer langen und einer kurzen Silbe besteht. Jeder dieser Daktylen kann zur rhythmischen Auflockerung durch einen Spondeus ersetzt – einen Versfuß aus zwei langen Silben – oder durch Pausen strukturiert werden.

Mansilla und Bush haben die lyrischen Werke zunächst in lange Zeichenketten aus 3 verschiedenen Zahlen übersetzt, wobei die Zahl 0 für eine betonte Silbe steht, die 1 für eine unbetonte Silbe und die 2 für eine Pause. Diese langen Zahlenstränge wurden dann mit Verfahren der Mustererkennung aus der Informationstheorie analysiert, die von Mathematikern auch bei der Untersuchung der Struktur von DNA-Sequenzen eingesetzt werden. Dazu gehört die Erstellung der Häufigkeitsverteilungen so genannter n-Tupel, also aus n Ziffern bestehenden Fragmentmustern, die Untersuchung von Korrelationen zwischen Silben verschiedenen Abstands sowie die Ermittlung der typischen Abstände zwischen Pausen. Auch ausgefeiltere mathematische Verfahren kamen zum Einsatz wie etwa die Fourier-Analyse, die es erlaubt, ein Frequenzspektrum von Mustern herauszuarbeiten. Mit diesen Methoden konnte ein detailliertes statistisches Profil jedes lyrischen Werkes erstellt werden, durchaus analog zu einem Fingerabdruck. Die Werke eines Autors zeigen typischerweise ganz ähnliche, von den Werken anderer Autoren sich unterscheidende Fingerabdrücke.

Frustschutz-Vers: Mathematik-Edition

Den Graph von Funktionen seh' ich gern mir an.
Auch Maße lohnen die Mühe dann und wann.
Doch mit Distributionen
Bitt' ich, mich zu verschonen,
Weil ich mir die furchtbar schwer vorstellen kann.

N.N.

Gedanke nach nochmaligem Lesen des Limericks: Gereimtheiten dieser Art sprengen mancherlei herkömmliche Kunstgattungen.

Der freiere Meister des Reims. Die Arbeit der beiden Wissenschaftler zu den Beziehungen zwischen linguistischem Stil und poetischen Effekten entscheidet lange bestehende Debatten in der Altphilologie.

So gibt es etwa Meinungsverschiedenheiten unter Altphilologen darüber, ob Homer sowohl die *Odyssee* als auch die *Ilias* geschrieben hat. Mansilla und Bush fanden, dass die *Ilias* statistisch signifikant die weitaus strengere Beachtung der Hexameterform aufweist als die *Odyssee*. Die *Odyssee* stammt nach mathematischer Analyse höchstwahrscheinlich nicht von Homer, sondern vom römischen Dichter Lucretius. Sie verhält sich nach ihrem statistischen Fingerabdruck eher wie die Werke dieses römischen Dichters und ganz anders als die *Ilias*.

Kleine Poesien: Beweisberichte und Gedichte

Die Mathematik ist der Poesie sehr ähnlich. Ein gutes Gedicht zeichnet sich dadurch aus, dass sehr viele Gedanken mit sehr wenigen Symbolen ausgedrückt sind. In diesem Sinn sind Formeln wie $e^{i\pi} + 1 = 0$ Gedichte.

Lipman Bers (1914–1993), US-amerikanischer Mathematiker

53. *Denk-Dingsbums*

In dem Buch *Unabhängigkeitstag* des amerikanischen Autors Richard Ford versucht ein Vater seinem Sohn das Wort «monogam» anhand des folgenden Vergleichs zu erklären: «Es ist so was wie alte Mathematik. Eine lästige Theorie, die niemand mehr praktiziert, die aber immer noch funktioniert.»

Nicht alles, was hinkt, ist notwendigerweise ein Vergleich. Aber manches und sicher dies.

54. *So zu schreiben, wie man geschrieben zu haben sich wünschen würde?*

Titel, Thesen, Theoreme. Verschiedentlich ist geschätzt worden, dass es gegenwärtig etwa 100 000 Buchtitel über Mathematik gibt. Zwar ist seriöse Mathematik ein No-Nonsense-Geschäft, doch ist es unvermeidlich, dass in diesem ganzen Ozean von Mathematik-Literatur unfreiwilligerweise auch manche Schmunzelelemente vorhanden sind. Wir zeigen eine kleine Kollektion von Halb- und Anderthalbwahrheiten.

- *Het is bewezen, dat het vieren van de verjaardag gezond is. Statistieken wijzen uit dat mensen, die hun verjaardag vaker vieren het oudste worden.* Sander den Hartog, Dissertation Rijksuniversiteit Groningen, 1978

In Übersetzung: Es ist bewiesen, dass das Feiern von Geburtstagen gesund ist. Statistiken belegen, dass Menschen, die die meisten Geburtstage feiern, am ältesten werden.

- *Der Grenzwert einer Folge nichtpositiver Zahlen ist nichtpositiv; er kann nicht positiv sein.* Rainer Danckwerts & Dankwart Vogel: *Elementare Analysis*

- Ausschnitt aus dem Index des Buches *Vorlesungen über Zahlentheorie* von Helmut Hasse aus dem Jahr 1950:

  Leitkoeffizient 83
  Lie-Algebra 88
  Lieber Gott 3
  Limes, induktiver 27.

Schlägt man die Seite 3 auf, so liest man dort: «Die natürlichen Zahlen haben wir vom Lieben Gott.» In neuerer Zeit ist es dagegen üblich, eine axiomatische Fundierung der natürlichen Zahlen vorzunehmen, statt sich auf höhere Gewalten als Zahlenspender zu berufen.

- *Nach meiner Erfahrung können Beweise über Matrizen um 50% gekürzt werden, wenn man die Matrizen rauswirft.*
  Emil Artin: *Geometric Algebra* (1957)

55. *Slapsticks und Live-Gigs*

Was für mathematische Bücher gilt, das gilt für Bücher allgemein und selbst noch speziell für deren Titel: Einige Auserwählte zeichnen sich durch eine gute Portion unfreiwillige Skurrilität aus. Dieses Phänomens hat sich ein Verein in Großbritannien angenommen, der alljährlich einen Preis für den seltsamsten, aber ernst gemeinten Buchtitel der vergangenen Saison vergibt. Zwei Preisträger gefallen mir besonders gut.

Die Theorie des längsweisen Rollens von A. I. Tselikov, G. S. Nikitin & G. S. Rokotjan, Mir Verlag (1983)

Ein Buch über das Rollen als Metallverarbeitungstechnik.

Griechische Landpostboten und ihre Entwertungszahlen von D. Willans, Verlag der Philatelistischen Gesellschaft Hellas (1996)

Ein Buch über die Zahlencodes, mit denen griechische Landpostboten geklebte Briefmarken ungültig machen.

Und schließlich vermerken wir außer Konkurrenz noch einen Buchtitel neueren Datums, der Nichtmathematikern möglicherweise als aus der Normalität herausgefallen anmutet, Mathematikern aber nicht weiter verhaltensauffällig erscheint:

Das Kontinuum diskret berechnen von M. Beck, S. Robins & K. Eickmeyer, Springer Verlag (2008).

What a mess!

Mein Lieblingsbuchtitel von der letztjährigen Frankfurter Buchmesse:

«Selbstgespräche sicher führen»

von V. Sophist,
erschienen bei Books on Demand, Norderstedt, ➡

knapp gefolgt von meinem zweiten Favoriten:

«Anspruchsvoll gebisslos reiten mit dem LG-Zaum»

von M. Lehmkühler & M. Thiel,
erschienen im Olms Verlag, Zürich

56. *Für jung und Verteidigung*

«Überrascht zeigte sich der Verleger von Ladybird Books, als er vom Ministerium der Verteidigung der USA eine Bestellung über einige hundert Exemplare des Buches ‹How Computers Work› erhielt. Er informierte das Ministerium, dass das Buch für Acht- bis Neunjährige gedacht sei. Das Ministerium, das die Intelligenz seines Personals offenbar anders einschätzte als der Verleger, ließ sich dadurch nicht beirren und bestand auf der Lieferung der bestellten Bücher für einstellige Altersstufen.» Diese Meldung las ich heute im Internet. Hm. Im Dasein ist auch das da. Diesen Satz könnte man bei Karl Valentin vermuten, doch er stammt von mir.

57. *Mitmachplattform: Was ist Ihre Lieblings-Frauenzeitschrift?*

Von 1704 bis 1841 gab es in Großbritannien die Frauenzeitschrift *The Ladies' Diary or Woman's Almanack*, die sich umfangreich auch mathematischen und naturwissenschaftlichen Themen widmete. Die Zeitschrift diente der «Erbauung des schönen Geschlechts» und versprach ihren Leserinnen, «dass die Kultivierung Ihres Geistes Ihre Attraktivität erhöhen wird».

Jede Ausgabe enthielt zahlreiche Unterhaltungsaufgaben, an denen man seinen Geist schärfen konnte. Die Probleme hatten es in sich. Im Jahr 1755 stellte ein Thomas Moss den Leserinnen das folgende Problem. «In the three sides of an equiangular field stand three trees at the distances 10, 12 and 16 chains from one another: To find the content of the field, it being the greatest the data will admit of.» Mit anderen Worten soll einem gegebenen Dreieck mit Seitenlängen

Abbildung 41: Ladies' Diary or Woman's Almanack

10, 12 und 16 Einheiten das maximale gleichseitige Dreieck umbeschrieben werden.

Was für eine tolle Frauenzeitschrift: andersartig, artig und großartig!

Können Sie sich *Brigitte, Gala*, *Emma,* die *Frau im Spiegel* und selbst *Alles für die Frau* mit einem solchen Problem vorstellen?

58. *Da Capo ad Infinitum*

Der folgende Text hat bei einem Leserwettbewerb zum Thema *Was würden Sie beim Aufschlagen der Morgenzeitung am liebsten lesen?* einen ersten Preis gewonnen:

UNSER ZWEITER LESERWETTBEWERB

Den ersten Preis beim zweiten Leserwettbewerb dieses Jahres erhält Mr. Arthur Robinson, dessen witziger Beitrag mit Abstand der beste dieses Wettbewerbs war. Er würde am liebsten in seiner Morgenzeitung die Überschrift «Unser zweiter Leserwettbewerb» lesen, und dann: «Den ersten Preis beim zweiten Leserwettbewerb dieses Jahres erhält Mr. Arthur Robinson, dessen witziger Beitrag mit Abstand der beste dieses Wettbewerbs war. Er würde am liebsten in seiner Morgenzeitung die Überschrift «Unser zweiter Leserwettbewerb lesen», und dann ...»

Aus Platzgründen können wir den Beitrag leider nicht vollständig bringen.

59. *Objekt klein a: Das fehlerfreie Buch*

Der Stanford-Professor Donald E. Knuth ist der wohl berühmteste Computerwissenschaftler der Welt. Unter anderem ist er Autor der legendären Bücher *The Art of Computer Programming.*

> ***Die Mutter und Großmutter aller Widmungen***
>
> Die Widmung der 1. Auflage des mehrbändigen Werkes *The Art of Computer Programming* von Donald Knuth liest sich so:
>
> «Zur Erinnerung an viele schöne Abende liebevoll gewidmet dem Typ650-Computer, der einst im Case-Institut für Technologie stand.»
>
> So gut wie sicher die erste Widmung eines Buches für einen Computer.

Im Vorwort seiner Bücher und auf seiner Homepage im Internet bietet er jedem Erstfinder eines Fehlers in seinen Publikationen eine Belohnung von $2,56 (1 hexadezimaler Dollar). Über die letzten drei Jahrzehnte hat Knuth mehr als $ 20 000 in Schecks ausgestellt, doch die meisten Empfänger lösen sie nicht ein, sondern betrachten sie als hoch geschätzte Trophäen. Nicht wenige lassen sie sich einrahmen. «Jemand in der Nähe von Frankfurt hätte schon mehr als $ 1000 von mir, wenn er alle Schecks einlösen würde, die ich ihm geschickt habe», sagte Knuth bei einem Vortrag im Jahr 2001. «Doch selbst wenn alle Schecks eingelöst würden, wäre es die Sache Wert gewesen, denn dadurch sind meine Bücher immer besser geworden.»

Abbildung 42: Einer der legendären Schecks von Donald E. Knuth über $ 2,56

60. *Mehr Nachrichten von Helden und Taten: Gödel, Kurt*

Falls man «Religion» als Ideensystem
definiert, das unbeweisbare Aussagen
enthält, dann hat uns Gödel gelehrt,
dass Mathematik nicht nur eine Religion
ist, sondern dass es die einzige Religion ist,
die beweisen kann, dass sie eine ist.
John D. Barrow (* 1952), angewandter Mathematiker

Eine Autoimmunreaktion des Denkens. Der berühmte Logiker Kurt Gödel (1906–1978) hatte die süperbe Idee, sich mit Aussagesätzen vom Typ «Ich bin nicht beweisbar!» zu befassen. Ist diese Aussage wahr, dann kann man sie nicht beweisen. Ist diese Aussage unwahr, dann kann man sie beweisen. In diesem Fall hätte man aber etwas bewiesen, dass nicht wahr ist. Das wäre ein logischer Widerspruch. Ergo ist die getroffene Aussage nur dann wahr, wenn sie nicht beweisbar ist. Und schon ist man bei der Einsicht angelangt, dass es Wahrheiten gibt, die sich nicht beweisen lassen. Das ist im Wesentlichen der Kern des Inhalts von Gödels Unvollständigkeitssatz.

Ein Gödel-Ganzkurzkrimi

In einer Oase beschließen A und B unabhängig voneinander, C umzubringen. A vergiftet das Wasser in der Feldflasche von C und später macht B ein Loch hinein. C stirbt durch Verdursten. Wer hat ihn getötet?

Für jede naheliegende Schuldzuweisung glimmt sogleich ein Einwand auf: A argumentiert, dass C das Gift nicht getrunken hat, und B behauptet, dass er C nur davor bewahrt habe, vergiftetes Wasser zu trinken. Beide haben recht, aber C ist tot. Wer ist schuldig?

Nach Raymond Smullyan

Abbildung 43: Cartoon von Rex May: «Entweder hat sich Gödel eine großartige neue Theorie ausgedacht oder die ausgebuffteste Ausrede in der Geschichte der Mathematik, um irgendetwas nicht fertig zu machen.»

61. *Quasi-Antireziprokdialektisches plus Zen*

«I could not fail to disagree
with you less.» In Übersetzung:
Ich könnte gar nicht außerstande
sein, Ihnen weniger widersprechen zu müssen.
Britischer Parlamentarier Boris Johnston
in der Nachrichtensendung *Have I got News for you*
mit der beabsichtigten Bedeutung von: «Ich stimme zu.»

Mit diesem denkwürdigen Satz war Johnston im Jahr 2004 Gewinner des Wettbewerbs «Verblüffende Aussprüche von Personen des öffentlichen Lebens», der alljährlich von der *Britischen Gesellschaft für Verständliches Englisch* vergeben wird. Der Club der so Ausgezeichneten ist ein illustrer Personenkreis. Preisträgerin des Jahres 2000 war die Hollywood-Schauspielerin Alicia Silverstone, die im Londoner *Sunday Telegraph* vom 12. März 2000 mit den Worten zitiert wird: «I think that [the film] *Clueless* was very deep. I think it was deep in the way that it was very light. I think lightness has to come from a very deep place if it is true lightness.»

Dieser Satz wurde in den Medien durchgehend lächerlich gemacht. Dies ist eine Sicht, die ich persönlich nicht teile. Letztlich ist es ein Zen-Statement über Yin und Yang, das Leichte und das Tiefe, und man könnte einen ähnlichen und zutreffenden Satz auch über einige in ihrer Leichtigkeit kaum zu übertreffende Beweise tiefer mathematischer Resultate bilden, die ebenfalls dem Zen-Ideal sehr nahe kommen. Mein Favorit in dieser Hinsicht ist eine Beweisführung von vorbildloser Intensität bei der Verwendung von Detail und Gegenteil:

Best-of-Beweis: Zen-Edition

Satz: *Es gibt irrationale Zahlen x und y, so dass x^y eine rationale Zahl ist.*

Beweis: Betrachte die Zahl *Wurzel 2 hoch Wurzel 2*. Sie ist entweder rational oder irrational. Wenn sie rational ist, sind wir schon fertig. Wenn sie irrational ist, dann ist Wurzel 2 hoch Wurzel 2 hoch Wurzel 2 gleich Wurzel 2 hoch 2 gleich 2, was rational ist. Und wir sind auch fertig.

Die Kunst des Beweisens: hier ist sie bei sich selber angekommen. Ein Argument, das in seiner Rasanz und Kompaktheit eher nach einem Gongschlag oder einem Fanfarenstoß ruft als nach einem *Quod erat demonstrandum*. Der Beweis erinnert an jemanden, der so hungrig ist, dass er die Speisekarte im Restaurant vertilgt, ohne zu bemerken, dass die Speisekarte selbst auch auf der Speisekarte aufgeführt war. Man könnte noch viel dazu anmerken: Dieser Beweis ist ein Behältnis, in das man ein ganzes Buch hineingeben kann. Ihn zeichnet ein harmonisches Miteinander kleiner Gedanken aus, das konturengenau auf die zu bedenkende Problematik passt. Gleichzeitig hat er eine Aura müheloser Leichtigkeit und schafft eine Stimmung, die einen mit beschwingter Befriedigung in jene metaphysischen Sphären eindringen lässt, in denen man sich zutraut, jeden noch so gordischen Knoten zu entwirren.

62. *Definitionen und Dedefinitionen*

Eine Definition ist eine möglichst eindeutige Bestimmung eines Begriffs. Sie ist eine Festlegung und als solche weder wahr noch falsch, sondern bloß tauglich, handlich, sachdienlich, bequem ... oder dies alles eben nicht. Das ist eine mögliche Definition von Definition. Doch so gut wie jeder Logiker hat seine eigene Vorstellung davon, was eine Definition ist. Das Präfix *De* in Verbindung mit Nomen bezeichnet den Vorgang des Aufhebens, Rückgängigmachens oder Verneinens. Dedefinitionen sollen hier als Definition intendierte sprachliche Gebilde bezeichnen, die aber bei der Bemühung des Definierens scheitern.

Definitionen spielen in der gesamten Mathematik eine große Rolle, da für mathematisches Denken eine möglichst eindeutige Bestimmung der verwendeten Begriffe nötig ist, um eine präzise Verständigung über sie herbeiführen zu können. Doch prinzipiell hat jede verbale Kommunikation gewisse Definitionen als Grundvoraussetzung.

Anbei geben wir ein paar Highlights von Definitionen und Dedefinitionen aus einem reichhaltigen Fundus.

– *Ein Mathematiker ist eine Maschine, die Kaffee in Theoreme umwandelt.*
Paul Erdös (1913–1996)

– *Ein Mathematiker ist ein Mensch, der lieber eine halbe Stunde nachdenkt, als fünf Minuten zu arbeiten.* Frank Borger

– *Ein Mathematiker ist ein mythologisches Wesen, halb Mensch, halb Stuhl.*
Simon Golin

– *Ein Mathematiker ist ein Dichter, der Muster aus Ideen macht.*
Simon Mc Burney

– *Ein Mathematiker ist eine Person, die die Gleichung,* $x^2 - 92y^2 = 1$ *innerhalb eines Jahres lösen kann.* Brahmagupta (598–668)

Aus eigener Werkstatt habe ich anzubieten:

– *Ein Mathematiker ist ein Stuntman fürs Diffizile*.*
Christian Hesse

– *Versteht man unter einem potentiellen Benutzer eines Wörterbuches eines bestimmten Typs jede Person, die die Kenntnisvoraussetzungen hat, um zum Wörterbuchbenutzer zu werden, dann sind die Adressaten eines Wörterbuches diejenigen potentiellen Benutzer, für die das Wörterbuch besonders bestimmt ist.*
Professor Herbert Ernst Wiegand über ein geplantes Deutsches Klassikerwörterbuch in der *Zeitschrift für Germanistische Linguistik* im Oktober 1989

Posthumor. Auch meinen Lieblingsbeitrag zum Thema Dedefinition will ich Ihnen nicht vorenthalten. Er könnte den Titel tragen: «Arg gebeutelt und total versackt».

* Mathematiker sein bedeutet, kompliziert leben müssen zu wollen, wenn nicht gar kompliziert leben wollen zu müssen.

- *Ein Wertsack ist ein Beutel, der aufgrund seiner besonderen Verwendung nicht Wertbeutel, sondern Wertsack genannt wird, weil sein Inhalt aus mehreren Wertbeuteln besteht, die in den Wertsack nicht verbeutelt, sondern versackt werden.*

Wertbeutelverordnung der Deutschen Bundespost (1992), § 49 ADA

Die Beförderung von Beuteln und Säcken und ihre Beflaggung sind vertrackter, als man denkt. Der nächste Satz der Verordnung lautet:

- *Das ändert aber nichts an der Tatsache, dass die zur Bezeichnung des Wertsacks verwendete Wertbeutelfahne auch bei einem Wertsack mit Wertbeutelfahne bezeichnet wird und nicht mit Wertsackfahne, Wertsackbeutelfahne oder Wertbeutelsackfahne.*

Aber Obacht:

- *Sollte es sich bei der Inhaltsfeststellung eines Wertsacks herausstellen, dass ein in einen Wertsack versackter Versackbeutel statt im Wertsack in einen der im Wertsack versackten Wertbeutel hätte versackt werden müssen, so ist die in Frage kommende Versackstelle unverzüglich zu benachrichtigen.*

Ich fühle mich dabei an die Sprache Nietzsches erinnert, allerdings an jene Variante, die er auf seinen Wahnzetteln pflegte, kurz bevor er in geistige Umnachtung eintrat.

Subtilität im Nanobereich

Was heißt «konsequent»?	*Heute* so und *morgen* so.
Was heißt «inkonsequent»?	Heute *so* und morgen *so*.

4. Gesunder Menschenverstand

63. *Mathematik, gerichtsverwertbar*

Der Fall Collins ist das erste Beispiel in der Geschichte der Rechtsprechung für eine Verurteilung allein aufgrund wahrscheinlichkeitstheoretischer Indizien. Das kam so:

Auf dem Weg nach Hause wird Juanita Brooks 1964 in Los Angeles überfallen und ihrer Geldbörse beraubt. Augenzeugen berichten, dass die Täterin eine junge blonde Frau mit Pferdeschwanz war, die in ein gelbes Auto floh, an dessen Lenkrad ein schwarzer Mann mit Bart und Schnurrbart saß. Ein paar Tage später wurde Janet Collins (blond mit Pferdeschwanz) zusammen mit ihrem bärtigen schwarzen Ehemann Malcolm verhaftet, der ein gelbes Auto besaß.

Wahrscheinlichkeitsrechnung zur Beweislasterleichterung. Der Staatsanwalt argumentierte während der Verhandlung mit der Unwahrscheinlichkeit, dass ein Paar zwar die erwähnten Eigenschaften gemeinsam hat, aber nicht schuldig ist. Diese Argumentation baute er auf folgenden Wahrscheinlichkeiten auf:

weiße Frau mit blondem Haar 1/3
weiße Frau mit Pferdeschwanz 1/10
schwarzer Mann mit Bart 1/10
Mann mit Schnurrbart 1/4
gemischt-rassiges Paar im Auto 1/1000
gelber Personenwagen 1/10

Anschließend multiplizierte der Staatsanwalt diese Wahrscheinlichkeiten und erhielt den Wert:

$$1/3 \cdot 1/10 \cdot 1/10 \cdot 1/4 \cdot 1/1000 \cdot 1/10 = 1/12\,000\,000 = p$$

Der Staatsanwalt argumentierte dann sehr zielstrebsam, dass p die Wahrscheinlichkeit dafür sei, bei einem rein zufällig ausgewählten Paar alle genannten Eigenschaften anzutreffen. Konkret: «Nur ein Paar unter 12 Millionen hat die angegebenen Merkmale, also muss das angeklagte Paar mit der Wahrscheinlichkeit 0,99 999 991 666 das Täterpaar sein.» Dies war das inhaltliche Zugpferd der Anklage. Und in der Tat wurde das Paar Collins aufgrund dieser Wahrscheinlichkeitsüberlegungen in erster Instanz schuldig gesprochen.

Die gesamte Argumentation hat verschiedene Mängel und Überlegungsfehler grundsätzlicher Art. Zunächst dürfen die betreffenden Wahrscheinlichkeiten nicht einfach multipliziert werden, da die Eigenschaften, auf die sie sich beziehen, nicht voneinander unabhängig sind. Nur dann darf man die Wahrscheinlichkeiten von Ereignissen multiplizieren. Ganz sicher sind aber schon die Merkmale «Schnurrbart» und «Bart» statistisch abhängig. Noch gravierender aber ist diese Beanstandung: Offensichtlich gibt es ja ein Paar mit der genannten Merkmalskombination (das Paar Collins). Es ist aber durchaus nicht ausgeschlossen, dass es noch ein anderes Paar mit den erwähnten Eigenschaften gibt, den C-Eigenschaften. Dieses Paar könnte dann a priori ebenso gut das Täterpaar gewesen sein wie das Paar Collins. Wie groß ist die Wahrscheinlichkeit für ein weiteres Paar mit den C-Eigenschaften, unter der bestätigten Voraussetzung, dass es ja ein derartiges Paar gibt?

Um dieser Frage nachzugehen, schreiben wir n für die Anzahl der Paare, die am Tatort hätten sein können und die Tat hätten begehen können, und Z für die Anzahl der Paare mit den dargestellten C-Eigenschaften. Wir sind also interessiert an der bedingten Wahrscheinlichkeit, dass es mindestens noch ein weiteres Paar vom Collins-Typ gibt, gegeben, dass es eines gibt. Diese Wahrscheinlichkeit ist symbolhaft ausgedrückt gleich

$$
\begin{aligned}
P(Z > 1/Z \geq 1) &= P(Z > 1)/P(Z \geq 1) \\
&= [1 - P(Z = 0) - P(Z = 1)]/[1 - P(Z = 0)].
\end{aligned}
$$

Gedanklich konstruieren wir nun ein stochastisches Modell, in diesem Fall eine Urne mit n verschiedenen Paaren, und ziehen daraus zufällig ein Paar. Dieses Paar hat die C-Eigenschaften mit der Wahrscheinlichkeit p und es hat sie nicht mit der Wahrscheinlichkeit $1 - p$. Ferner ist $(1 - p)^n$ die Wahrscheinlichkeit, dass die Urne kein Paar mit den C-Eigenschaften enthält und $p(1 - p)^{n-1}$ die Wahrscheinlichkeit, dass ein zufällig ausgewähltes Paar das einzige mit den C-Eigenschaften ist. Dann ist $np(1 - p)^{n-1}$ die Wahrscheinlichkeit, dass die Urne nur genau ein Paar mit den C-Eigenschaften enthält. All dies in die Waagschale werfend, ist

$$P(Z > 1/Z \geq 1) = [1 - (1 - p)^n - np(1 - p)^{n-1}]/[1 - (1 - p)^n].$$

Das Oberste Gericht, dem der Fall zur Berufung vorgelegt wurde, führte diese Rechnung durch und nahm n = 12 000 000 an. Damit erhält man selbst mit dem höchstwahrscheinlich zu kleinen Wert des obigen p eine Wahrscheinlichkeit von 0,42. Es gibt also eine 42 %ige Wahrscheinlichkeit, dass noch mindestens ein weiteres Paar mit den Collins-Eigenschaften existiert, das dann ebenso gut die Tat hätte begehen können. Dabei ist das obige p, wie vermerkt, wohl zu klein gegriffen und das angenommene n = 12 000 000 wohl eher eine konservative Schätzung. Vermutlich ist die Wahrscheinlichkeit für ein weiteres Paar mit den C-Eigenschaften deshalb sogar noch größer als 42 %. Bringt man diese Überlegung ein, so ist die Wahrscheinlichkeit, dass das Ehepaar Collins unschuldig ist, nicht gleich 1 zu 12 Millionen, wie vom Staatsanwalt falsch errechnet, sondern etwa gleich 1 zu 2. Ein gravierender Unterschied.

Das Gerichtsurteil der früheren Instanz wurde vom Obersten Kalifornischen Gericht wegen der aufgezeigten Überlegungsfehler harsch kritisiert und 1968 letzten Endes aufgehoben.

Auch ein Geschworenenurteil

Judith Richardson Haimes (42), die behauptete, eine in der Universitätsklinik der Temple-Universität an ihr durchgeführte Computertomographie des Kopfbereiches habe dazu geführt, dass sie ihre hellseherischen Fähigkeiten und andere übersinnliche Kräfte verloren habe, wurden von einem Geschworenengericht 988 000 Dollar an Schadensersatz zugesprochen.

Nach einem Artikel in der *Chicago Sun Times* vom 30. 3. 1986

Besonders seit Mitte der 1980er Jahre der genetische Fingerabdruck als Beweismittel auftauchte, spielen Wahrscheinlichkeiten vor Gericht eine immer größere Rolle. Die Zuverlässigkeiten dieses und anderer Verfahren der modernen Forensik lassen sich mit Fehlerwahrscheinlichkeiten ausdrücken und Wahrscheinlichkeitsangaben in Gerichtsprotokollen sind für moderne Juristen eher die Regel als eine Ausnahme. Doch um mit diesen nützlichen Informationen richtig umzugehen, fehlt manchen Juristen das Rüstzeug, war doch die Statistik zumeist nicht Teil ihrer Ausbildung. Absolute und bedingte Wahrscheinlichkeiten, Irrtums- und Fehlerrisiken sind nicht leicht zu begreifen und noch weniger leicht korrekt zu interpretieren. Sie sind tricky, somit oft verwirrend und können deshalb leicht in der Absicht eingesetzt werden zu manipulieren. Der Traum vom tadellos taxierten, gerechten Urteil kann sich unter diesen Umständen als Illusion entpuppen.

Im Nachgang kreuzt noch eine Nebenfrage mein Bewusstsein. Ist das eigentlich justiziabel? Mathematik-Missbrauch vor Gericht? Gar unter Eid?

64. *Fehlerkosten*

Der kostspieligste Irrtum, der je einem Prüfer unterlief, passierte in den USA beim *Preliminary Scholastic Aptitude Test*, an dem jedes Jahr rund eine Million Schulabgänger teilnehmen und der mitentscheidend ist für ihre Zukunft, etwa auch dafür, ob sie eine der begehrten Universitäten besuchen können. Im Test des Jahres 1980 zeigte Frage 44 den 17-jährigen Schülern ein Diagramm zweier Pyramiden, eine bestand nur aus 4 Dreiecken, die andere aus 4 Dreiecken und einer quadratischen Grundfläche. Alle Dreiecke waren gleichseitig und gleich groß. Die Frage dazu lautete:

Wenn die beiden Pyramiden entlang einer Dreiecksfläche exakt aneinandergelegt werden, wie viele Seiten hat dann der entstehende Körper?

Die Prüfer erwarteten eine Lösung entlang folgender Gedankenführung: Zusammen haben die Pyramiden 9 Seiten; wenn also 2 Dreiecke aneinandergelegt werden, so bleiben 7 Seiten sichtbar. So sah es auch eine Kommission von Experten, die den Test überprüft hatte.

Nein, meinte dagegen der Schüler Daniel Lowen, der intuitiv erkannte, dass beim Zusammenlegen zweier Pyramidenseiten noch etwas anderes passiert. Vier weitere Dreiecke – je zwei auf jeder Pyramide – bilden zwei Ebenen und so reduziert sich die Zahl der sichtbaren Seiten um zwei weitere. Der neu entstehende Körper hat also nur insgesamt 5 Seiten.

Nachdem die Tester ihr eigenes Modell konstruiert hatten, kamen sie zu dem Schluss, dass Lowen recht hatte. Die Prüfer mussten sich korrigieren, und zwar bei der Benotung von knapp 300 000 Schülern. Mit mehr als 100 000 Dollar schlug allein schon die Benachrichtigung der Betroffenen zu Buche.

65. *Kleines Denk-Mal, Version Nicht-08/15*

Was ist der Unterschied zwischen sechs Dutzend Dutzend und einem halben Dutzend Dutzend?

Sollten Sie «Kein Unterschied» gesagt haben, so liegen Sie falsch.

66. *Ein Männlein steht im Walde*

Herr K hat sich im Wald verirrt. Er weiß nur, dass er sich 1 km vom Rand eines riesigen Waldgebietes entfernt befindet, dessen Berandung eine Gerade ist. Ansonsten ist er völlig desorientiert und ist sich Sorgen am Machen, wie man dort sagt, wo ich herkomme. Er weiß nicht, in welcher Richtung sich der Rand und damit der Ausgang aus dem Wald befindet. Gibt es mit diesem geringen Wissen ausgestattet eine Möglichkeit, das Waldgebiet zu verlassen, also den Rand zwingend zu erreichen?

Und kann es unter den gegebenen minimalistischen Rahmenbedingungen gelingen, eine Auskunft über optimales Verhalten zu erlangen?

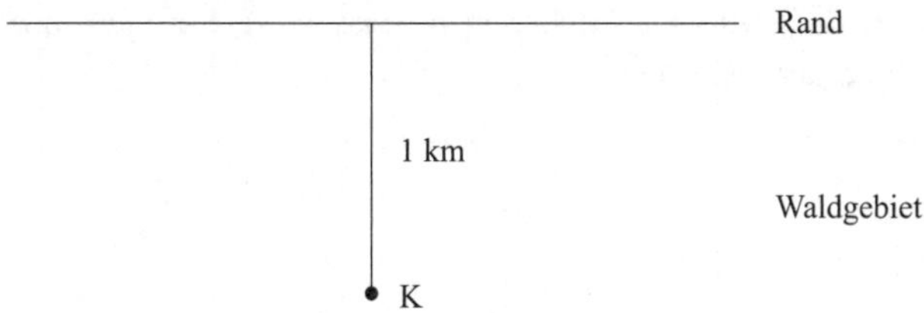

Abbildung 44: Herrn Ks Position im Wald

Die Antwort in beiden Fällen ist Ja, und wir schreiten in mehreren großen Schritten voran. Jedes Problemlösen ist ein Duell eines Denkers mit einer Schwierigkeit. Herr K legt sich für die beschriebene Schwierigkeit zunächst diese Strategie zurecht: Er will 1 km in eine beliebige Richtung gehen, dann im rechten Winkel nach rechts abzweigend nochmals 1 km gehen. Anschließend will er wiederum im rechten Winkel nach rechts abbiegen und dann 2 km gehen, eine Rechtskurve im Winkel von 90° ausführen, nochmals 2 km gehen, nochmals rechtwinklig nach rechts abbiegen und abermals 2 km gehen. Dieser Pfad sieht so aus.

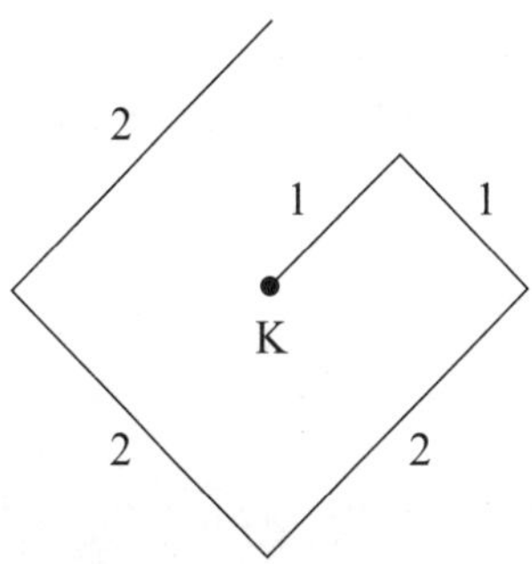

Abbildung 45: Erste Strategie

Herr K ist erleichtert, denn er hat sich überlegt, dass ihn diese Vorgehensweise mit Sicherheit an die Berandung des Waldgebietes führt. Damit wird seiner Bedrängnis immerhin der Grund entzogen. Der skizzierte Pfad hat eine Länge von 8 km. Im allerungünstigsten Fall muss Herr K den gesamten Pfad ablaufen, bevor er den Rand erreicht. Er kann aber sicher sein, dass diese Strategie ihn aus dem Wald herausbringt.

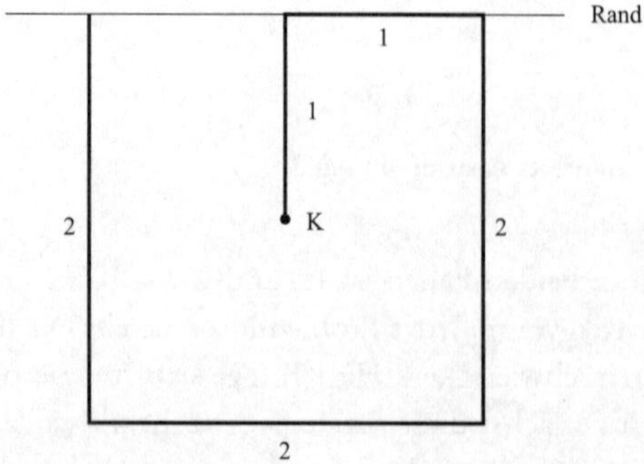

Abbildung 46: Grenzfall des längsten zurückzulegenden Weges bei Wahl der ersten Strategie

Herr K verfeinert nun seine Überlegungen in der Hoffnung, die maximal zurückzulegende Wegstrecke zu reduzieren. Bei Inspektion des Weges in Diagramm 46 stellt sich die Idee ein, die Ecken nicht voll auszulaufen, sondern – nachdem man 1 km in eine beliebige Richtung gegangen ist – sich auf einer Kreisbahn um K mit Radius 1 km zu bewegen.

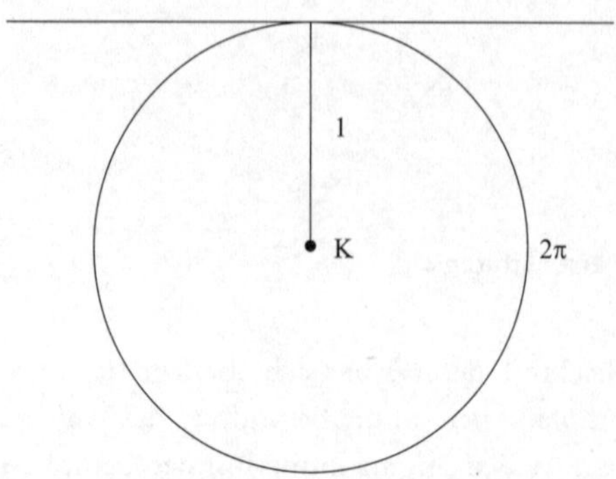

Abbildung 47: Grenzfall des längsten zurückzulegenden Weges bei Wahl der zweiten Strategie

Auch dieser Pfad erreicht früher oder später mit Sicherheit den Rand des Waldgebietes. Er hat im ungünstigsten Fall aber die geringere Länge von $1 + 2\pi \approx 7{,}28$ km.

Schaut man sich in Diagramm 47 die Gerade als Rand des Waldgebiets an, so fällt auf, dass bei dieser Routenführung die Gerade genau einen Punkt mit dem Kreis gemeinsam hat. Solche Geraden, die einen Kreis genau in einem Punkt schneiden, heißen Tangenten des Kreises. Der Rand des Waldgebietes ist also irgendeine der unendlich vielen Tangenten an den Kreis um K mit Radius 1 km. Deshalb können wir Herrn Ks Optimierungsbemühungen auch so ausdrücken: Er muss den kürzesten Weg finden, der in K beginnt und einen gemeinsamen Punkt mit jeder Tangente an den Kreis um K mit Radius 1 km besitzt. Gelingt ihm dies, so hat er sich optimal verhalten und damit den schnellsten Weg ermittelt, der ihn mit Sicherheit aus dem Waldgebiet herausführt.

Kann man vor diesem Hintergrund gegenüber der Kreisstrategie von Diagramm 47 noch Verbesserungen erreichen? Eine naheliegende Frage geht speziell in diese Richtung: Muss man wirklich die gesamte Kreislinie ablaufen? Diagramm 48 erlaubt uns die Schlussfolgerung, dass dies nicht notwendig ist.

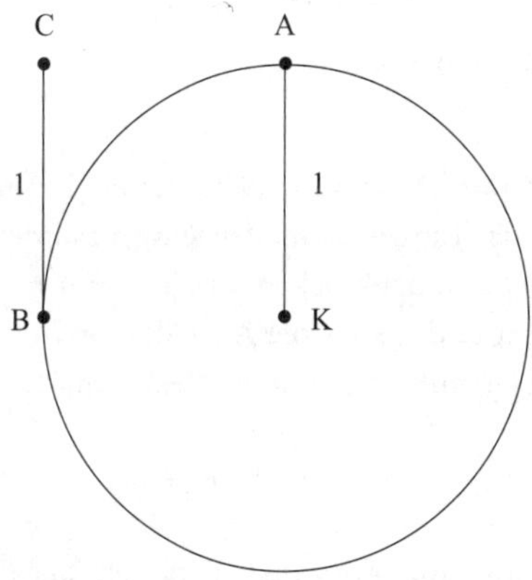

Abbildung 48: Dritte Strategie

Auch der Weg von K nach A, anschließend um beinahe den gesamten Kreisbogen herum nach B und geradeaus weiter nach C hat einen gemeinsamen Punkt mit jeder Tangente an den Kreis und führt Herrn K aus dem Wald heraus. Seine Länge aber beträgt nur

$$1 + \frac{3\pi}{2} + 1 \approx 6{,}71\ km,$$

da er nur 3/4 des gesamten Kreisumfanges von 2π umfasst.

Dieser neue Weg hat durch geschickte Modifikation eine Ersparnis am Ende der Route erzielt. Können wir eine analoge Ersparnis am Anfang erreichen? Eindeutig Ja!

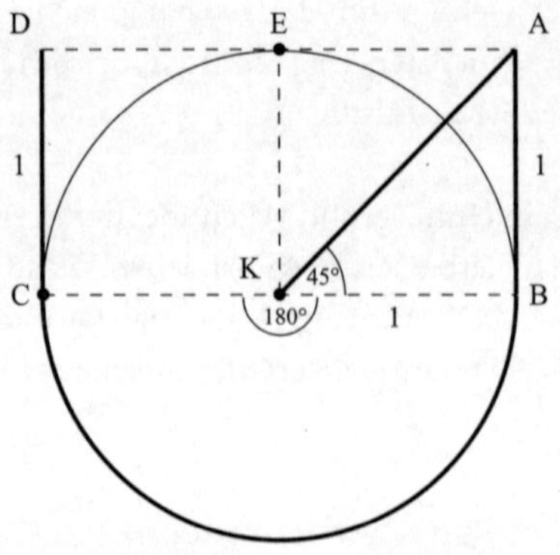

Abbildung 49: Vierte Strategie

Auch der Pfad KABCD in Diagramm 49 besitzt noch einen gemeinsamen Punkt mit jeder Tangente an den eingezeichneten Kreis. Er besteht aus 3 kurzen Geradenstücken und jetzt nur noch der Hälfte der Kreislinie. Die Länge der Strecke KA erhält man mit dem Satz des Pythagoras und die Gesamtlänge mit der Rechnung

$$\sqrt{1^2 + 1^2} + 1 + \pi + 1 \approx 6{,}56\ km.$$

Weniger ist schwer. Aber nicht unmöglich. Es geht *um den Hauch einer Nuance* besser (Wortspende von Helmut Kohl). Eine Maßnahme, deren Wirkung man noch untersuchen könnte, besteht darin, die Winkel, die in Diagramm 49 als 45° und 180° eingetragen sind, zu modifizieren, um eventuell durch eine andere Wahl bei ansonsten unverändertem Konstruktionsprinzip eine weitere Ersparnis zu erwirken. Reduziert man etwa den ersten Winkel von 45° auf 30° und passt den Weg im Endabschnitt entsprechend an, so dass KCDE abermals ein Quadrat bilden, gelangt man zu folgender Figur:

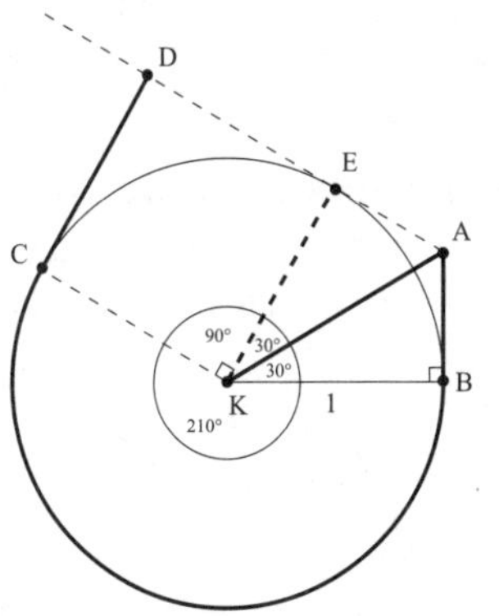

Abbildung 50: Fünfte Strategie

Als Länge dieser Route ergibt sich die Summe der Längen von KA, AB und CD sowie der Länge des Kreisbogens BC (insgesamt 210°/360° = 7/12 des Gesamtumfangs von 2π). Die einzigen Wegstrecken, die zusätzliche Überlegung verlangen, sind die Geradenstücke KA und AB. Etwas elementares Rechnen an Dreiecken ist dafür erforderlich:

$$\cos 30° = \frac{\textit{Länge Ankathete}}{\textit{Länge Hypotenuse}} = \frac{1}{|KA|},$$

wobei |KA| die Länge der Strecke KA bezeichnet. Also ist

$$|KA| = \frac{1}{\cos 30°} = \frac{2}{\sqrt{3}} = \frac{2}{3}\sqrt{3}.$$

Ferner ist

$$\sin 30° = \frac{\textit{Länge Gegenkathethe}}{\textit{Länge Hypotenuse}} = \frac{|AB|}{|KA|}.$$

Dem entnehmen wir die Gleichungskette

$$|AB| = |KA| \cdot \sin 30° = \frac{2}{3}\sqrt{3} \cdot \frac{1}{2} = \frac{1}{3}\sqrt{3},$$

was uns abschließend erlaubt, die Gesamtlänge des Weges KABCD als

$$\frac{2}{3}\sqrt{3} + \frac{1}{3}\sqrt{3} + \frac{7}{12} \cdot 2\,\pi + 1 = 6{,}39\ km$$

anzugeben.

Besser geht's nimmer. Der Mathematiker John Isbell hat 1957 bewiesen, dass dies in der Tat der optimale Weg ist: Der kürzeste Weg, der mit Sicherheit aus dem Wald herausführt, hat also die Form

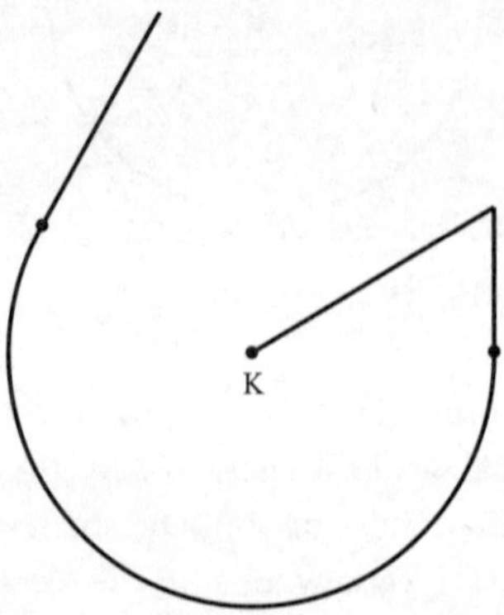

Abbildung 51: Optimaler Kurvenverlauf

Wer hätte das zu Anfang gedacht? Ein unerwarteter Kurvenverlauf, von minimalistischer Ästhetik noch dazu: für einen Mathematiker eine kleine Kulisse des Glücks.

Ingesamt war dies eine Gedankenführung, bei der sehr viel passierte, also anfing, weiterging, aufhörte, bis zur Endantwort. Manchmal steht die optimale Lösung erst am Ende eines langen Kreide-, Bleistift- oder Druckerschwärze-Pfades.

67. *Entfessle den Denker in dir: Einsteins Logical*

Ein Logical ist eine Form des Rätsels, das durch logisches Schließen gelöst werden kann. Das folgende Rätsel stammt von Albert Einstein persönlich. Er meinte, dass 98 % der Weltbevölkerung nicht in der Lage seien, es zu lösen. Wir wollen uns aber nicht mit Einstein vergleichen und behaupten deshalb, dass 99 % der Weltbevölkerung dazu nicht in der Lage sind. Gehören Sie zur Mehrheit oder zur Minderheit?

Hier ist Einsteins Problemstellung:
Es stehen 5 Häuser nebeneinander, jedes hat eine andere Farbe. In jedem Haus wohnt jemand und die Nationalitäten der Bewohner sind alle verschieden. Jeder der Hausbewohner bevorzugt ein bestimmtes Getränk, raucht eine bestimmte Marke Zigaretten und hält ein bestimmtes Haustier. Die Getränkevorlieben, Zigarettenmarken und Haustierarten sind alle verschieden.
Der Brite wohnt im roten Haus.
Der Schwede hat einen Hund.
Der Däne trinkt Tee.
Das grüne Haus steht links vom weißen Haus.
Der Bewohner des grünen Hauses trinkt Kaffee.
Die Person, die Pall Mall raucht, besitzt Vögel.
Im gelben Haus wird Dunhill geraucht.
Der Bewohner des mittleren Hauses trinkt Milch.
Der Norweger lebt im ersten Haus.
Der Mann, der Blend raucht, wohnt neben dem Haus mit Katzen.
Der Pferdebesitzer wohnt neben dem Raucher von Dunhill.
Der Mann, der Blue Master raucht, trinkt Bier.
Der Deutsche raucht Prim.
Der Norweger wohnt neben dem blauen Haus.
Der Mann, der Blend raucht, hat einen Nachbarn, der Wasser trinkt.

Frage: Einer der Hausbewohner hält ein Zebra als Haustier. Wer ist es?

Ist das schwer oder leicht: Hauptspiel oder nur Vorspiel für eine *Lange N8 der Mathematik?*

68. *Selbstbezügliches*

Nennen wir das Thema dieses Abschnitts einfach Mut zur Selbstreferentialität und legen gleich los. Selbstreferentialität oder Selbstbezüglichkeit ist ein Begriff aus der Kommunikationswissenschaft. Es ist eine Eigenschaft, die allgemein gesprochen die Fähigkeit eines Objekts beschreibt, auf sich selbst Bezug zu nehmen und diesen Bezug zu differenzieren gegen Bezüge zu allem anderen als sich selbst. Wenn Denker über das Denken nachdenken und Blogger Blogbeiträge über die Blogosphäre bloggen, dann sind das lupenreine Beispiele für selbstbezügliche Unternehmungen. In diese Kategorie fallen auch Gedichte, die über sich selbst schreiben, wie Robert Gernhardts

Dreißigwortegedicht
Siebzehn Worte schreibe ich
auf dies leere Blatt,
acht hab' ich bereits vertan,
jetzt schon sechzehn und
es hat jetzt längst mehr keinen Sinn,
ich schreibe lieber dreißig hin:
Dreißig.

Unser besonderes Augenmerk soll selbstbezüglichen Sätzen gelten. Dies sind Sätze, die etwas über sich selbst aussagen. Zwei Bedeutungsebenen kommen sich dann ins Gehege. Die Aussage, die der Satz macht, vermischt sich mit einer Aussage über die Aussage selbst. Noch eine Stufe vertrackter wird die Sachlage, wenn sich die beiden Ebenen des selbstbezüglichen Satzes gegenseitig einschränken oder gar logisch ausschließen, so dass der Satz sich selbst ganz oder teils widerspricht. Die Sprache hat dieselbe Fähigkeit, wie auch die Mathematik sie hat. Sie kann einen mit wenig Aufwand sehr schnell an die Grenzen des noch Verstehbaren führen und über diese Grenzen hinaus.

Hier nun einige Beispiele selbstbezüglicher Sätze:

- Erinnert Sie dieser Satz an Beethoven?
- Dieser Satz war in der Vergangenheitsform.
- Ich bin auf das erste Wort in diesem Satz neidisch.

- Wenn man nicht hinschaut, ist dieser Satz mit Geheimtinte in Blindenschrift geschrieben.
- Dieser Satz soll Reden ist eigentlich Silber Schweigen ist Gold zwei Sätze vermischen.
- Obwohl in Satz jedes Wort fehlt, man ihn verstehen.
- Mein word processor stürzt niemals a
- Bei diesem Satz fehlt ein «k» vor dem fünften Wort.
- Dieser Satz hat drai Feler.

  Doch Moment, da sind ja nur zwei Fehler! Aha, aber dann steckt darin ein inhaltlicher Fehler. Was bedeutet, dass der Satz doch 3 Fehler hat. Dann aber war er von Anfang an wahr. Das heißt, er ist nicht falsch! In dem Fall hat er tatsächlich nur zwei Fehler ... !!Hilfe!!
- Wenn es diesen Satz nicht gäbe, müsste ihn jemand erfinden.
- Dieser Satz stammt nicht aus meinem Buch und sollte gelöscht werden.
- Oh la la, das fühlt sich toll an, wenn deine Augen über meine Worte gleiten.

Und wie gefällt Ihnen der folgende, vielleicht aus dem Dada heraus entstandene Satz?

- Dieser Satz ist etwas vermurkxt, enthält aber dofür jeden Puchstabön wenigqstens eynmal.
- Wenn $\pi = 3$ wäre, dann sähe dieser Satz s⬡ aus.

  Das ist mein Lieblingsexemplar unter allen selbstbezüglichen Sätzen. Man muss ein wenig kombinieren, um ihn richtig auszudeuten. Wenn $\pi = 3$ wäre, dann wären alle Kreise [mit Umfang geteilt durch Durchmesser bekanntermaßen gleich π] Sechsecke [mit Umfang geteilt durch Durchmesser bekanntermaßen gleich 3], also auch das kreisrunde kleine «o» im obigen Wort «so».

Selbstwiderlegende Selbstüberschätzung

Dieses Buch enthält keinen Irrtum außer diesem hier.

Selbstannihilierende Sätze. Eine Untergruppe der selbstbezüglichen Sätze sind die selbstannihilierenden Sätze. Das sind Sätze, die ihren eigenen Inhalt sprengen, Spreng-Sätze gewissermaßen:

- Spontaneität will gut überlegt sein.
- Ich schätze deine Gesellschaft am meisten, wenn ich allein bin.
- Wenn du lange genug darüber nachdenkst, wirst du sehen, dass es offensichtlich ist.
- Ich möchte die Stimme der schweigenden Mehrheit hören. (Richard Nixon, ehemaliger US-Präsident)
- Ich habe noch nie etwas vorhergesagt, und ich werde das auch nie machen. (Paul Gascoigne, britischer Fußballer)

Als handwerkliches Highlight aller selbstbezüglichen Sätze sei hier ein selbstdokumentierender Satz von Lee Sallows gewürdigt, der komplett mit seiner eigenen Buchführung unterwegs ist und mit nicht mehr als nur dieser. Er ist nämlich ein Pangramm, d. h. ein Satz, der uns mitteilt, wie oft jeder Buchstabe und jedes Satzzeichen in ihm vorkommen. Ein Exempel für das am Rande des Unsäglichen gerade noch Sägliche.

Only the fool would take trouble to verify that this sentence was composed of ten a's, three b's, four c's, four d's, forty-six e's, sixteen f's, four g's, thirteen h's, fifteen i's, two k's, nine l's, four m's, twenty-five n's, twenty-four o's, five p's, sixteen r's, forty-one s's, thirty-seven t's, ten u's, eight v's, eight w's, four x's, eleven y's, twenty-seven commas, twenty-three apostrophes, seven hyphens and, last but not least, a single!

Das war nicht einfach. Noch weniger einfach ist es, einen derartigen Satz mit vorgegebenem Anfang zu konstruieren. Als Sallows unter Aufbietung von viel Geduld – und dennoch die Randbezirke der Erschöpfung erreichend – seinen Satz fertig gebastelt hatte, wettete er, dass niemand innerhalb der nächsten 10 Jahre einen perfekten selbstdokumentierenden Satz werde konstruieren können, der mit «This computer-generated pangram contains …» beginnt.

Nachdem diese Herausforderung in einer Kolumne der Zeitschrift *Scientific American* erschienen war, wurde das Problem aber relativ schnell von dem Leser John Letaw mit einer Methode gelöst, die man nach dem Logiker Raphael Robinson als Robinsonierung bezeichnet: Setze am Anfang beliebige Startwerte für die Anzahlen jedes Buchstabens und Zeichens ein, ermittle dann neue Werte, wenn der Satz fertig ist, setze diesen Prozess fort. So entsteht eine Feedbackschleife, in die man immer wieder die neuen Werte eingibt und mit der man schließlich gegen die richtigen Werte konvergiert. Wenn sich irgendwann nichts mehr ändert, ist der Satz fertig.

Wenn Sie zu diesem Thema auf der Suche nach einer Mega-Herausforderung sind, hier ist eine von mir für Sie: Übersetzen Sie doch den Satz von Lee Sallows ins Deutsche, so dass er auch dort wahr ist. Ein Problem für lange Winterabende oder lange Winter gar. Seine Unnachahmbarkeit selbst scheint unnachahmlich.

Ein Bild soll unsere Collage zum Thema Selbstbezüglichkeit abrunden: ein schildloses Schild.

Abbildung 52: Ein Schild, das nichts im Schilde führt: «Hinweis: Bitte werfen Sie keine Steine auf dieses Schild. Danke»

69. *An den ausgeschlossenen Widerspruch*

Der Satz vom ausgeschlossenen Widerspruch besagt, dass eine Aussage nicht gleichzeitig mit ihrem Gegenteil wahr sein kann. In der *Metaphysik* des Aristoteles hört sich das so an: «Es ist unmöglich, dass dasselbe demselben in derselben Beziehung zugleich zukomme und nicht zukomme.»

Dies ist eine krisenfeste, kulturübergreifende Universalwahrheit und eines der fundamentalen Denkgesetze der Menschheit. Auch die katholische Kirche bekennt sich dazu. In seiner Enzyklika *Fides et Ratio* aus dem Jahr 1998 bezeichnet Papst Johannes Paul II. den Satz vom ausgeschlossenen Widerspruch als «Prinzip von der Non-Kontradiktion» und zählt ihn zu den fundamentalen Erkenntnissen der Geschichte des Denkens. Dieses Prinzip ist eine der Grundwahrheiten allen Erkenntnisvermögens, auf dem alle anderen Wahrheiten aufbauen. Er selbst ist aber unbeweisbar. Dies liegt daran, dass jegliche Bemühung, diesen Satz zu beweisen oder zu widerlegen, ihn immer schon explizit voraussetzen müsste, weil jedes verwendete Argument ja sich selbst und nicht sein Gegenteil untermauern soll. Insofern ist der Satz vom ausgeschlossenen Widerspruch unabdingbar Teil einer Informatik des Gelingens von Denken überhaupt.

Die passende Antwort darauf wäre …

Der amerikanische Philosophieprofessor Sidney Morgenbesser wurde einmal von einem Studenten gefragt, ob er mit Maos Meinung übereinstimme, dass sowohl eine Aussage als auch ihr Gegenteil wahr sein könne. Er antwortete: «Ja und Nein.»

70. *Zirkelbezüge und Kreisläufe*

Im Jahr 1939 hat Alfred Hitchcock eine Rede an der Columbia-Universität gehalten und dabei den Begriff des MacGuffin erläutert, den er selber geprägt hat. Ein MacGuffin ist ein beliebiges Element (Objekt, Person, Vorwand, Situation, ...), das nur die Handlung in Gang bringen oder vorantreiben soll, ohne selbst von Bedeutung zu sein. Ein Beispiel ist der Ring in Richard Wagners *Ring der Nibelungen*, den der Kulturkritiker Slavoj Zizek als größten MacGuffin aller Zeiten bezeichnet hat. In seinem Vortrag erzählt Hitchcock zum MacGuffin folgende Geschichte:

Zwei Schotten fahren mit der Eisenbahn und der eine fragt den anderen, was in dem Paket im Gepäcknetz sei. «Ach, das ist ein MacGuffin.» – «Was ist denn ein MacGuffin?» – «Ein MacGuffin ist ein Apparat, mit dem man in den Bergen von Adirondack Löwen fangen kann.» – «Aber es gibt doch gar keine Löwen in den Adirondacks.» – «Dann ist es auch kein MacGuffin.»

Improving on Hitchcock. Meine Spontanneigung ist es, die MacGuffin-Geschichte anders enden zu lassen, und zwar so: ... «Ein MacGuffin ist ein Apparat, mit dem man in dieser Gegend die Löwen fernhalten kann.» – «Aber es gibt doch gar keine Löwen in dieser Gegend.» – «Da sehen Sie, wie gut der wirkt.»

Hitchcocks Geschichte vom MacGuffin ist hier selbst zum MacGuffin geworden, es ist mein Einleitungs-MacGuffin für diese Miniatur. Sehen Sie, wie gut der wirkt?

Der Rest sind nur Beispiele von Zirkeln und Kreisen. Heiteres und Härteres.

Rundungen und Ecken und Kanten

Für mich ist alles rund. Ich bin ein O. Andere sind I.

Alfred Hitchcock, 1936, in *Close Yours Eyes and Visualize*

1.) Grundstücke, die jemand in Eigenbesitz hat, werden dem Eigenbesitzer zugeschrieben. Eigenbesitzer ist, wer ein Grundstück als ihm gehörig besitzt.

Aus den Erläuterungen zur Grundstücksbeschreibung des Finanzamtes Hanau

2.) Zwei Studenten der Keene-State-Universität von New Hampshire (USA) erteilten der Polizei die Erlaubnis, ihr Wohnzimmer zu durchsuchen. Dabei wurden 6 Unzen Marihuana gefunden. Richter Philip Mangones entschied später, die Studenten seien zu «stoned» gewesen, um die Tragweite ihrer Entscheidung zu verstehen, erklärte die Zimmerdurchsuchung für illegal und setzte die Studenten auf freien Fuß.

Meldung aus *Ludington Daily News* vom 4. Mai 1996

3.) Circulus vitiosus
Matthew David Hubal starb in Mammoth Lake (USA) auf einer Skipiste. Er war auf einem Kunststoffkissen, das Wintersportler vor den Masten eines Skilifts schützen soll und das er zuvor von einem der Masten entfernt hatte, einen Steilhang heruntergerutscht. Er prallte dabei, auf dem Kissen sitzend, genau gegen jenen Mast, auf dessen Kissen er saß.

Meldung aus *The Guardian* vom 6. Februar 1984

4.) Biologischer Kreislauf
Vor 60 Jahren pflanzte die sechsjährige Rolande Genève einen Eichbaum in ihrem Garten in Isère, Frankreich. Am 3. Juli fiel er um und tötete sie.

Meldung aus *The Mirror* vom 4. Juli 1994

71. *Rekursives Schließen oder Das Unmögliche gibt nach und nach nach*

Unsere Welt ist voller vernetzter Systeme. Diese Systeme zeichnen sich dadurch aus, dass ihre Komponenten durch Beziehungen zwischen den einzelnen Systemteilen, die sich bisweilen auch noch ständig verändern, in hohem Maße gekoppelt sind. Vernetzte Systeme sind dadurch geprägt, dass in ihnen einfaches linear-kausales Ursache-Wirkungs-Denken nicht zielführend ist. Ihre vorherrschenden Systemkennzeichen sind positive und negative Rückkopplungsschleifen. Diese führen dazu, dass Urheber einer Veränderung, aufgrund von Kreisläufen über Zwischenstationen, die von ihnen ausgelösten Wirkungen zeitverzögert auch selbst erfahren.

Viele derart gekoppelte Systeme enthalten rekursive Elemente. Von Rekursion spricht man generell bei der wiederholten Einbettung einer Konstruktion in eine ähnlich geartete Konstruktion, etwa eines Bildes in ein ähnliches Bild, einer Holzpuppe in eine ähnliche Holzpuppe (Matroschka) oder eines Spiegels in einen Spiegel.

Wir geben nun ein Beispiel eines gekoppelten Systems mit Rekursions- und Rückkopplungseffekten, das bei aller vorliegenden Komplexität gerade noch hinreichend überschaubar ist, um einer Analyse zugänglich zu sein und eine Prognose möglich zu machen. Es ist ein logisch vernetztes System.

Xaver (X) und Yoko (Y) haben beide die Zahl 12 auf ihre Stirn geschrieben bekommen. Jeder sieht aber nur die Zahl des anderen und weiß nicht, welche Zahl er selbst trägt. Der Spielleiter teilt ihnen nur mit, dass die Summe ihrer beiden Zahlen entweder 24 oder 27 ist und dass es sich um zwei positive ganze Zahlen handelt. Anschließend fragt der Spielleiter mehrfach abwechselnd X und Y, ob sie wissen, welche Zahl sie selbst auf der Stirn tragen. Hier ist das Protokoll der wechselseitigen Antworten.

X: Nein! Y: Nein! X: Nein! Y: Nein! ...

Bleibt es beim Nein, wenn es sich um perfekte Logiker handelt? Anders gefragt: Gibt es irgendwann eine Antwort *Ja*? Wenn ja, dann wann?

Und nun die Auflösung dieser kuriosen Angelegenheit: Überraschenderweise endet die Folge der Antworten *Nein* irgendwann und mündet in ein *Ja*. Bei perfekten Logikern gibt es 7 Nein und dann ein Ja! Wir wollen dies sorgfältig begründen.

Sei x die Zahl auf der Stirn von X und y die Zahl auf der Stirn von Y.
1. Zu Beginn weiß X, dass $x = 12$ oder $x = 15$ ist
2. Zu Beginn weiß Y, dass $y = 12$ oder $y = 15$ ist.

So weit ist es offensichtlich, doch Y weiß nicht, dass X über das Wissen in 1. verfügt. Und auch X weiß nicht, dass Y über das Wissen in 2. verfügt. Deshalb ist das in 1. und 2. enthaltene Wissen nicht zu rekursivem Schlussfolgern geeignet. Eine andere Gedankenverknüpfung wird benötigt. Wir suchen nach Informationen, die sowohl X als auch Y haben und von denen zusätzlich gilt, dass jeder der beiden weiß, dass auch der andere sie hat. Dies gilt für alle folgenden Aussagen:
3. $y = 24 - x$ oder $y = 27 - x$
4. $x = 24 - y$ oder $x = 27 - y$
Wegen des ersten Neins von X folgt nun mit Punkt 4. die Ungleichung
5. $y < 24$,
denn wäre $y \geq 24$, würde X die Zahl x erschließen können. Er kann es aber nicht. Das ist der Motor, der das rekursive wechselseitige Schließen ins Rollen bringt, und für das Verständnis der Lösung ist es nötig, sich seine Mechanik gut einzuverleiben. Wegen des ersten Neins von Y ergibt sich aus 3. und 5. die Ungleichung
6. $x > 3$.

Die Macht des Allmählichen. So geht es nun sukzessive, alternierend und rekursiv weiter: Mit dem nächsten Nein von X folgt $y < 21$. Mit dem nächsten Nein von Y folgt $x > 6$. Mit dem nächsten Nein von X folgt $y < 18$. Mit dem nächsten Nein von Y folgt $x > 9$. Mit dem nächsten Nein von X folgt $y < 15$. Dann kann Y als Nächstes mit Ja antworten, da zusammen mit dem Wissen aus 2. nur noch eine Möglichkeit bleibt, $y = 12$.

Wir sehen hier einen Prozess rastloser wechselseitiger Wissensverwertung. Ein scharf pointiertes Beispiel für den Umstand, dass logisches Schließen manchmal für eine Überraschung gut ist.

72. *Fünf fehlerfreie Sekunden: Was Friseure nicht können, können nur Nicht-Friseure*

Noch ein unfrisierter Gedanke: Wenn Sie einen roten Schuh sehen, sollte dies Ihr Vertrauen in die Gültigkeit der Aussage: «Alle Raben sind schwarz» bestärken.

Dies ist seltsam, aber dennoch zutreffend. Es liegt nämlich daran, dass der Satz über die Raben logisch äquivalent ist mit der Umformulierung: «Alle nichtschwarzen Objekte sind keine Raben.» Und jeder rote Schuh, wie auch jedes gelbe Auto, grünes Gras und weißer Wein ist eine Bestätigung dieser Aussage. Das ist logisch unausweichlich, wenn es auch kontraintuitiv ist.

Un-logisch, A-logisch, Theo-logisch, Philo-logisch?

Kann man eine Aussage formulieren, so dass die Aussage und ihre Negation beide zugleich wahr sind?

Das hört sich widersinnig an. Aber was halten Sie von folgendem Versuch?

Aussage:

Dieser Satz, den Sie soeben lesen, besteht aus zehn Wörtern.

Verneinung der Aussage:

Dieser Satz, den Sie soeben lesen, besteht nicht aus zehn Wörtern.

In der Erkenntnistheorie ist die Sache mit den schwarzen Raben und dem roten Schuh als *Hempels Paradoxon* bekannt, benannt nach dem Philosophen Carl Gustav Hempel (1905–1997), der offenbar als Erster bemerkte, dass eine Allaussage über die Eigenschaften bestimmter Dinge logisch betrachtet durch Beobachtungen beliebiger anderer Dinge ohne diese Eigenschaften bestätigt wird. Es widerspricht dem gesunden Menschenverstand, obwohl es logisch ist. Mit der Logik ist es bisweilen eine knifflige Sache. Das Paradoxon als solches ist jedenfalls eine wesentliche Geste unserer Gebrauchslogik.

Auf vergleichsweise einfachem Terrain ist man da noch, wenn Lügner Lügner Lügner nennen.

> ***To be or not to be***
>
> Please do not be a dog!
>
> **Schild auf dem Rasen eines Pariser Stadtparks**

73. *Ein imponderables Inkomensurabulum*

In einem Brief an seine Schwester bat Lewis Carroll, sie möge den folgenden Gedankengang eines Kindes einmal unter logischen Gesichtspunkten beurteilen:

«Ich bin froh, dass ich keinen Spargel mag. Denn würde ich Spargel mögen, müsste ich ihn auch essen – aber ich kann Spargel einfach nicht ausstehen.» Carrol fügte hinzu: «Die Gedankenführung irritiert mich enorm.»

5. Geschichte und Geschichten

74. *Als der Papst Mathematiker war*

Von allen 307 Päpsten, die bislang der katholischen Kirche vorstanden, war nur ein einziger Mathematiker. Gerbert von Aurillac übernahm im Jahr 999 als Papst Sylvester II. die Kirchenleitung.

Abbildung 53: Papst Sylvester II. (950–1003)

Er war damals der wohl führende Mathematiker Europas. Seine Fähigkeiten waren so groß, dass manche seiner Zeitgenossen glaubten, er sei ein Zauberer oder habe gar einen Pakt mit dem Satan geschlossen. Er schrieb eine Reihe von Lehrbüchern und erkannte die Vorteile des indisch-arabischen Zahlensystems. Gerbert entwickelte zudem eine Rechentafel mit beschrifteten Steinen und zeigte eine Reihe von Regeln auf, seine *Regula de Abaco Computi*, um damit nach dem neuen Zahlensystem Arithmetik zu betreiben. Nach Aussagen seines Schülers Richer von Reims konnte Gerbert auf seinem Gerät sehr schnell auch solche Kalkulationen vornehmen, die für seine Zeitgenossen mit den von ihnen benutzten römischen Zahlzeichen sehr schwierig oder unmöglich waren. Wenn Päpste, dann solche.

75. *Als der Präsident Mathematiker war*

Der einzige schöpferische Beitrag zur Mathematik, den je ein amerikanischer Präsident machte, stammt von James Garfield. Er hatte Mathematik am Williams College in Massachusetts studiert und das Fach nach seinem Studienabschluss für die Dauer etwa eines Jahres gelehrt.

Abbildung 54: James Garfield (1831–1881), 20. Präsident der USA

Von den mehr als 300 verschiedenen Beweisen zum Satz des Pythagoras trägt einer seinen Namen. Garfield veröffentlichte ihn in einer Ausgabe der Zeitschrift *Journal of Education* im Jahr 1876, als er bereits Fraktionsführer der Republikaner im Repräsentantenhaus war und daran dachte, für die Präsidentschaft der Vereinigten Staaten zu kandidieren.

> Im Herbst 1972 erklärte US-Präsident Nixon, dass die Rate des Zuwachses der Inflation geringer werde. Es war das erste Mal, dass ein Präsident die dritte Ableitung benutzt hatte, um für seine Wiederwahl zu werben.
>
> **Hugo Rossi**

Hier nun ist Präsident Garfields Gedankengang zum Satz des Pythagoras: Zunächst werden zwei deckungsgleiche rechtwinklige Dreiecke so aneinandergefügt, dass zwei verschiedene Katheten auf einer Geraden liegen. In Abbildung 55 sind es die beiden Dreiecke ABC und CED. Die Punkte B und E wurden außerdem durch eine Strecke verbunden:

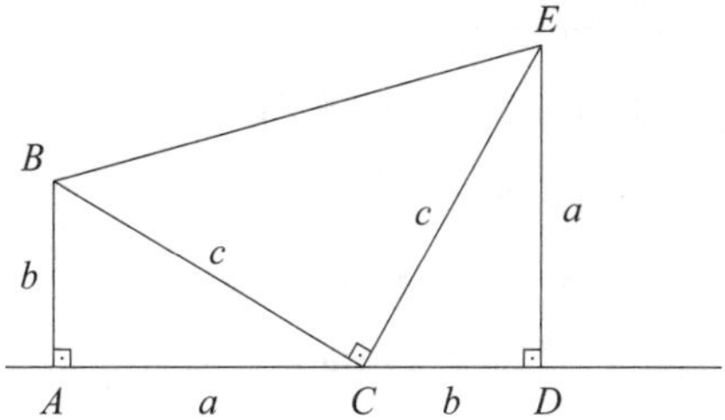

Abbildung 55: Garfields Pythagoras

Nun konnte Garfield den Flächeninhalt des entstandenen Trapezes ABED auf zwei verschiedene Arten ermitteln. Zum einen als Mittelwert der Längen der parallelen Seiten AB und DE, multipliziert mit dem Abstand dieser Seiten voneinander, also mit a + b. Zum anderen als Summe der Flächen der drei beteiligten Dreiecke, welche das Trapez bilden, wobei der Flächeninhalt eines Dreiecks die Hälfte des Produktes aus Grundseite und Höhe ist.

Das ist erkenntnisleitend und zielführend. Für die Problemüberreste benötigt man keine besondere Raffinesse mehr. Hier ist der Rest auf einer Serviette erklärt:

$$\frac{1}{2}(a+b)(a+b) = \frac{1}{2}ab + \frac{1}{2}ab + \frac{1}{2}cc$$

$$\frac{1}{2}(a+b)^2 = \frac{1}{2}(ab + ab + cc)$$

$$(a+b)^2 = (ab + ab + cc)$$

$$a^2 + b^2 + 2ab = 2ab + c^2$$

$$a^2 + b^2 = c^2$$

Gut gedacht und gut gemacht. Kein Mindermathematiker ist jedenfalls, wer solches denken kann. Ein US-präsidiales Meisterwerk ist es, das sich sehen lassen kann. Ob man wohl in einem Wahlkampf damit werben kann?

Halb gewönne, wer gut würbe

Bei Lockerung des Verzichts auf Werbung bei Mathematikern:

John Garfield beweist alte Sätze ganz neu.

John Garfield dividiert für Sie durch null.

John Garfield findet für eine Primzahl Ihrer Wahl einen dritten Faktor.

John Garfield integriert ergibt John Garfield.

John Garfield besitzt eine hexadezimal große Zahl von Donald Knuths Schecks.

Garfield war nicht der einzige spätere US-Präsident, der sich intensiv mit Mathematik beschäftigte. Auch Abraham Lincoln (1809–1865) tat dies während seines Jurastudiums zwecks Schulung seines Denkens. In einer autobiographischen Notiz schrieb er: «Ich sagte zu mir selbst: ‹Lincoln, du wirst nie ein Rechtsanwalt werden, wenn du nicht verstehst, was *beweisen* bedeutet›; und so verließ ich mein Umfeld in Springfield, zog wieder bei meinem Vater ein und blieb dort, bis ich nach kurzem Blick jede der Propositionen in jedem der 6 Bände von Euklid angeben konnte. Auf diese Weise wurde mir klar, was beweisen bedeutet, und ich setzte mein Jurastudium fort.»

Keine schlechte Leistung Lincolns, wenn man bedenkt, dass es in den 6 Bänden Euklids insgesamt nicht weniger als 173 Propositionen gibt. Sein Kanzleipartner William Herndon berichtet in seiner Biografie über Lincoln, wie dieser oftmals abends beim Schein einer Lampe auf dem Boden liegend Euklid studiert habe. In späteren Jahren trug Lincoln stets ein Exemplar eines Buches über Euklidische Geometrie in seiner Satteltasche bei sich.

Was trägt der heutige US-Präsident in seiner Satteltasche bei sich?*

* Geschrieben am 11. 9. 2008: George W. Bush ist US-Präsident.

76. *Negative Zahlen: Das Richtige, das Wichtige und das Nichtige*

Der in der 2. Hälfte des 1. Jahrhunderts nach Christus lebende Mathematiker Heron von Alexandria kannte bereits zahlreiche Formeln zur Berechnung eines quadratischen Pyramidenstumpfes.

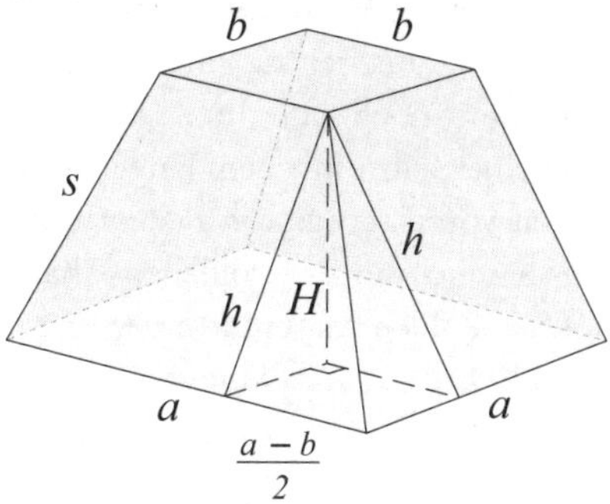

Abbildung 56: Längen und Höhen im Pyramidenstumpf

In einer seiner Beispielrechnungen wählte er 15 Fuß für die Länge der Seitenkante s, 28 Fuß für die Grundkantenlänge a und 4 Fuß für die Länge der Deckflächenkante b. Mit dem Satz des Pythagoras rechnete Heron sodann:

$$H^2 = h^2 - \left(\frac{a-b}{2}\right)^2$$

$$h^2 = s^2 - \left(\frac{a-b}{2}\right)^2 = 15^2 - \left(\frac{28-4}{2}\right)^2 = 81.$$

Also ist für die Höhe formal

$$H = \sqrt{81 - 144} = \sqrt{-63}.$$

Irgendetwas stimmt hier nicht, werden Sie denken und wird Heron wohl auch gedacht haben. Eine negative Zahl unter dem Wurzelzeichen, das hatte die Welt noch nicht gesehen. Das Problem hat offenbar eine Gegenoffensive gestartet und bekämpft Heron mit einer

Aussage sinnlosen Inhalts. Der Grund liegt natürlich darin, dass Heron eine in der Realität nicht vorkommende Längenvorgabe getroffen hat. Die Länge s war zu kurz gewählt, als dass die Seitenkante die Ecken von Grund- und Deckquadrat hätte verbinden können. Das ist schlecht. Doch das Schlechte kann auch für etwas gut sein.

Heron setzte aber seine Rechnung frohgemut fort, indem er einfach das missliebige negative Vorzeichen unter der Wurzel ignorierte. Er bildete die Wurzel aus der zugehörigen positiven Zahl. Uff und schade! Denn das ist noch schlechter. Damit schrammte er nur ganz haarscharf an einer selbst in einem langen Mathematikerleben seltenen Gelegenheit vorbei, etwas von Bedeutung für die Jahrtausende zu denken, nämlich an der goldenen Chance, der Erstentdecker der komplexen Zahlen als Wurzeln negativer Zahlen zu sein. Dafür hätte das Schlechte gut sein können. Es ward ihm aber nicht geoffenbaret. Die Idee dazu hatte Heron offensichtlich nicht einmal gestreift.

Es sollte ein weiteres Millenium vergehen, bis jemand von diesem feurigen Gedanken heimgesucht wurde und die komplexen Zahlen schließlich aus der Taufe hob.

Abbildung 57: Cartoon von Rex May: «Es ist das erste Mal, dass ich die Wurzel aus minus eins auf einer Steuererklärung gesehen habe.»

Negative Zahlen oder Ist weniger mehr, so ist nichts vielleicht alles!

Zwei Personen gehen in ein leeres Zimmer, eine Weile später kommen drei wieder heraus.

Sagt der Mathematiker: Wenn jetzt noch einer reingeht, ist das Zimmer wieder leer.

Sagt der Theologe: Ein Wunder! Ein Wunder!

Sagt der Physiker: Da muss wohl einer reingetunnelt sein.

Sagt der Ingenieur: Messfehler!

Sagt der Biologe: Die haben sich wohl vermehrt.

Sagt die Hebamme: Ist bei uns im Kreißsaal immer so.

77. *Hagiographie eines Symbols*

Als Urheber unseres Gleichheitszeichens «=», des wichtigsten Symbols in der gesamten Mathematik überhaupt, gilt heute der englische Mathematiker und Lehrbuchautor Robert Recorde. Er schreibt 1557 in seinem Buch *The Whetstone of Witte* zur Begründung der Wahl zweier paralleler Striche als Symbol der Gleichheit: «... because no two things can be more equal.» Sein Gleichheitszeichen war noch recht lang.

And to a-
uoide the tediouſe repetition of theſe woordes: is e-
qualle to: I will ſette as I doe often in woorke vſe, a
paire of paralleles, or Gemowe lines of one lengthe,
thus: ========, bicauſe noe.2. thynges, can be moare
equalle.

Zuvor, etwa in der antiken und in der mittelalterlichen Mathematik, wurde die Gleichheit zweier mathematischer Ausdrücke noch wörtlich durch «est egal» ausgedrückt. Descartes (1596–1650) und andere kürzten dies durch ein um 180° gedrehtes æ für das lateinische *aequalis* ab. Daran sieht man, dass es noch einige Zeit dauern sollte, bis sich die kurzen parallelen Striche von Recorde als Gleichheitssymbol allgemein durchsetzen würden, dann in der heute üblichen gekürzten Form. Für eine lange Übergangszeit waren auch noch folgende Symbole in Gebrauch:

E || mc^2
E → mc^2
E .aequs. mc^2
E [; mc^2
E][mc^2
E ================ mc^2

Recht betrachtet, ist jede durch ein Gleichheitszeichen dargestellte Beziehung zwischen zwei physikalischen Größen eine ans Unglaubliche grenzende inhaltliche Aussage. Im obigen Fall lautet sie: Die Energie E einer Masse von m Gramm ist nicht nur ungefähr gleich mc^2, etwa so wie in der Psychologie, wo der Intelligenzquotient eines eineiigen Zwillings ungefähr gleich dem Intelligenzquotient des anderen eineiigen Zwillings ist, sondern ganz präzise und exakt gleich. Die Präzision, die sich das Universum in manchen Dingen leistet, ist nichts weniger als atemberaubend.

78. *Aus meinem ultimativen Small-Talk-Starter-Set*

Der für staatliche Grundschulen zuständige
britische Staatsminister Stephen Byers ist
bei einem Einmaleins-Test durchgefallen.
Im Radiosender BBC behauptete der 44-Jährige,
8 mal 7 sei 54. Die Rechenaufgabe hatte ihm die
Moderatorin am Ende eines Interviews gestellt.
Byers hatte darin seine Pläne erläutert, das
Kopfrechnen in den Grundschulen wieder in
den Vordergrund zu stellen und Taschenrechner
aus den Schulklassen zu verbannen.
***Die Welt*, 23.1. 1998**

Das erinnert an einen alten Jux: Bei einem Quiz stellt der Quizmaster dem Kandidaten die Preisfrage. «Wie viel ist 8 mal 7?» Der Kandidat antwortet: «54.» Das Publikum ruft: «Gib ihm noch ’ne Chance.» Aber auch der zweite Versuch mit 57 scheitert. Der Quizmaster gibt abermals dem Drängen des Publikums nach und gibt dem Kandidaten eine weitere Chance. Nach längerem Überlegen sagt dieser schließlich: «56.» Das Publikum ruft: «Gib ihm noch ’ne Chance.»

Auto-Laudatio

Ich dachte immer, mein Gehirn sei der großartigste Teil meines Körpers. Dann wurde mir klar: Moment mal, wer sagt mir das eigentlich?

Emo Philips, Kabarettist

79. *Von der Welt zwischen dem zweiten und dritten Millenium*

Spitzenreiter meiner Liste «Die meistüberschätzten Ereignisse der letzten 20 Jahre»:

Das Jahr-2000-Computerproblem (Y2K-Problem)

Ende des letzten Jahrtausends raste die Erde mit der gewaltigen Geschwindigkeit von 3600 Sekunden pro Stunde dem Y2K-Bug entgegen. Und in Echtzeit steigerten sich auch die Weltuntergangsprognosen der Endzeitstimmungsmacher. Schriften mit dem Titel «Das Jahr 2000 findet nicht statt» wurden selbst von besonnenen Wissenschaftlern in Druck gegeben.

Andere waren vorsichtiger. So findet sich auf der Internetseite einer «Projektgruppe Jahr 2000» der bemerkenswerte Satz: «Die Bandbreite der Auswirkungen des Jahr-2000-Problems bewegt sich nach Meinung vieler Experten zwischen *kein Problem* und *Weltuntergang*. Eine genauere Vorhersage lässt sich leider nicht treffen, da alle Bereiche des Lebens betroffen sein können, aber nicht müssen.»

Als der kritische Zeitpunkt kam und verstrich, war so gut wie gar nichts geschehen. Die Auswirkungen des kürzlichen Jahr-2010-Problems waren um Größenordnungen stärker spürbar.

Abbildung 58: Cartoon von Claudio Furnier: 1.1. 2000: Gott zieht bei der Erde den Stecker raus

80. *Mathematiker-Streit*

Der Mathematiker und Astronom Tycho Brahe (1546–1601) war im Alter von 20 Jahren einmal Gast auf einer Verlobungsfeier. Dabei geriet er mit dem jungen Dänen Manderup Parsbjerg in einen Streit über die Frage, wer von beiden der bessere Mathematiker sei. Beide hatten bei sich Anlagen kultiviert, die nicht zuvörderst im Sozialen verankert waren, und so schaukelte sich dieser Streit immer höher und führte schließlich dazu, dass sich Tycho Brahe zum Duell herausgefordert sah. Es wurde mit Degen ausgefochten. Zwar erlitt dabei keiner der Kontrahenten lebensbedrohliche Verletzungen, doch ein Degenhieb Parsbjergs trennte Brahe das Riechorgan ab. Dieser trug fortan eine Silbernase, die ihm ein sehr spezielles Aussehen gab.

81. *Denk-Happening*

Bei einem Forschungsseminar, bei dem einer der besten Topologen der Welt ein wichtiges Resultat präsentierte, meldete sich plötzlich ein anderer berühmter Topologe im Publikum und sagte, er verstehe nicht, wie der Vortragende eine bestimmte Sache gemacht habe. Der Redner sah ein bisschen gequält aus und starrte eine Minute lang stumm an die Decke. Der Topologe aus dem Publikum sagte daraufhin: «Ah ja, daran habe ich nicht gedacht.» Sichtlich erleichtert, setzte der Redner seinen Vortrag fort, erfreut, dem Publikum seinen Punkt kommuniziert zu haben.
Vaughan Jones: *A credo of sorts*
In H.G. Dales & G. Oliveri (Hrsg.): *Truth in Mathematics*

Gute Haltungsnoten für den Redner mit seinem kleinen Solo der hingeschwiegenen Antwort. Jede andere Art der Darreichungsform hätte hier didaktisch möglicherweise ins Leere gegriffen, so aber hat er den Syllogismus auf seiner Seite, dass erwünscht ist, was nachteillos gelingt.

Multisystematisch & Unentmutigbar

Während eines Mathematik-Vortrages erhebt sich plötzlich einer der Zuhörer und sagt: «Ich habe für Ihr Theorem ein Gegenbeispiel.» – «Egal», erwidert der Vortragende, «ich habe zwei Beweise.»

82. *Das Tao des wortlosen Vortrags*

Von einer ganz außerordentlichen Zusammenkunft der *Amerikanischen Mathematiker-Vereinigung* berichtet Eric Temple Bell in seinem Buch *Mathematik – Königin und Dienerin der Wissenschaften*. Für die Sitzung der Vereinigung im Oktober 1903 in New York hatte der Mathematiker Frank Nelson Cole einen Vortrag *Über die Faktorisierung großer Zahlen* angemeldet. Als der Vorsitzende ihm das Wort erteilte, ging Cole wortlos zur Tafel und kreidete die arithmetische Progression 1, 2, 4, 8, ... bis zur Zahl 2^{67} darauf. Dann subtrahierte er 1 davon. Ohne ein einziges Wort begab er sich zu einer freien Stelle der Tafel und schrieb darauf die Rechnung:

```
761838257287 × 193707721
---------------------------
    761838257287
    6856544315583
      2285514771861
        5332867801009
          5332867801009
            5332867801009
              1523676514574
                761838257287
---------------------------
   147573952589676412927
```

Die beiden Rechnungen stimmten überein und Cole hatte damit die Mersenne-Zahl M67 faktorisiert. Im Jahr 1644 hatte der französische Pater Marin Mersenne (1588–1648) die Vermutung geäußert, dass für alle Primzahlen p bis 257 die Zahl 2^p-1 nur in elf Fällen selbst auch wieder eine Primzahl sei, darunter für $p = 67$. Diese jahrhundertealte Vermutung war damit widerlegt. In elektrisierter Stille ging Cole zu seinem Platz zurück.

> ***Aus Platzangst vor Allgemeinplätzen***
>
> Schweige, oder sage etwas, das noch besser ist.
>
> **Pythagoras**

Gesammeltes Schweigen. Niemand stellte ihm eine Frage. Stattdessen standen die Anwesenden auf und applaudierten. So gut wie sicher ist dies der erste und bisher einzige Vortrag, der gänzlich ohne Worte auskam. Cole sagte später, die Suche nach den Faktoren habe die Sonntage dreier Jahre («three years of Sundays») in Anspruch genommen.

Ich als Teiltaoist habe es bisher nur gerade mal geschafft, während eines eigenen Vortrags eine Minute lang zu schweigen. Noch dazu war es eine Schweigeminute.

Wortlose Wertarbeit

Auch wenn Sie einen ganz und gar schweigsamen Anwalt haben, der wortlos und teilnahmslos eine Verhandlung verfolgt und später meint, «er hätte nichts zu sagen gehabt», kann er Ihnen dennoch eine Erörterungsgebühr in Rechnung stellen.

Urteil des Oberlandesgerichts Saarbrücken vom 27.3. 2000, Az. 6W 63/00–19

83. *Weg und Rückweg*

«Es gibt eine überkommene Karikatur für einen Mathematiker: geistesabwesend, mit Vollbart und einer Brille, die er ständig sucht, obwohl sie sich auf seiner Nase befindet. Nur wenige der großen (und weniger großen) Mathematiker entsprechen diesem Stereotyp. Auf Poincaré passte es voll. Mehr als einmal hat er gedankenverloren die Bettwäsche im Hotel eingepackt, wenn er abreiste», so schreibt Ian Stewart. Ein weiteres Paradebeispiel war Norbert Wiener (1884–1964), der Vater der Kybernetik.

Norbert Wiener wurde einmal auf dem Campus des Massachusetts Institute of Technology von einem Studenten angesprochen, der ihm eine fachliche Frage stellen wollte. Wiener diskutierte das Problem mit dem Studenten. Als sie fertig waren, fragte Wiener: «Als Sie mich ansprachen, bin ich da in diese Richtung gegangen oder in die entgegengesetzte?» Der Student überlegte kurz und nannte ihm die Richtung. «Aha», sagte Wiener, «dann habe ich schon zu Mittag gegessen», und ging weiter in Richtung Institut.

Kommentar? Überflüssig. Ein Bild:

Abbildung 59: Bus für Hin-und Rückweg

Wenn der Weg das Ziel ist, kann es auch der Rückweg sein.

Fast ein echter Konfuzius

84. *Tag- und Nachtleben*

Eric Temple Bell lebte zwei Leben in zwei Paralleluniversen. Tagsüber ging er seiner Arbeit als Mathematiker am renommierten California Institute of Technology in Pasadena nach, nachts schrieb er Science-Fiction-Romane unter dem Pseudonym John Taine. Beide Persönlichkeiten stießen durch Zufall im Jahr 1951 aufeinander, als die Zeitschrift *Pasadena Star News* «Taine» fragte, ob er das Buch *The Magic of Numbers* von Eric Temple Bell rezensieren wolle. Frohgemut nahm Taine an und produzierte eine glorifizierende Buchbesprechung. Auf dem hinteren Umschlag von Bells Buch steht: «Bell ist wahrscheinlich einer der größten Interpreten mathematischer Ideen für die Allgemeinheit.» An diesen Satz anknüpfend, schrieb Taine: «Der Rezensent, der den Autor gut kennt, kann nur zustimmen.»

Es gab einen Leserbrief auf Taines Rezension. Eine Abonnentin der Zeitschrift beschwerte sich verärgert und nannte es eine ernste Beleidigung für Dr. Bell, dessen Buch von einem Science-Fiction-Autor besprechen zu lassen.

85. *Relativitätstheorie für Eilige*

Im Jahr 1936 erklärte Richard Buckminster Fuller die Relativitätstheorie in einem Telegramm an den japanichen Künstler Isamu Noguchi.

Noguchi arbeitete damals an einer Gedenktafel und hatte die Formel $E = mc^2$ vergessen. Er fragte Buckminster Fuller. Dieser antwortete nicht nur mit der Formel, sondern skizzierte gleich die ganze Relativitätstheorie in 264 Worten. Elisabetta Benassi schuf später aus der Mitteilung ein Kunstwerk. Ein Kunstwerk der Kurzdarstellung des Kunstwerkes, das auch die Relativitätstheorie ist:

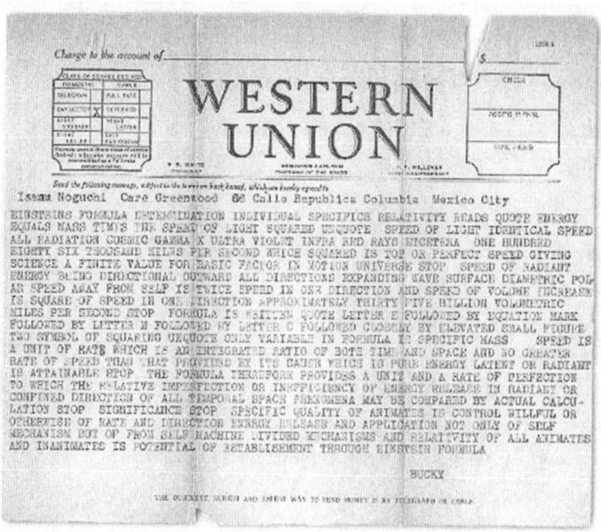

Charge to the account of

WESTERN UNION

Send the following message, subject to the terms on back hereof, which are hereby agreed to

Isamu Noguchi Care Greenwood 86 Calle Republica Columbia Mexico City

EINSTEINS FORMULA DETERMINATION INDIVIDUAL SPECIFICS RELATIVITY READS QUOTE ENERGY EQUALS MASS TIMES THE SPEED OF LIGHT SQUARED UNQUOTE SPEED OF LIGHT IDENTICAL SPEED ALL RADIATION COSMIC GAMMA X ULTRA VIOLET INFRA RED RAYS ETCETERA ONE HUNDRED EIGHTY SIX THOUSAND MILES PER SECOND WHICH SQUARED IS TOP OR PERFECT SPEED GIVING SCIENCE A FINITE VALUE FOR BASIC FACTOR IN MOTION UNIVERSE STOP SPEED OF RADIANT ENERGY BEING DIRECTIONAL OUTWARD ALL DIRECTIONS EXPANDING WAVE SURFACE DIAMETRIC POLAR SPEED AWAY FROM SELF IS TWICE SPEED IN ONE DIRECTION AND SPEED OF VOLUME INCREASE IS SQUARE OF SPEED IN ONE DIRECTION APPROXIMATELY THIRTY FIVE BILLION VOLUMETRIC MILES PER SECOND STOP FORMULA IS WRITTEN QUOTE LETTER E FOLLOWED BY EQUATION MARK FOLLOWED BY LETTER M FOLLOWED BY LETTER C FOLLOWED CLOSELY BY ELEVATED SMALL FIGURE TWO SYMBOL OF SQUARING UNQUOTE ONLY VARIABLE IN FORMULA IS SPECIFIC MASS SPEED IS A UNIT OF RATE WHICH IS AN INTEGRATED RATIO OF BOTH TIME AND SPACE AND NO GREATER RATE OF SPEED THAN THAT PROVIDED BY ITS CAUSE WHICH IS PURE ENERGY LATENT OR RADIANT IS ATTAINABLE STOP THE FORMULA THEREFORE PROVIDES A UNIT AND A RATE OF PERFECTION TO WHICH THE RELATIVE IMPERFECTION OR INEFFICIENCY OF ENERGY RELEASE IN RADIANT OR CONFINED DIRECTION OF ALL TEMPORAL SPACE PHENOMENA MAY BE COMPARED BY ACTUAL CALCULATION STOP SIGNIFICANCE STOP SPECIFIC QUALITY OF ANIMATES IS CONTROL WILLFUL OR OTHERWISE OF RATE AND DIRECTION ENERGY RELEASE AND APPLICATION NOT ONLY OF SELF MECHANISM BUT OF FROM SELF MACHINE DIVIDED MECHANISMS AND RELATIVITY OF ALL ANIMATES AND INANIMATES IS POTENTIAL OF ESTABLISHMENT THROUGH EINSTEIN FORMULA

BUCKY

Abbildung 60: Telegramm von Buckminster Fuller

Abbildung 61: Momentaufnahme von der «Art 40 Basel»-Ausstellung am 8. Juni 2009 auf dem Baseler Messeplatz mit Elisabetta Benassis Kunstwerk

Angewandte Relativitätstheorie

«Bald wird das Universum aufhören, sich auszudehnen –

nenheduzsua hcis ,neröhfua musrevinU sad driw dlaB»

86. *Ein Interdependenz-Märchen mit Resonanz*

Es war einmal ein weißer Siedler, der bereitete sich im tiefsten kanadischen Wald auf den Winter vor. Er hackte gerade Holz, als ein Indianer vorbeikam. Nach einiger Zeit sagte der Indianer ausdruckslos: «Winter wird kalt» und ritt weiter. Der Siedler, der großen Respekt vor dem Wissen der Indianer um Naturzusammenhänge hatte, hackte deshalb fleißig weiter Holz. Am Abend kam der Indianer erneut vorbei. «Roter Bruder», fragte ihn der Siedler, «wie wird der Winter?» – «Viel kalt!», erklärte der Indianer und ritt davon. Der Siedler rechnet mit dem Schlimmsten und hackte den ganzen nächsten Tag emsig Holz. Am nächsten Abend kam der Indianer erneut vorbei, und ein riesiger Holzhaufen begrüßte ihn. Fragte der Siedler: «Roter Bruder, wird der Winter wirklich so kalt?» Der Indianer: «Ich ganz sicher – wird kältester Winter seit Menschengedenken.» Der Siedler fragt nun erschöpft: «Woher weißt du?» – «Alte Indianerweisheit: Wenn weißer Mann hacken viel, viel Holz, Winter wird immer viel, viel kalt.»

Alles hängt zusammen. Kein einzelnes Ding kann für sich allein verändert werden, meinte schon der Bestsellerautor Paul Hawken im *Yoga Journal* vom Oktober 1994 und hat eindeutig recht damit.

Sehen des Sichtlichen im Nicht-Sichtlichen

Am glücklichsten wäre Peter Handke, wenn er sich bei seinem eigenen Erblinden zusehen könnte, um als blinder Seher die Dinge so zu sehen, wie sie sich selber sehen würden, wenn sie Augen hätten.

***Die Zeit*, 2. 9. 1991**

87. *Mathematik: Antifrustrativum, Antidesperativum, Antidepressivum …*

Manchmal, wenn ich frustriert
und deprimiert bin, weil ich mich
in der Gesellschaft von pompösen
und ermüdenden Menschen befinde,
denke ich für mich: Ich habe etwas getan,
was ihr nie hättet schaffen können.
Ich habe sowohl mit Littlewood als auch
mit Ramanujan auf ungefähr gleicher
Augenhöhe zusammengearbeitet.
Der Mathematiker Godfrey Harold Hardy (1877–1947)
in *A Mathematician's Apology*

Man mag hinzufügen: Die Mathematik bietet generell manchen Trost. Man muss ihn aber auch in ihr entdecken.

Wortmeldung

In der Eskimo-Sprache Inuktitut bedeutet das Wort iminngernavveersaar tunngortussaavunga «Ich sollte versuchen, nicht Alkoholiker zu werden».

88. *Geld und Geldbörsen*

Zehn Geldbörsen liegen auf dem Tisch. In jeder befinden sich 10 identisch aussehende Geldstücke. In 9 Geldbörsen sind echte Geldstücke mit einem Gewicht von 10 Gramm pro Münze, in einer hingegen ist Falschgeld mit einem Gewicht von jeweils 11 Gramm pro Münze. Wie kann man mit einer Waage durch nur eine Wägung die Geldbörse mit dem Falschgeld bestimmen?

Zur Lösung dieser Aufgabe benötigten die Mitarbeiter eines wissenschaftlichen Forschungszentrums in England über 10 000 Stunden. Die Aufgabe ist sowohl kompliziert als auch elementar.

Lösung: Aus der ersten Geldbörse nehme man 1 Münze, aus der zweiten Geldbörse 2 Münzen usw. bis hin zu 10 Geldstücken aus der zehnten Geldbörse. Dies ist eine ausfallend listige Idee. Insgesamt kommen so 55 Geldstücke zusammen. Ihr Gesamtgewicht beträgt (550 + n) Gramm und n ist eine der Zahlen von 1 bis 10. Das Falschgeld befindet sich in der n-ten Geldbörse.

Auf minimalistische Art und trotzdem in ganz großem Stil gedacht mit schneller Vollzugsmeldung. Ideen, die gehen, komprimieren die Zeit.

6. Philosophisches und Psychologisches

89. *Relative Schönheitstheorie**

Schönheit = Durchschnittlichkeit + Symmetrie + Symmetriebrechung

«Schön ist alles, was man mit Liebe betrachtet», das schrieb schon Christian Morgenstern. Darüber hinaus zeigt die moderne Attraktivitätsforschung, dass es auch personenübergreifende, ja kulturübergreifende Faktoren von Schönheit gibt. Alle Kulturen etwa betrachten lange Beine als attraktiv. Der Biologe Carsten Niemitz meint, das sei evolutionsbedingt. «Schon den Vorläufern des Homo sapiens haben längere Beine das Überleben erleichtert. Wer diese hatte, konnte schneller flüchten, weiter wandern und generell besser überleben.»

Zum Thema Schönheit von Gesichtern konnte eine Studie von Wissenschaftlern der schottischen Universität von St. Andrews kürzlich aufschlussreiche neue Ergebnisse beitragen. Bevor ich diese erwähne, sinnieren Sie doch bitte einmal über die folgende Frage: Was macht ein Gesicht attraktiv? Hat es damit zu tun, dass es so aussieht wie das von Claudia Schiffer oder George Clooney? Nein, das trifft nicht den Kern der Sache. Die St.-Andrews-Studie und andere flankierende Untersuchungen förderten zwei Tatsachen zutage.Erstens: Durchschnittlichkeit macht ein Gesicht attraktiv. Dies ist eine Bestätigung der Hypothese «Attractiveness is averageness». Und zweitens: Symmetrische Gesichter sind besonders attraktiv.

In der schottischen Studie wurde aus sehr vielen Gesichtern ein Durchschnittsgesicht erstellt, und zwar auf ganz einfache Weise: Gesichter wurden zunächst standardisiert fotografiert. Danach wur-

* Unter Verwendung von Zitaten und Informationen aus Siemens (2004).

de im Computer ein Koordinatennetz mit 250 markanten Punkten (Kinnspitze, Nasenansatzpunkt etc.) über das Gesicht gelegt. Das arithmetische Mittel der Koordinaten jedes Punktes ergab die Koordinaten des Punktes beim Durchschnittsgesicht. So entstand aus sehr vielen Einzelfällen das gemorphte Aussehen des Durchschnittsgesichts. Dieses wurde von allen befragten Versuchspersonen als deutlich attraktiver eingestuft als jedes der Einzelbilder, das zu seiner Entstehung beigetragen hatte. Um auch noch zu prüfen, ob eine derartige Präferenz anerzogen oder angeboren ist, legten die Forscher die Bilder drei bis sechs Monate alten Kleinkindern vor. Diese schenkten den erzeugten Kunstgesichtern statistisch signifikant mehr Aufmerksamkeit als den Individualgesichtern.

Die Gültigkeit der Durchschnittlichkeitshypothese überrascht viele Menschen, weil man dazu neigt, große Attraktivität als etwas in einer gewissen Weise Extravagantes bzw. Extremes anzusehen. Zwar gibt es auch Extreme, die zu großer Attraktivität beitragen, wie große Augen beispielsweise, aber die meisten Extreme sind nach Ergebnissen der Forscher der Attraktivität eher abträglich.

Es mag sein, dass diese Vorliebe für das Gemäßigte biologisch verankert ist, dass auf diesem Gebiet nicht ohne Grund eine evolutionäre Selektion gegen das Extreme stattgefunden hat. Hatten unsere Vorfahren einen Vorteil davon, dass sie Präferenzen für Durchschnittlichkeit hegten? Einige Biologen haben die Vermutung herausgestellt, dass diese Vorliebe dabei geholfen haben könnte, genetisch hochwertige Partner zu finden, zum Beispiel solche, die sich durch optimale Gesundheit auszeichneten. Die Wissenschaftler untersuchen deshalb systematisch, ob Menschen, deren Gesichter nach mathematisch entwickelten Grundsätzen näher am Durchschnittsgesicht liegen, während ihrer Entwicklung gesünder waren. Und tatsächlich stellten sie genau dies fest: Personen, die im Alter von 17 Jahren «durchschnittlich» ausgesehen hatten, waren über ihre Lebenszeit hinweg im Mittel überzufällig gesünder gewesen als die eher «undurchschnittlich» aussehenden 17-Jährigen.

Diese Ergebnisse sind teilweise verallgemeinerungsfähig. Menschen scheinen über eine angeborene kognitive Heuristik zu verfügen, die sie in die Lage versetzt, mit Rücksicht auf die Detailmerkmale der Einzelfälle den Prototyp oder den Durchschnitt einer

Menge von Dingen intuitiv erfassen zu können. Und das nicht etwa nur bei menschlichen Gesichtern – Menschen scheinen bei sehr vielen unterschiedlichen Kategorien von Objekten in ihrer Mehrzahl Durchschnittlichkeit zu favorisieren.

Das Durchschnittsgesicht zeichnet sich durch besondere Symmetrie-Eigenschaften aus. Mit zunehmender Anzahl darin eingearbeiteter Gesichter heben sich die leichten Asymmetrien der Individualgesichter auf, da die Asymmetrien über die Population nicht systematisch verteilt sind. Auf vielen Gebieten besteht ein empirisch belegter Zusammenhang zwischen Grad der Symmetrie und empfundener Attraktivität. Nicht nur bei uns Menschen, sondern auch im Tierreich ist Symmetrie, wie Studien belegen, ein wichtiges Kriterium bei der Partnerwahl. Die Symmetrie gilt als äußerer Anzeiger genetischer Fitness. Asymmetrische Proportionen entstehen vor allem durch Krankheiten, Mutationen oder andere Störungen während der Embryonalentwicklung. Hirschböcke mit dem größten Harem besitzen nicht nur das mächtigste, sondern auch das symmetrischste Geweih. Bei den Skorpionsfliegen bevorzugen die Weibchen Männchen mit symmetrischen Flügeln. Diese sind nachweisbar als Jäger am erfolgreichsten.

Nun ist es möglich, dass die durch Mittelung erhaltenen Gesichter allein schon deshalb attraktiver erscheinen, weil sie symmetrischer sind. Doch so monokausal einfach ist der Zusammenhang nicht. Mit Methoden der statistischen Datenanalyse gelang es, die Faktoren *Durchschnittlichkeit* und *Symmetrie* voneinander zu trennen. Auf diese Weise ließ sich feststellen, dass Attraktivitätsratings von Individualgesichtern mit beiden Faktoren positiv korreliert waren – sowohl mit Durchschnittlichkeits-Ratings als auch mit gemessener Symmetrie. Rhodes et al. (2001) fanden auch, dass eine Erhöhung des Durchschnittlichkeits-Ratings eines Gesichtes bei Konstanthaltung seines Symmetriewertes den Attraktivitätsskalenwert des Gesichts erhöhte. Gemeinsam zeigen alle diese Studien, dass Durchschnittlichkeit und Symmetrie beide sowohl getrennt voneinander als auch in der Interaktion miteinander zu Attraktivität beitragen.

Des Schönen zu viel. Überall im Alltag, im Fernsehen, auf Werbeplakaten und in Zeitschriften begegnen uns gefallsüchtige Standardschönheiten, und zwar in einem so erheblichen Maße, dass sie bereits nicht wenig von ihrem Zauber verloren haben. Auch das bestätigt die eingangs angesprochene Studie der Wissenschaftler von der St.-Andrews-Universität. Sie konnten zeigen, dass sich die empfundene Schönheit der gemorphten Durchschnittsgesichter noch steigern ließ, wenn sie winzige Symmetriebrüche und andere geringfügige Unregelmäßigkeiten in das Durchschnittsgesicht einbauten, etwa einen Leberfleck, eine kleine Narbe und Ähnliches. Die Ergebnisse der St.-Andrews-Studie scheinen einander zu widersprechen. Es waltet eben eine eigentümliche Dialektik um das Schöne im Leben. Die Synthese lautet wohl: Schönheit ist Durchschnittlichkeit plus Symmetrie plus geringe, aber markante Abweichung. So ist auch der Faktor Individualität im Schönheitsbegriff mitenthalten.

Symmetrie und Symmetriebrechung

links steht links
rechts steht links
rechts steht rechts
links steht rechts

Die Schönheit und das Andere der Schönheit. Hat man das erkannt, ist man bei einer Einsicht angekommen, die Immanuel Kant bereits vor 230 Jahren vertraut war, als er schrieb: «Das Mittelmaß scheint das Grundmaß und die Basis der Schönheit, aber noch lange nicht die Schönheit selbst zu sein, weil zu dieser etwas Charakteristisches erfordert wird.»

Der Reiz des Imperfɘkten

Wabi-Sabi ist eine ästhetische Sichtweise, die aus Japan stammt und vom Zen-Buddhismus beeinflusst ist. Es ist keine philosophische Strömung und keine Stilrichtung, sondern eine Haltung, die Welt zu sehen, welche die Anmut des geringfügig Unperfekten, Unvollständigen, ➡

Unbeständigen, Unabgeschlossenen beinhaltet. Wabi-Sabi ist der Kern des japanischen Schönheitsideals und nimmt damit eine analoge Stellung ein wie die auf Symmetrie, Perfektion, Vollständigkeit beruhenden ästhetischen Werte im antiken Griechenland.

Berühmte Beispiele für Dinge mit Wabi-Sabi-Qualität sind Cindy Crawfords Muttermal und Lauren Huttons Zahnlücke. Auch eine leicht schiefe Tasse, ein geringfügig berosteter Kessel und eine Schale mit kleinem Sprung haben Wabi-Sabi-Patina.

Eine charmante und instruktive Geschichte handelt von dem Zen-Mönch Sen no Rikyu, der den Weg des Tees lernen wollte und daher den berühmten Teemeister Takeno Joo aufsuchte. «Der Meister befahl Rikyu, den Garten zu säubern. Rikyu machte sich sofort eifrig an die Arbeit. Er rechte den Garten, bis der Boden in perfekter Ordnung war. Als er fertig war, betrachtete er seine Arbeit. Dann schüttelte er den Kirschbaum, so dass ein paar Blüten wie zufällig zu Boden fielen. Der Teemeister Joo nahm Rikyu daraufhin in seine Schule auf.»

90. *Mathematik: Nachhaltige Vergnügen in zeitlosen Spielformen*

Das Empfinden von etwas Schönem ist fundamental mit dem Gefühl des Wohlgefallens verbunden. Als Grundvoraussetzung für ein ästhetisches Erlebnis benötigt man mithin etwas, das die Sinne, das Herz oder den Verstand in positiver Weise berührt: ein formvollendetes Bauwerk, eine betörende Symphonie, einen farbenprächtigen Sonnenuntergang, ein sympathisches Gesicht, eine ausgefeilte Gedankenkonstruktion.

Es ist vergleichsweise leicht, Schönheit über die Sinne zu erfahren. Um intellektuelle Schönheit zu spüren, bedarf es hingegen als Grundvoraussetzung einer Schulung des Geistes. Das betrifft auch die Mathematik, deren ästhetische Qualitäten ganz voraussetzungslos nicht erlebt werden können. Zwar ist Mathematisieren die Vollzugsform von Sachlichkeit, doch die dabei eingesetzten Ideen können in reichem Maße Tiefe, Virtuosität und Ästhetik ausstrahlen. Zudem ist die intellektuell empfundene Schönheit nicht weniger intensiv als die sinnlich verspürte. Um an diese letzte Aussage sogleich noch eine weitere anzuknüpfen: Ein wichtiger Grund, sich mit Mathematik zu befassen, besteht in der dabei spürbaren Schönheit.

Etwas Anschauungsmaterial soll diese Behauptungen unterstreichen.

Bekanntlich ist die Wurzel aus 2 diejenige positive Zahl, die mit sich selbst multipliziert 2 ergibt. Visualisieren lässt sie sich als Länge d der Diagonalen im Quadrat mit Seitenlänge 1, was man mit dem Satz des Pythagoras sofort prüfen kann: $d^2 = 1^2 + 1^2 = 2$.

Aber was ist das für eine Zahl? Auch Hippasos von Metapont stellte sich schon im frühen 5. Jahrhundert vor Christus diese Frage. Er war einer der Pythagoreer. Die ganzen Zahlen hatten für die Pythagoreer eine fast mythische Bedeutung, gingen sie doch davon aus, dass alle Phänomene durch ganze Zahlen oder Quotienten ganzer Zahlen ausgedrückt werden konnten. Alle! Auch die Länge der Diagonalen im Einheitsquadrat. So dachte es Hippasos. Zunächst.

Alles änderte sich für Hippasos, als er erkannte, dass sich die Diagonale d nicht durch den Quotienten ganzer Zahlen darstellen ließ. Dies brachte die gesamte Weltordnung der Pythagoreer zum Einsturz. Und es kostete Hippasos das Leben. Seine Pythagoreer-Kollegen warfen ihn gelegentlich einer Schiffsfahrt aus Zorn in die Fluten.

Wie konnte Hippasos sich so sicher sein, dass keine ganzen Zahlen im Verhältnis Wurzel 2 zueinander stehen? Immerhin gibt es unendlich viele ganze Zahlen und unendlich viele Quotienten ganzer Zahlen. Müsste denn in diesem ganzen Zahlenkosmos nicht eine einzige für die Diagonallänge d zu finden sein? Denn warum sollten uns die ganzen Zahlen bei einer so anschaulichen Angelegenheit im Stich lassen? Immerhin hatten die alten indischen Mathematiker diese Länge bereits als 577/408 angegeben.

Hippasos hatte einen Beweis. Hier ist ein Argument, das alle Zweifel beseitigt, ein Unmöglichkeitsargument:

Einmal hypothetisch angenommen, es sei für zwei ganze Zahlen tatsächlich

$$\sqrt{2} = \frac{n}{m} .$$

Als Denkwerkzeug ist dies das Gegenteilsprinzip. Man nimmt versuchsweise das genaue Gegenteil von dem an, was man beweisen will. Nach Quadrieren beider Seiten und anschließender Multiplikation mit m^2 würde diese Gleichung übergehen in $2m^2 = n^2$.

Das Ergebnis dieser kleinen Intervention sieht zunächst recht bescheiden aus, doch wird uns damit die entscheidende Schwungkraft zuteil. Mehr noch: Dies ist der archimedische Punkt für das Problem. Man weiß ja, dass jede ganze Zahl eindeutig als Produkt von Primzahlen dargestellt werden kann, sich also in Atome zerlegen lässt, wenn man die Primzahlen, die Unteilbaren, als Atome im Zahlenreich auffasst. Das ist ein einfaches, aber extrem wichtiges Theorem in der Mathematik. So weit, so gut. Hier angekommen, hält sich ein simples Gerade/Ungerade-Thema für einen sofortigen Einsatz bereit. In der Tat: Es ist erkennbar, dass in der Zerlegung der Zahl n^2 die Primzahl 2 mit einer geradzahligen Häufigkeit erscheint. In der Zerlegung der Zahl $2m^2$ aber erscheint sie mit ungeradzahliger Häufigkeit. Deshalb kann $2m^2$ nie und nimmer gleich n^2 sein und somit auch nicht $\sqrt{2} = n/m$.

Ein ganz undialektischer Denkdreischritt ist das: These-These-Synthese. Unser Gerade/Ungerade-Thema und das Gegenteilsprinzip treten hier in Synergie mit einer elementaren Faktorisierungseigenschaft von Zahlen, zwei Denkwerkzeuge und ein Theorem als Sondereingreiftruppe. Beide Beweisschritte sind a priori nicht leicht zu erdenken, a posteriori leicht zu verstehen und sie siegen auf der ganzen Linie. Hübsch anzusehen ist es, wie sich hier Kompetenzen ergänzen und uns so eine ideale Kostprobe geboten wird für die Schönheit mathematischer Gedankenkonstruktionen. Ja, sogar für eine blitzsaubere intellektuelle Attraktion.

Schönheit als Weg

Die Hauptmotivation für den mathematischen Physiker Paul Dirac (1902–1984) bei seiner Arbeit war die Erzeugung von mathematischer Schönheit. Als er 1956 bei einer Veranstaltung in Moskau gebeten wurde, einen einzigen Satz zu nennen, den er der Nachwelt auf jeden Fall überliefern wolle, schrieb er diesen: «A physical law must possess mathematical beauty.» Also: Ein physikalisches Gesetz muss mathematische Schönheit besitzen.

91. *Nachrichtliches zu Mathematik und Schönheit*

Militante Umweltaktivisten der Earth Liberation Front haben den ganzen Fuhrpark eines Autohändlers mit Sprengsätzen vandalisiert und ihr «Œuvre» im Anschluss daran mit mathematischen Formeln überzogen. Ein anonymer Bekenner, der sich als Hauptschulabgänger mit einer Leidenschaft für Mathematik bezeichnete, hat per E-Mail gegenüber der Polizei erwähnt, dass die Euler'sche Gleichung auf ein Geländefahrzeug gesprüht wurde. «Wir dachten, es wäre nett, noch etwas Verrücktes (‹kooky›) dazuzugeben.» Er fügte hinzu, dass er die Formel schön fände.

Meldung in der *Los Angeles Times*, 18. 9. 2003

Die Euler'sche Gleichung drückt eine geheimnisvolle Beziehung zwischen 8 fundamentalen Symbolen der Mathematik aus, 5 gewaltigen Konstanten 0, 1, i, e, π und den alltagseingespielten Verknüpfungszeichen für Multiplikation, Addition und Gleichheit:

$$e^{\pi i} + 1 = 0.$$

Dies ist eine magisch-mystische und gleichzeitig bizarre Aussage, denn was anderes soll es sein, wenn eine imaginäre Zahl (i) mit zwei irrationalen Zahlen (e, π) und einer natürlichen Zahl (1) zusammenwirkt und dabei nichts ergibt.

Bei einer Umfrage der Zeitschrift *Physics World* hat die Euler'sche Gleichung die Konkurrenz gegen alle anderen mathematischen Gleichungen gewonnen und wurde mehrheitlich von den Lesern zu ihrer Lieblingsformel erklärt. Insgesamt waren mehr als 50 verschiedene Gleichungen benannt worden, teils begründet mit deren Eleganz, Tiefe, Allgemeinheit, Schönheit. Allesamt sind es Exponate aus dem mathematischen Wellness-Bereich.

Doch auch schon in der Einfachheit kann ein berauschender Zauber liegen: 1 + 1 = 2, das ist meine ganz persönliche Kandidatin für die bezauberndste Gleichung überhaupt. Ein großer Teil des Fundaments des Zahlensystems und demzufolge der gesamten Mathematik ruht darauf.

Viel wichtiger noch als das ist es die erste Gleichung, die ich meiner dreijährigen Tochter beibrachte, später im selben Alter meinem Sohn. Nicht ohne gerührt zu sein, sah ich, wie sie ihre Zeigefinger in die Luft streckten und wie ihr junger Geist schließlich den Schritt vollzog, dass ein Finger plus ein Finger, ebenso wie ein Teddy plus ein Teddy, Veranschaulichungen der Zahl 2 sind.

Inzwischen haben beide weitere Stufen in die Welt der Arithmetik erklommen. Doch mit 1 + 1 = 2 fing es an. Dies war der erste Schritt. Auch heute immer noch kein kleiner Schritt für einen kleinen Menschen und einst in grauer Vorzeit ein überwältigender Schritt für die Menschheit.

92. *Subjektivität in der Wirklichkeitsverstehfabrik*

Mathematische Wahrheit ist nicht vollständig objektiv. Wenn eine mathematische Aussage falsch ist, dann gibt es keine Beweise für deren Richtigkeit, doch wenn sie richtig ist, dann gibt es ein unbeschränktes Sortiment an Beweisen, nicht nur einen. Beweise sind nicht unpersönlich, sie drücken die Persönlichkeit ihres Schöpfers oder Entdeckers genauso aus wie literarische Bemühungen. Wenn etwas Wichtiges wahr ist, dann gibt es viele Gründe, warum es wahr ist, viele Beweise dieser Aussage. Mathematik ist die Musik der Vernunft, und manche Beweise klingen wie Jazz, andere wie eine Fuge. Was ist besser: der Jazz oder die Fuge?

Keines: Es ist alles eine Frage des Geschmacks. Jeder Beweis wird unterschiedliche Aspekte des Problems hervorheben, jeder Beweis führt in eine andere Richtung. Jeder wird unterschiedliche Korollare und unterschiedliche Verallgemeinerungen haben. Mathematische Tatsachen sind nicht isoliert, sie sind verwoben in ein ganzes Spinnennetz von Wechselbeziehungen.

Gregory Chaitin (*1947), Mathematiker und Philosoph

Etwas vom Tier: Komisches Summen = Komisches Gackern

Als die Mücke zum ersten Mal den Löwen brüllen hörte, da sprach sie zur Henne: «Der summt aber komisch.» – «Summen ist gut», fand die Henne. – «Sondern?», fragte die Mücke. – «Er gackert.», antwortete die Henne. «Das tut er allerdings komisch.»

Günter Anders, in *Die Zeit*, 4. März 1966

93. *Erfolgsgeschichte und Gegenstück*

1. Akt: Mathematik der Himmelskunde. Es ist der Sommer des Jahres 1841. Dem jungen Mathematiker John Adams (1819–1892) fällt beim Stöbern in einer Buchhandlung ein kleines rotes Buch in die Hände. Es befasst sich mit dem Planeten Uranus, der aus unbekannten Gründen des Öfteren seine Umlaufbahn um die Sonne verändert. Adams vermutet ein ganz großes Geheimnis hinter dieser Frage, vielleicht eine große Gravitationsquelle, und geht ihr nach. Er arbeitet mit der Hypothese, dass ein bis dahin völlig unbekannter Planet für die Unregelmäßigkeiten der Uranusbahn verantwortlich sei.

Unabhängig von Adams hatte der Franzose Le Verrier (1811–1877) dieselbe Idee. Beide versuchten etwas für die damalige Zeit schier Unglaubliches und wurden nicht wenig belächelt. Sie bemühen sich, aus den von Astronomen beobachteten Bahnanomalien des Uranus, die sie in 279 Gleichungen komprimieren, die Position eines hypothetisch angenommenen Planeten zu errechnen, der diese Anomalien durch Gravitation erzeugt haben könnte. Für damalige Verhältnisse ist dies eine intellektuelle Herkulesaufgabe.

Am 31. August 1846 schließt Urbain Jean Joseph Le Verrier seine mühevollen und langwierigen Berechnungen ab, prüft diese abermals und schickt die ermittelten Koordinaten des hypothetischen Planeten am 18. September 1846 nach Berlin, wo sie am 23. September eintreffen. Noch in der Nacht zum 24. September beginnt der weltberühmte Berliner Astronom Johann Gottfried Galle zusammen mit dem Sternwartengehilfen Heinrich Louis d'Arrest, das Hauptteleskop der Königlichen Sternwarte nach den von Verrier übermittelten Koordinaten auszurichten. Innerhalb von nur einer halben Stunde wurde der Planet, der heute Neptun heißt, genau an der von Verrier berechneten Stelle in der Nähe des Sterns Deneb Algedi an der Grenze der Sternbilder Capricornus und Aquarius entdeckt.

Denkpartikel

First they ignore you, then they laugh at you, then they fight you, then you win.

Mahatma Gandhi

Der Neptun wurde also nicht durch teleskopische Suche, sondern durch mathematische Analyse gefunden. Es ist ein sensationeller Beleg für die Kraft der Mathematik als Erkenntnisinstrument und ein großer Höhepunkt ihres erfolgreichen Einsatzes in der Himmelskunde und Kosmologie. Le Verriers Name ist einer von 72, die in den Eiffelturm eingraviert wurden.

Nenn mich nur Neptun

Wolf Schneider beschreibt 1978 *Die Verwunderung des Bäuerleins im Planetarium*: «Dass man die Bahnen der Sterne berechnen kann, begreife ich – aber wie in aller Welt hat man ihre Namen herausgebracht?»

2. Akt: Philosophie der Himmelskunde. Ende des 18. Jahrhunderts waren nur 6 Planeten bekannt: Merkur, Venus, Erde, Mars, Jupiter,

Saturn. Es war die Zeit, als der Philosoph Georg Wilhelm Fiedrich Hegel an seiner Habilitationsschrift mit dem Titel *De orbis planetarum* (Von den Planetenbahnen) arbeitete. In ihr befasst er sich ausführlich mit den Proportionen der Planetenbahnen und gibt eine philosophische Erklärung für den großen Abstand zwischen Mars- und Jupiterbahn, der die Harmonie des Gefüges der Planetenbewegungen doch nicht unerheblich stört. Auch stellt er eine umständliche Theorie auf, wonach es aus philosophischen Gründen absolut zwingend nur 6 Planeten geben könne.

Lustigkeitsbetreuung

Der bisherige Höhepunkt der Quizshow «Wer wird Millionär?»!

Frage: Welcher der folgenden vier bekannten Schokoriegel ist auch der Name eines Planeten?

A: Ballisto B: Mars C: Bounty D: Snickers

Kandidat denkt. Quizmaster schmunzelt. Kandidat denkt immer noch. Quizmaster wird immer munterer. Kandidat antwortet: «Snickers!» Publikum röhrt. Quizmaster kippt vom Stuhl.

Es ist eine Ironie des Schicksals und eine Pointe höherer Art, dass Hegel seine Thesen am 27. 8. 1801 verteidigte und dass, ihm unbekannt, bereits am 1. 1. 1801 der Astronom Giuseppe Piazzi den Kleinplaneten Ceres entdeckt hatte, noch dazu genau in der von Hegel als philosophisch nötig erklärten Leere zwischen Mars und Jupiter. Eine blitzsaubere vorauseilende Widerlegung seiner Philosophie, eine eklatante Falsifikation durch die Wirklichkeit. Hegel, später darauf hingewiesen, dass seine Theorie mit den Tatsachen im Widerspruch stehe, antwortete mit dem Aphorismus: «Umso schlimmer für die Tatsachen.»

Ansprechende Aphoristik zwar, doch abschreckende Astronomie. Ein ausgereifter Fall von Philosophenpech und ein Beitrag zur Ideengeschichte des Scheiterns. Selbst Alexander von Humboldt kommentierte dieses kleine intellektuelle Inferno. In einem Brief an Christian

Gottfried Ehrenberg schrieb er amüsiert: «Vielen Dank, mein Lieber, für den lustigen Hegel, der zu einer Zeit, da Ceres ihm unbewusst schon entdeckt war, beweist, dass es keine Ceres geben kann.»

Ist nicht meine Schuld, dass Hegel hier nicht so gut wegkommt. Ich referiere das nur.

Ein Postskriptum zu Hegels Naturkunde sei aber noch hinzugefügt, diesmal aus dem Köcher des Advocatus Diaboli in mir.

Man kann es lesen als möglichen Beitrag für die Serie *Höhepunkte der Definitionskunst:* Hegel schreibt hier ungefähr so, wie Jackson Pollock gemalt hat:

«Die Elektrizität ist der reine Zweck der Gestalt, die sich von ihr befreit; die ihre Gültigkeit aufzuheben anfängt, denn die Elektrizität ist das unmittelbare Hervortreten oder das nicht von der Gestalt herkommende, noch durch sie bedingte Dasein oder noch nicht die Auflösung der Gestalt selbst, sondern der oberflächliche Prozess, worin die Differenzen ihre Gestalt verlassen, aber sie zu ihrer Bedingung haben und noch nicht an ihr selbständig sind.»

Diese bemerkenswerte Sentenz, die jedem Physiker und Mathematiker die Haare zu Berge stehen lässt, ist Hegels Definition der Elektrizität, entnommen seiner *Enzyklopädie der philosophischen Wissenschaften.* Aus dieser Definition kommt man definitiv mit ein paar Fragen mehr hinaus, als man hineingegangen ist.

Hegel muss als König der Philosophie wohl abdanken. Wiederverkönigung unwahrscheinlich.*

Etwas von Allen. Der Hegel'sche Satz muss auch Woody Allen inspiriert haben, der einst formulierte:**

«Die Offenbarung des Universums als einer komplexen Idee einer selbst im Gegensatz zum Sein in oder außerhalb des wahren Seins von sich ist in sich ein begriffliches Nichts oder ein Nichts in Bezie-

* Hegel soll angeblich auf seinem Totenbett geklagt haben, dass nur zwei Menschen sein Werk verstanden hätten und einer davon nicht richtig.

** Allen (1994).

hung zu jeder abstrakten Form des Seienden oder Sein-Sollenden oder in Ewigkeit Existiert-Habenden und den Gesetzen des Physikalischen oder der Bewegung oder der Vorstellung in Bezug auf die Nicht-Materie oder des Fehlens objektiven Seins oder objektiven Andersseins nicht unterworfen.»

Hegel mit Hegel gegen Hegel verwenden

Vielleicht sind Sie der Ansicht, es sei nicht fair, Hegel von der Höhe unseres modernen Denkens zu kritisieren. Doch ist etwas dagegen zu sagen, mit Hegel über Hegel hinauszugehen und mit dem weitergedachten Hegel Hegel selbst zu kritisieren?

Was ich damit meine, ist dies:*

«Das Wirkliche ist das Vernünftige.» (Hegel: Grundlinien der Philosophie des Rechts)

«Das Geistige allein ist das Wirkliche.» (Hegel: Phänomenologie des Geistes)

Hegel verzichtet auf eine naheliegende Schlussfolgerung, aber wir nicht:

Ergo: Das Geistige ist vernünftig.

Und weiter geht's!

«Das Schöne ist wesentlich das Geistige.» (Hegel: Vorlesungen zur Philosophie der Religion)

Und wieder lässt Hegel eine rein logische Chance aus, aber wir … . Genau!

Ergo: 1. Das Schöne ist das Wirkliche. Sage und schreibe!
2. Das Schöne ist vernünftig. Lese und staune!

Tinnef mit allem Pipapo!

Doch wir wollen nicht gar zu hart mit Hegel ins Gericht gehen. Im Vergleich mit den Hauptakteuren der folgenden Miniatur ist Hegels Elektrizität nur die eines Schwachstromelektrikers.

* Zitate und Informationen nach Henscheid (1983).

94. *Sci-Phi-Philosophie*

Im Jahr 1996 reichte der amerikanische Physiker und Mathematiker Alan Sokal einen Artikel mit dem Titel *Transgressing the Boundaries: Towards a Transformative Hermeneutics of Quantum Gravity* (etwa: Die Grenzen überschreiten: Auf dem Weg zu einer transformativen Hermeneutik der Quantengravitation) bei der angesehenen kulturwissenschaftlichen Zeitschrift *Social Text* zur Veröffentlichung ein, die ihn kritiklos zur Publikation annahm.

Kurz darauf gab Sokal bekannt, dass es sich bei seiner Schrift nur um eine an Wortgeklingel reiche Parodie handle, inhaltlich um völligen Unfug, nichts enthaltend, was einer logischen Herleitung auch nur nahe käme, von stringenten Argumentationsketten und seriösen Folgerungen keine Spur. Bei genauerem Hinsehen handelt es sich um eine abenteuerlich montierte Collage aus Fragmenten und Formulierungsbausteinen bekannter zeitgenössischer Denker, um einen Jux, mit dem Sokal die Rhetorik und begriffliche Schlampigkeit einer bestimmten Art von Philosophen aufs Korn nehmen wollte, kurz: Denkwelt- und Wissenswelt-Spam.

Hier ist ein repräsentatives Textbeispiel aus Sokals Scherz-Artikel: «Die Lehre von Wissenschaft und Mathematik ist von ihrem autoritären und elitären Charakter zu befreien, und der Inhalt dieser Fächer muss durch das Einbeziehen der Erkenntnisse der feministischen, schwulen, multikulturellen und ökologischen Kritik bereichert werden.» Sokals Artikel richtet sich gegen die Philosophie in ihrer postmodernen Gegenwartsform und einige ihrer Denker, die in ihren Schriften mit mathematischem und physikalischem Vokabular (etwa Entropie, Unschärferelation, Gleichheitsaxiom, Gödels Unvollständigkeitssatz, um nur einige zu nennen) hantieren, das sie - aus ihren Texten heraus nachweisbar - nicht verstanden haben.

Der Sinn ihrer Beiträge liegt offenbar darin, eine Art Einschüchterungsprosa hervorzubringen, die den Diskursen der Urheber den Anstrich von wissenschaftlicher Exaktheit geben und den Unterschied zwischen falsch und richtig nivellieren soll. Bei Lichte besehen sind die kritisierten Texte voll intellektueller Unkraft, Dumpfheit und Dünkel. Nimmt man sie beim Wort, mag es dazu führen, dass sich die Welt, auf die sie sich beziehen, selbst weltfremd wird.

Sokals Text war eine grandiose Persiflage zur Entlarvung intellektueller Hochstapelei. Und manche der aufs Korn genommenen Wortkatarakte lesen sich denn auch wie diffuse Sentenzen aus der Voodoo-Abteilung: Ein Paul Virilio, der den Unterschied zwischen Geschwindigkeit und Beschleunigung nicht kennt, eine Julia Kristeva, die den Gödel'schen Satz nicht versteht, ein Jacques Lacan, der frei über Topologie und Algebra assoziiert und dessen Mathematikanwandlungen so fantastisch sind, dass seine Schlüsse für die seriöse Forschung nur irrelevant sein können. Sokal «plädiert» in seinem Beitrag sogar für eine von der Logik emanzipierte Mathematik. Schwer zu glauben, dass ein Herausgeber einer Zeitschrift, dem solche Inhalte angeboten werden, keine Gänsehaut des intellektuellen Schreckens bekommt.

Sokals Gambit schlug beachtliche Wellen in der Intellektuellenszene und entwickelte sich in Frankreich und den USA zu dem, was die dortige Presse mit *Krieg der Wissenschaften* titulierte. Sokal und andere Naturwissenschaftler sowie Vertreter des kritisierten Personenkreises führten die sich zusehends aufheizende Debatte in mehreren Publikationen fort. Ein weiterer argumentativer Höhepunkt war 1999 das von Alan Sokal und seinem Kollegen Jean Bricmont veröffentlichte Buch *Eleganter Unsinn: Wie die Denker der Postmoderne die Wissenschaft missbrauchen*. Man kann es deuten als einen Akt intellektueller Hygiene. Es enthält eine umfangreiche Sammlung naturbelassener Textbeispiele aus der Feder postmoderner Philosophen. Unterhaltsamer Lesestoff der besonderen Art, der die geistigen Fakultäten selbst unerschrockener Leser kulturgeschockt zurücklässt. Den Höhepunkt bildet für mich Luce Irigaray, die in einem ihrer Essays die Frage aufwirft: «Ist $E = mc^2$ eine sexistische Gleichung?» Ihre Antwort: «Vielleicht stellen wir die Hypothese auf, dass sie es insofern ist, als sie der Lichtgeschwindigkeit gegenüber anderen Geschwindigkeiten, die für uns elementar notwendig sind, den Vorrang gibt.»

Ja, was erlauben Einsteins Gleichung? Doch bei Licht betrachtet ist es «die Gleichung» und «die Lichtgeschwindigkeit», allerdings «der Einstein». Ein diffiziler und neuartiger Fall für Gleichstellungsbeauftragte.

Ideesamkeits-Zubehör

Dazu fällt mir die Geschichte vom Universitätspräsidenten ein, der sich einmal vehement bei den Physikern beschwerte: «Ihr Physiker braucht für eure Ideen immer so teure Geräte und aufwendig ausgestattete Labors. Könnt ihr euch nicht mal ein Beispiel an den Mathematikern nehmen, die brauchen nur Bleistift und Papier und Papierkorb. Oder noch besser an den Philosophen. Die brauchen nur Bleistift und Papier.»

95. *Negative Zahlen: Das Sein und das Nichts*

Selbst Dinge, die uns heute selbstverständlich erscheinen, waren es früher oft nicht. So hat es zum Beispiel vergleichsweise lange gedauert, bis die negativen Zahlen als sinnvolle Objekte anerkannt waren. In einer alten Handschrift aus dem 9. Jahrhundert wird eine Rechnung, die wir in der heutigen Zeit einfach als $3 + (-7) = -4$ notieren würden, in der folgenden Weise erklärt: «Da der Betrag des Nichts größer ist als der des Seins, überwindet die nichtexistierende 7 die existierende 3 und verzehrt sie durch ihr Nichtsein, und es bleiben von ihr selbst 4 nichtexistierende Zahlen.» Auf der Grundlage dieser Vorstellungen das Rechnen mit negativen Zahlen sinnvoll einzuführen, dürfte praktisch so gut wie unmöglich sein.

Vielleicht war selbst Hegel klarer als dies, aber mit Zitaten wie dem Folgenden aus seiner *Enzyklopädie der philosophischen Wissenschaften* würde man das nicht unbedingt belegen können:

«Das Sein im Werden, als eins mit dem Nichts, so das Nichts eins mit dem Sein, sind nur Verschwindende; das Werden fällt durch seinen Widerspruch in sich, in die Einheit, in der beide aufgehoben sind, zusammen; sein Resultat ist somit das Dasein.» Oder, am selbigen Ort, etwas später: «Diese Dialektik bleibt so bloß bei der negativen Seite des Resultates stehen und abstrahiert von dem, was zugleich wirklich vorhanden ist, ein bestimmtes Resultat, hier ein reines Nichts, aber ein Nichts, welches das Sein und ebenso ein Sein, welches das Nichts in sich schließt.»

Mag man auch sonst über Heidegger gerne geteilter Meinung sein, aber zum einschlägigen Thema steht er mit dem mir etwas verständlicheren Satz zu Buche: «Das Nichts nichtet.» Doch eventuell muss man an dieser Stelle auch Heideggers Denken noch in eine Sprache befreien, in der er mehr recht hätte als in seiner eigenen. Vom nichtenden Nichts ist es jedenfalls nur ein kleiner Schritt bis zum sprichwörtlichen: «Aus Nichts wird nichts.» Dann sind wir beim Feuilleton angekommen.

96. *Mathematik: Mehr Freunde, mehr Feinde, mehr Spaß*

«Auf alles, was ich als Poet geleistet habe, bilde ich mir gar nichts ein. (...) Dass ich aber in meinem Jahrhundert in der schwierigen Wissenschaft der Farbenlehre der Einzige bin, der das Rechte weiß, darauf tue ich mir etwas zugute, und ich habe daher ein Bewusstsein der Superiorität über viele», so sprach Goethe am 19.2. 1829 zu Eckermann. Dies ist eine nicht gerade von Mangel an Selbstbewusstsein zeugende Selbsteinschätzung Goethes, der meinte, seine Persönlichkeit auch auf dem Gebiet der Naturwissenschaft auswerten zu müssen.

Goethe arbeitete rund vier Jahrzehnte an seiner Farbenlehre und geriet mit seinen Ansichten auf die Gegenfahrbahn zu Isaak Newton. Ausgehend von einem Modell, welches Licht als kleine Teilchen beschreibt, hatte Newton bereits 1676 sowohl experimentell als auch mathematisch die Zerlegbarkeit weißen Lichts in unterschiedliche Farben des Spektrums bewiesen. Goethe dagegen erklärt beweislos in seinem Werk *Zur Farbenlehre:* «Das Licht ist das einfache, unzerlegteste, homogenste Wesen, das wir kennen. Es ist nicht zusammengesetzt. Am allerwenigsten aus farbigen Lichtern. Jedes Licht, das eine Farbe angenommen hat, ist dunkler als das farblose Licht. Das Helle kann nicht aus Dunkelheit zusammengesetzt sein.»

Mit dieser Sicht setzt Goethe auch in der Fehlleistung Maßstäbe. Erkenntnistheoretisch ist es ein Rückfall in die Vorstellungswelt der alten Griechen. Im Grunde lehnt Goethe den gesamten mathematisch-naturwissenschaftlichen Ansatz ab und wendet sich gegen die «physikalischen Zergliederer» und die «mathematischen Erbsenzähler». Auch dies sind seine Worte.

Vielfältige Weißheit

1957 entstand Yves Kleins Gemälde «Monochrome, weiß», ein einfarbiges weißes Bild, einen halben Meter mal einen halben Meter groß. Vergleiche mit dem knapp 50 Jahre zuvor entstandenen «Weißes Quadrat auf weißem Grund» von Malewitsch wies Klein weit von sich: «Ich male fast immer nach Modell.»

Goethe war der Meinung, dass die mathematische Methode für die Naturbeobachtung unerheblich sei und Experimente, die man mathematisch interpretieren müsse, nichts wert seien. Je mehr er mit dieser Ansicht bei den Wissenschaftlern auf Ablehnung stieß, desto rüder wurden mit den Jahren seine Ausfälle gegen diese. Typisch dafür ist dieser Passus aus einem seiner Briefe: «Dass aber ein Mathematiker, aus dem Hexengewirre seiner Formeln heraus, zur Anschauung der Natur käme und Sinn und Verstand unabhängig, wie ein gesunder Mensch bräuchte, werd' ich wohl nicht erleben.» Eine Haltung des Dichterfürsten kommt hier zum Ausdruck, die einige Bewusstseine nicht nur der damaligen Zeit spürbar erhitzte.

Die Erklärung, warum er sich so verrennen konnte, ist recht banal. Goethe konnte Newtons mathematische Argumentationen über die Natur des Lichts nicht nachvollziehen. Er beherrschte nach eigenem Eingeständnis kaum Mathematik und konnte sich deshalb nicht auf Newtons Argumentationsniveau heben. Schon die Bruchrechnung und der Umgang mit Zahlenverhältnissen waren wohl schwierig für ihn. Seine Ausbildung bekam er vollständig durch Hauslehrer, und darin fehlte eine Unterweisung in mathematischen Angelegenheiten fast völlig. Insofern war es Goethe nicht gegeben zu erkennen, dass die Welt, in der wir leben, mit Mathematik besser verstanden werden kann als durch bloßes qualitatives Beschreiben. Goethe und Newton behandeln verschiedene Ebenen des Wirklichkeitsspektrums.

Dieser Erfolg der Mathematik beim Begreifen der Natur ist ein Phänomen, das eine Fülle von fundamentalen Fragen aufwirft. Eine davon ist folgende: Warum ist das überhaupt so? Die Antwort ist unbekannt, aber man kann sagen, dass Mathematik sich in der Welt als Pipeline zur Wahrheit erwiesen hat. In einem berühmten Artikel schrieb 1960 der amerikanische Mathematiker und Physiker Eugene Wigner: «Das Wunder, dass sich die Sprache der Mathematik für die Formulierung der physikalischen Gesetze eignet, ist ein herrliches Geschenk, das wir weder verstehen noch verdienen. Wir sollten daher dankbar dafür sein und hoffen, dass es sich in zukünftiger Forschung so erweist. Und es ist faszinierend, was dabei eigentlich passiert. Ein Problem des Alltags wird in eine andere Welt übersetzt, in die Welt der Zahlen und Strukturen, eben in die Welt der Mathematik. Hier wird es mit Mitteln des logischen Schließens weiterbearbeitet und im Idealfall gelöst. Diese Lösung wird anschließend wieder in die Wirklichkeit zurückübersetzt und in ihr angewendet. Es funktioniert. Es kann nur deshalb funktionieren, weil nach Galilei ‹das Buch der Natur in der Sprache der Mathematik geschrieben ist›. Jedenfalls wird diese Vorgehensweise, sich die mathematische Struktur der Wirklichkeit zunutze zu machen, von der Menschheit mit überragendem Erfolg praktiziert.»

Von heute aus, auf Abstand beurteilt, siegte Newton auf der ganzen Linie. Auf Newtons eigenem Gebiet mathematikfrei dessen Gegenpapst zu sein, gelang Goethe nicht einmal bruchstückhaft, Gegengenius war er noch weniger. Die mathematische Methode der Naturforschung hat nicht erst mit Einstein einen überwältigenden Siegeszug angetreten. Goethes Beiträgen zur Naturforschung war dagegen nicht der Erfolg beschieden, den er selber für sie sah, seiner Mathematikschelte noch weniger. Nicht leicht zu übertreffen dagegen: Goethe als Dichter. Und so soll er geschätzt sein. Immer noch Dichterfürst und Kultfigur, aber ein bisschen vom Olymp heruntergeholt. So weit mein nicht ganz nichtnachtragender Nachtrag zum Weisen von Weimar als Dichter und Denker.

97. *Don't try harder, try the opposite*

In der Mathematik ist die Beweistechnik der *reductio ad absurdum* (lat. Zurückführen auf Widersinniges) von großer Bedeutung. Sie bezeichnet eine logische Art des Argumentierens, bei der eine Behauptung durch den Nachweis widerlegt wird, dass in ihr ein Widerspruch enthalten ist. Diese Technik ist beim indirekten Beweis zu großer Meisterschaft entwickelt. Bei indirekten Beweisen wird das genaue Gegenteil einer zu beweisenden Aussage hypothetisch als wahr angenommen und mit einer *reductio ad absurdum* zum Widerspruch geführt. Dann muss die Aussage selbst und nicht ihr Gegenteil richtig sein. Dieses Ausagieren des Gegenteils hat in der Mathematik eine lange Tradition, die bis zu den alten Griechen zurückgeht. Die Lehre daraus ist: Kann man etwas nicht auf direktem Wege erreichen, dann versuche man es mit der Strategie des Gegenteils. Es könnte leichter sein.

Dazu ein Beispiel aus einer anderen Welt. Wie bekommt man einen vor seinem Stall stehenden Esel in den Stall hinein? Zwei Möglichkeiten liegen auf der Hand. Man zieht vorne am Halfter, oder man schiebt den Esel von hinten. Doch Esel sind störrisch. Was ist, wenn beides nicht funktioniert, weil das Tier sich dagegenstemmt? Der Verhaltensforscher Milton Erickson hatte eine rettende Idee: Er zog den Esel am Schwanz, und sogleich lief dieser in die andere Richtung, geradewegs in den Stall hinein.

Die Dialektik von An- und Un-An-Wesenheit

In einem Feld bin ich Teil des Gegenteils des Feldes.
Das ist immer der Fall.
Wenn ich gehe, verdränge ich die Luft.
Und stets strömt die Luft zurück, um den Raum erneut zu füllen.
Wir alle haben Gründe, um uns zu bewegen.
Ich bewege mich, um die Dinge wieder an ihre Plätze zu lassen.

Aus *Poetry in Motion – 100 poems for the subway and buses*
Gemeinsames Projekt der Poetry Society der USA und der Verkehrsbetriebe von New York.

Auch bei Menschen mit Einschlafstörungen funktioniert das Gegenteilsprinzip. Besonders gravierende Fälle von Patienten mit extremen Einschlafschwierigkeiten landen oft früher oder später in einem Schlaflabor. Sagt dann der Therapeut zu dem für die Nacht bereits vorbereiteten Patienten, er werde noch kurz hinausgehen, «aber schlafen Sie auf keinen Fall ein, denn es müssen an Ihnen noch einige weitere Untersuchungen durchgeführt werden», so sind die meisten von ihnen schon nach wenigen Minuten fest am Schlummern. Im Ernst! Dies ist eine anerkannte Therapiemethode: die paradoxe Intervention.

Warum funktioniert paradoxe Intervention? Niemand weiß es ganz genau. Aber Lebewesen und speziell Menschen wollen selbstbestimmt sein. Selbstbestimmung hat etwas mit Abgrenzung durch Anderssein zu tun, und mit Willensfreiheit. Versucht jemand, uns seinen Willen aufzuzwingen, werfen wir uns bewusst oder unbewusst auf die andere Seite.

In Fact

An der Oxforder Universität erzählt man sich die Geschichte eines Professors, der im Cherwell River badete, an einer Stelle, die früher Parson's Pleasure hieß. Dort ist es Tradition, nackt zu schwimmen. Als der Professor aus dem Wasser stieg, kam ein Ruderboot mit jungen Damen vorbei. Die anderen Badegäste verhüllten ihre unteren Regionen, der Professor dagegen griff schnell nach einem Handtuch und wickelte es sich um den Kopf. Später kommentierte er dieses Verhalten mit den Worten: «In Oxford kennt man mich aufgrund meines Gesichts.»

98. *Noch eine Geschichte vom Herrn K*

Die Kunst des Fragens. Herr K hat eine gute Tat vollbracht. Als Belohnung erscheint sein Schutzengel und bietet ihm an, jede beliebige Frage zu beantworten, die Herr K ihm stellen wolle. Herr K bittet sich eine Woche Bedenkzeit aus. Natürlich weiß er, dass er reich werden könnte: Wie lauten die Lottozahlen der nächsten Wochen? Welche Aktien steigen in nächster Zeit? Aber er will die Chance seines Lebens nicht auf schnöden Mammon verschwenden. Immerhin ist Geld nur ein Mittel zum Glück, doch mit der richtigen Frage könnte er sogar das Geheimnis des Glücks als solches ergründen. Herr K konsultiert einen Bescheidwissenschaftler, der lange darüber nachsinnt und Herrn K dann in erkenntnistheoretischer Letztform die seiner Meinung nach beste aller Fragen nennt, die er dem Engel vorlegen kann. Als der Engel nach einer Woche erscheint, stellt ihm Herr K erwartungsfroh diese Frage: «Was sind die beiden Elemente des folgenden geordneten Paares: Das erste Element des Paares ist die bestmögliche Frage, die ich dir stellen könnte, und das zweite Element des Paares ist die Antwort auf jene Frage?» Der Engel schmunzelt und sagt: «Weißt du, du hättest mir keine bessere Frage stellen können. In der Tat, das erste Element des Paares IST die Frage, die du gestellt hast, aber das bedeutet, dass das zweite Element die Antwort ist, die ich dir gerade gebe.»

Noch eine Parabel von himmlischen Helfern

Goodbye to Goodwill. Zwei Weihnachtsmänner wurden am 3. Dezember 1981 von einem Gericht in London zu Geldstrafen von je 96 Pfund verurteilt. Zwischen den beiden war es trotz des Friedensfestes zu einem heftigen Faustkampf gekommen, nachdem sie an derselben Straßenecke erschienen waren, um Weihnachtsware zu verkaufen. «Die Fetzen sind richtig geflogen», berichtete Constable Derek Spencer. Der zuständige Richter Mark Romer sagte in seinem Urteil, die beiden hätten alle kleinen Kinder für immer desillusioniert, die vorbeigekommen seien.

Aus *Lakeland Leger*, 5.12. 1981

99. *«Mathematiker» als präpositionales Objekt: Über Mathematiker*

Die Mathematik ist eine gar herrliche Wissenschaft,
aber die Mathematiker taugen oft den Henker nicht.
Es ist fast mit der Mathematik wie mit der Theologie.
So wie die letzteren Beflissenen, zumal wenn sie in
Ämtern stehen, Anspruch auf einen besonderen Kredit
von Heiligkeit und eine nähere Verwandtschaft mit
Gott machen, obgleich sehr viele darunter wahre

Taugenichtse sind, so verlangt sehr oft der so genannte Mathematiker, für einen tieferen Denker gehalten zu werden, ob es gleich darunter die größten Plunderköpfe gibt, die man finden kann, untauglich zu irgendeinem Geschäft, das Nachdenken erfordert, wenn es nicht unmittelbar durch jene leichte Verbindung von Zeichen geschehen kann, die mehr das Werk der Routine als des Denkens sind.
Georg Christoph Lichtenberg (1742–1799), Mathematiker und Philosoph

Lichtenberg hat eigentlich nichts gedacht, worauf man nicht selber käme. Er drückt es nur um einiges umständlicher aus.

Meine Meinungen mögen sich geändert haben, aber nicht die Tatsache, dass ich recht habe.

Ashleigh Brilliant, Straßenphilosoph von Berkeley

7. Wissenschaft und Technik

100. *Die Fakten und die Toten*

Zahlenkompetenzinsuffizienz unter Medizinern*

«Nach unseren Untersuchungen sind etwa 80–90 % der Ärzte zahlenblind», sagt der Psychologieprofessor Gerg Gigerenzer. Zahlenblindheit meint eine intellektuelle Kurzsichtigkeit im Umgang mit Zahlen und dem Ziehen richtiger Schlüsse aus Zahlen. In der Medizinerschaft tritt sie oft in der Form eines statistischen Analphabetismus zutage, deren Betroffene sich weitgehend unbedarft darin zeigen, aus Wahrscheinlichkeiten und Statistiken richtige Folgerungen abzuleiten.

Gigerenzer hat umfangreiche Untersuchungen zu diesem Thema durchgeführt. Nehmen wir als Beispiel das Brustkrebs-Screening durch Mammographie. Die Wahrscheinlichkeit, dass eine 50-jährige Frau Brustkrebs hat, ist nach verschiedenen Studien bei etwa 0,8 % anzusiedeln. Die Wahrscheinlichkeit, dass das Mammogramm einer Patientin positiv ist, wenn sie Brustkrebs hat, liegt bei etwa 90 %. Diesen Prozentsatz nennt man die Sensitivität des Untersuchungsverfahrens. Die Wahrscheinlichkeit, dass ein durchgeführtes Mammogramm positiv ist, wenn die Patientin keinen Brustkrebs hat, liegt bei etwa 7 %. Diese Fehlerwahrscheinlichkeit nennt man Falsch-Positiv-Rate.

Angenommen, eine 50-jährige Frau unterzieht sich einer Mammographie und der Befund ist positiv. Wie wahrscheinlich ist es, dass die Frau tatsächlich Brustkrebs hat?

Dies ist eine naheliegende Frage, von der man sich vorstellen kann, dass die betroffene Frau sie sich selber und anschließend auch ihrem

* Unter Verwendung von Informationen aus Gigerenzer (2003/04).

Arzt stellt. Die oben genannten Zahlen sind authentisch; es handelt sich bei der genannten Frage um ein medizinisches Standardszenario in der Arzt-Patient-Screening-Situation.

Gigerenzer stellte die Frage einer Reihe von Ärzten mit mittlerer Berufserfahrung. Diese arbeiteten in den Bereichen Universitätsklinik, privates oder öffentliches Krankenhaus, eigene Praxis. Die Ergebnisse waren niederschmetternd. Die Antworten variierten zwischen 1 %(!) und 90 %(!). Ein Drittel der Ärzte schätzte die Wahrscheinlichkeit auf 90 %, ein weiteres Drittel gab Prozentzahlen im Bereich von 50 % bis 80 %, ein Drittel im Bereich von 1 % bis 50 % an.

So oder so: halbe-halbe

Früher starben 50 Prozent der Patienten mit AV-Block 3. Grades nach Auftreten der ersten Symptome, heute überleben 50 Prozent dieser Patienten.

Aus der *Neu-Isenburger Ärzte-Zeitung*, 30. 1. 1984

Aber wie hoch ist die Wahrscheinlichkeit wirklich?

Die Antwort wird zunächst überraschen. Sie liegt bei gerade einmal 9 %. Dieser niedrige Prozentsatz läuft der Intuition zuwider. Wie kann man sich diesen Wert verständlich machen? Mathematisch lässt sich die Rechnung mit dem Satz von Bayes durchführen, der für die Behandlung und das Rechnen mit so genannten bedingten Wahrscheinlichkeiten maßgeschneidert ist. Dies sind Wahrscheinlichkeiten von Ereignissen unter der Voraussetzung von bestimmten anderen Ereignissen. Im vorliegenden Kontext ist es die Wahrscheinlichkeit eines positiven Mammogramms unter der Voraussetzung, dass Brustkrebs tatsächlich vorliegt, oder die Wahrscheinlichkeit, dass Brustkrebs vorliegt unter der Voraussetzung, dass das Mammogramm positiv war. Diese beiden Wahrscheinlichkeiten sind nicht identisch, werden aber von einem Drittel der Ärzte in Gigerenzers Studie offenbar als gleich eingeschätzt, worauf wahrscheinlich deren geäußerter Schätzwert von 90 % basiert.

Doch man muss nicht unbedingt den Satz von Bayes heranziehen. Im Gegenteil, ihn zu bemühen kann man zahlenkompetenzinsuffizienzkompensatorisch (ein Wort, das ich unbedingt einmal verwenden wollte) gar nicht empfehlen. Man kann das Problem nämlich auch ohne Wahrscheinlichkeitstheorie lösen, ganz allein durch Rückgriff auf den gesunden Menschenverstand bei Beteiligung von etwas Datenmanagement.

Nehmen wir eine Grundgesamtheit von 1000 Frauen im Alter von 50 Jahren, die sich dem Screening unterziehen, und drücken die obigen Wahrscheinlichkeiten in absoluten Häufigkeiten aus. Eines der Kennzeichen dieses komfortablen Ansatzes ist die Natürlichkeit, mit der er das vormals Schwierige augenfällig macht: Von unseren 1000 Frauen werden im Schnitt 8 Brustkrebs haben. Von diesen 8 Frauen mit Brustkrebs werden wieder im Schnitt 7 ein positives Mammogramm erhalten. Andererseits werden von den 992 Frauen ohne Brustkrebs im Schnitt 70 ebenfalls ein positives Mammogramm haben. Wohlgemerkt, ohne dass sie an Brustkrebs leiden, einfach aufgrund der Falsch-Positiv-Rate der Mammographie-Untersuchung bekommen sie einen positiven Befund. Das ergibt 77 von 1000 Frauen mit positivem Mammogramm. Von diesen 77 Frauen haben aber nur 7 tatsächlich Brustkrebs. Und 7 von 77, das sind 9 von 99, also ziemlich genau 9 %.

Das Sein bestimmt das Bewusstsein

Die Geschichte von 100 Patienten, die zweifelsfrei an Migräne litten und in einer Studie von verschiedenen Ärzten untersucht wurden.

Wenn sie vom Gynäkologen kommen, haben die Kopfschmerzen eine hormonelle Ursache, und der Uterus muss raus, HNO-Ärzte halten die Schmerzen für eher sinusitisbedingt und operieren gern die Kieferhöhlen. Der Internist sieht einen niedrigen Blutdruck als Quelle allen Übels und versucht, diesen zu kurieren. Zahnärzte verdächtigen das Amalgam und entfernen es aus dem Gebiss. Die höchste Fehlerquote wiesen Orthopäden auf, die fälschlicherweise in 85 Prozent der Fälle behaupteten, der Kopfschmerz komme von der Halswirbelsäule.

Hans-Christoph Diener in *Medical Tribune* vom 19. 3. 1993

Ein ebenso krasses, wenn nicht gar noch krasseres Beispiel defizitärer Interpretation von Studienergebnissen, Wahrscheinlichkeiten und Häufigkeiten stammt aus den USA. Es betrifft ein Thema mit starkem Emotionsbezug. Noch nicht allzu lange ist es her, da empfahlen Gynäkologen jenen Patientinnen, die zu einer genetisch belasteten Risikogruppe zählten, eine vorbeugende Brustamputation vorzunehmen. Diese verringere die Sterblichkeit um 80 %, wurde als Begründung angegeben. Was aber bedeutet das in absoluten Zahlen?

Eine Studie hatte ergeben, dass von 100 Frauen in dieser risikobelasteten Grundgesamtheit ohne Brustamputation 5 Frauen an Brustkrebs starben. Nach der vorbeugenden Brustamputation war nur eine von 100 an Brustkrebs gestorben. Das sind die wirklichen Zahlen. In Prozentangabe also eine Reduktion von 80 %, eben von 5 auf 1.

Aber mit den tatsächlichen Zahlen informiert, wären sicher nur wenige Frauen diesen radikalen und in der Regel traumatisierenden Schritt der Brustamputation gegangen. Denn in absoluten Zahlen angegeben, werden durch die Amputation tatsächlich nur 4 von 100 Frauen gerettet. Eine stirbt außerdem trotz der Amputation, aber 95 von 100 erleiden die Operation mit allen Konsequenzen, obwohl sie niemals an Brustkrebs erkrankt wären.

Viele Ärzte sind mit der Interpretation von bedingten Wahrscheinlichkeiten und mit Angaben über relative Risikoreduktion offenbar überfordert. Aber die Pharmaindustrie tut ein Übriges, um dieses Faktum auszunutzen. Ihr Elan ist jedenfalls nicht durchgehend darauf gerichtet, ihre Studienergebnisse leicht verständlich aufzubereiten. Ihre Produkte werden häufig mit Informationen zu relativer Risikoreduktion beworben statt mit Informationen in absoluten Zahlen, die das menschliche Gehirn im Laufe seiner Evolution leichter fehlerfrei zu verarbeiten gelernt hat.

Reduziert etwa ein Medikament die Sterblichkeit von ursprünglich 4 von 1000 Personen auf 2 von 1000 Personen, so hat sich das Sterberisiko durch Einnahme dieses Medikaments um 50 % reduziert. Das hört sich imposant an, ist aber ein Fall von Täuschen mit der Wahrheit: Desinformation. Tatsächlich ist es so, dass bei Einnahme des Medikamentes nur 2 von 1000 Menschen mehr am

Leben bleiben als ohne das Medikament. Der Nutzen liegt also nur in der absoluten Verringerung des Risikos um 0,2 %. Diesem Nutzen steht die nicht unerhebliche Tatsache gegenüber, dass dafür 1000 Menschen das Medikament erwerben, einnehmen und dessen Nebenwirkungen ertragen müssen. Das ist ein eindeutig nicht günstiger Gesamtsaldo.

So weit dieser Bericht aus einem der modernen Slums der Datendeutung. Ich bin so ehrlich, wie ich immer sein möchte, wenn ich sage, dass dem medizinischen Sektor eine Stärkung der quantitativ-analytischen Komponente ganz guttun würde.

101. *So genau wie ein Test auf HIV*

Derzeit ist der ELISA-Test das gängigste Nachweisverfahren für HIV-Infektion. Dies liegt an seiner relativen Güte bei vertretbarem Aufwand. Zu den Gütekriterien von Tests gehören ihre Spezifizität und ihre Sensitivität. Dabei bezeichnet die Sensitivität eines Tests die Wahrscheinlichkeit einer korrekten Diagnose eines tatsächlich kranken Menschen als krank. Umgekehrt bezeichnet die Spezifizität die Wahrscheinlichkeit, dass der Test einen in Wirklichkeit gesunden Menschen auch als gesund deklariert. Natürlich können diese beiden Wahrscheinlichkeiten verschieden sein.

Bei medizinischen Tests besteht so gut wie immer eine gewisse Restunsicherheit. Weder Spezifizität noch Sensitivität erreichen die Idealmarke von 100 %. Beim ELISA-Test hat die Sensitivität den Wert 99,5 % und die Spezifizität liegt ebenfalls bei 99,5 %. Dies bedeutet, dass im Mittel in 995 von 1000 Fällen eine HIV-Antikörper enthaltende Blutprobe richtig als HIV-positiv erkannt wird. Ebenso wird im Mittel in 995 von 1000 Fällen eine Blutprobe ohne HIV-Antikörper als HIV-negativ klassifiziert.

Aus Krankenstatistiken ist bekannt, dass in der Bundesrepublik die HIV-Prävalenz unter Erwachsenen in der Altersklasse 15–50 Jahre bei 0,2 % liegt. Damit wird ausgedrückt, dass im Mittel bei 2 von 1000 dieser Erwachsenen eine HIV-Infektion vorliegt.

Trilogie von Hoch- und Höherprozentigem

– Fuhr vor einigen Jahren noch jeder zehnte Autofahrer zu schnell, so ist es heute nur noch jeder fünfte. Doch auch fünf Prozent sind zu viele, und so wird weiterhin kontrolliert, und die Schnellfahrer haben zu zahlen.

Aus der *Norderneyer Badezeitung*, 1991

– 20 % mehr Inhalt, 11 % billiger: Sie sparen 31 %!

Werbung in der *Mitteldeutschen Zeitung* vom 25. 11. 2002

– Erforderlich ist eine Luftfeuchtigkeit von nie mehr als 50 % und nie weniger als 55 %.

Aus der *Westfälischen Rundschau*

Die Prozentrechnung ist die Königsdisziplin des deskriptiven Journalismus. Nirgendwo sonst passieren in diesem Genre so viele Fehler. Unsere kurze Liste vermittelt einen guten Eindruck. Sie könnte freilich beliebig ergänzt werden, etwa um das jüngste Ergebnis eines bekannten Meinungsforschungsinstituts, nach dem 105 % der Bevölkerung Schwierigkeiten mit Prozenten haben. Mein – vielleicht nicht ganz unkecker – Vorschlag für einen Ausweg aus den Tücken der Rechnung mit Prozentualien: vorsichtshalber das errechnete Ergebnis mit ca. angeben oder so irgendwie annähernd ungefähr. Alle Eventualitäten sind damit abgedeckt. Auch diejenige, dass es überraschenderweise einmal exakt stimmen sollte mit der Rechnung, wie hier bei einer Werbung für den Duden.

Abbildung 62: Duden-Werbung: 5 Euro von 20 Euro gespart sind «ca. 25 % gespart!»

Nach diesem Vorspiel kommen wir nun zum eigentlichen Thema. Unsere Fallstudie befasst sich mit der Antwort auf die folgende Frage:

Angenommen, ein erwachsener Deutscher unterzieht sich beim Arzt einem ELISA-Test auf HIV. Der Test ist positiv. Wie wahrscheinlich ist es, dass beim Getesteten tatsächlich eine HIV-Infektion vorliegt?

Die Fragestellung mutet bei erstem Hinsehen trivial an. Kann die richtige Antwort denn etwas anderes sein als 99,5%, etwas anderes als eben die zahlenmäßige Erfassung der Genauigkeit des Tests?

Wir werden erkennen, dass diese Einschätzung fehlerhaft ist und nicht nur ein bisschen an der Richtigkeit vorbeischrammt, sondern weit danebenliegt. Zu diesem Zweck gehen wir von der Darstellung mit Wahrscheinlichkeiten zu relativen Häufigkeiten über. Es ist dies eine inhaltlich gleichbedeutende Darstellung, mit der sich aber die Kernaspekte der Thematik klarer herausarbeiten lassen.

Nehmen wir also eine repräsentative Personengruppe von 100 000 deutschen Erwachsenen in den Blick. Mit repräsentativ soll hier gemeint sein, dass sich in dieser Gruppe entsprechend der Prävalenz der Krankheit 200 HIV-Infizierte befinden. Wenn man hypothetisch bei allen 100 000 Personen einen ELISA-Test durchführt, so werden im Mittel 99,5% der HIV-Infizierten, also 199 von den insgesamt 200, vom Test auch als solche erkannt und 1 HIV-Infizierter fälschlich als HIV-negativ deklariert. Außerdem werden von den übrigen 99 800 HIV-freien Personen 99,5% richtig als gesund diagnostiziert, das sind 99 301, und verbleibende 499 fälschlicherweise als krank eingestuft. Es hilft der Intuition, wenn man diese Zahlen übersichtlich in einer Tabelle auflistet.

		HIV-Infektion		
		vorhanden	nicht vorhanden	Gesamt
ELISA-Test	Positiv	199	499	698
	Negativ	1	99 301	99 302
	Gesamt	200	99 800	100 000

In den grauen Kästchen dieser Tabelle stehen die Fallzahlen, die sich auf korrekte Testergebnisse beziehen, während die anderen Einträge Fehlentscheidungen des Tests repräsentieren.

Zählt man zusammen, so werden 199 + 99 301, also 99 500 Personen im Mittel, wie wir es erwartet haben, vom Test korrekt diagnostiziert. Außerdem werden 199 + 499 = 698 Menschen als HIV-positiv diagnostiziert. Von diesen 698 Menschen sind aber nur 199 tatsächlich erkrankt und damit wirklich HIV-positiv, während 499, also beachtliche 71,5 %, durch ein fälschlich positives Ergebnis verängstigt werden. Ja, so viele! Dies ist die überwiegende Mehrheit der positiv Getesteten.

Noch ein paar Prozente mehr

Spiegel-Online: Meldung vom 2. 6. 2005

«Jeder siebte Befragte (72 Prozent) befürwortet einen Regierungswechsel. Für eine Weiterführung der rot-grünen Koalition plädieren den Angaben zufolge hingegen nur 22 Prozent.»

Komplettkonfusion. Später gab es einen zweiten Aufschlag mit Verbesserungsversuch:

«Jeder siebte Befragte befürwortet einen Regierungswechsel. Für eine Weiterführung der rot-grünen Koalition plädierten den Angaben zufolge hingegen nur 22 Prozent.»

Doppelfehler. Noch später konnte man dies lesen:

«72 Prozent der Befragten sprachen sich für einen Regierungswechsel aus, zwölf Prozent mehr als noch im März dieses Jahres. Für eine Weiterführung der rot-grünen Koalition plädierten den Angaben zufolge hingegen nur 22 Prozent.»

Kurz darauf lieferten die Meinungsforschungsinstitute neue Zahlen und diese so mühsam korrekt dargestellten waren obsolet.

Bei einem medizinischen Test sagt der *positive Vorhersagewert* etwas darüber aus, wie wahrscheinlich es ist, krank zu sein, wenn der Test positiv ist. Er ist so etwas wie das Qualitätssiegel eines Tests. Dieser Wert ist das Verhältnis zwischen der erwarteten Anzahl der richtigerweise positiven Testergebnisse und der erwarteten Gesamtzahl positiver Testergebnisse, ob korrekt oder nicht korrekt. Für den ELISA-Test ist der positive Vorhersagewert nach unserer vorausgehenden Rechnung also 199/698 = 0,285.

Generell ist der positive Vorhersagewert sowohl abhängig von der Prävalenz der Krankheit sowie auch von Spezifizität und Sensitivität des Tests. Gäbe es in der Bevölkerung 1000 HIV-Infizierte auf 100 000 Personen und damit eine Prävalenz von 1 % (in einigen afrikanischen Staaten ist dies in der Tat nicht außergewöhnlich), dann steigt – bleibt alles andere gleich – der positive Vorhersagewert von ELISA auf 0,670.

Die Antwort auf unsere Ausgangsfrage nach dem tatsächlichen Vorliegen von HIV-Infektion bei positivem Test ist also 28,5 %. Die Antwort liegt nicht im Bereich des vielleicht Erwarteten, ja ist überraschend weit davon entfernt. Selbst bei positivem Testresultat ist es immer noch wesentlich wahrscheinlicher, dass keine HIV-Infektion vorliegt. Diese Mitteilung ist auf den ersten Blick erstaunlich, insbesondere wenn man ihr die Tatsache entgegenhält, dass Spezifizität und Sensitivität des Tests den recht hohen Wert von 99,5 % erreichen, was große Untersuchungsgenauigkeit suggeriert.

Eine Frage liegt auf der Hand, und wir stellen sie sogleich: Wenn das vom Test verkündete Ergebnis offenbar in so geringem wahrscheinlichkeitstheoretischen Zusammenhang mit dem Vorliegen der Erkrankung steht, welchen Sinn macht es dann überhaupt, sich dem ELISA-Test zu unterziehen?

Ein Teil der Antwort darauf ergibt sich, wenn man die HIV-negativen Testergebnisse aufschlüsselt und interpretiert. Führt man dies im Detail durch, werden erwartete 99 302 Personen von 100 000 als HIV-negativ diagnostiziert, und von diesen ist bei der überwältigenden Mehrheit von 99 301 Personen eine HIV-Infektion auch tatsächlich nicht vorhanden. Nur bei einer einzigen von 99 302 Personen, was man sofort in 0,001% umformt, liegt eine HIV-Infektion trotz negativen Testergebnisses vor.

Wir erfassen diese Erkenntnis in dem Resümee: Bei negativem Testresultat kann der Patient so gut wie sicher sein, dass er nicht erkrankt ist.

Man darf sich unter dem ELISA-Test also gewissermaßen einen Suchtest vorstellen. Einen Suchtest, der so gut wie alle HIV-Infizierten unter den mit ihm getesteten Personen auch findet, aber im Prozess seiner Suche nicht anders kann, als über das Ziel hinauszuschießen und auch einige Gesunde den HIV-Infizierten zuzuschlagen. Ist also ein HIV-Test positiv, so müssen deshalb unbedingt weitergehende Untersuchungen vorgenommen werden. Diesen Untersuchungen sollte man sich möglichst in Ruhe unterziehen. Immerhin ist der Nicht-Ernstfall, HIV-negativ zu sein, immer noch das bei Weitem wahrscheinlichere Szenario.

Das hier vorliegende und anhand realistischer Daten studierte Phänomen ist übrigens im Prinzip bei allen medizinischen Testverfahren anzutreffen, ob Schwangerschafts-, Krebs- oder Borreliosetests: Die Wahrscheinlichkeit, bei positivem Testergebnis tatsächlich erkrankt zu sein, ist viel geringer, als es Sensitivität und Spezifizität des Tests suggerieren. Und das ist schon deshalb des Merkens würdig, da sich früher oder später wahrscheinlich ein jeder von uns einem medizinischen Test unterziehen muss.

Auch für technische Systeme wie zum Beispiel Feuermelder gilt entsprechend: Die meisten Alarme sind falsche Alarme.

Um unser laufendes Beispiel noch etwas weiterzuweben: Wie könnte es nach einem positiven ELISA-Test weitergehen?

Dann unterzieht man sich in der Regel dem sehr viel aufwendigeren und kostspieligeren Western-Blot-Test. Er ist in Deutschland und in den USA sogar zwingend vorgeschrieben, wenn ein ELISA-Test positiv ausschlägt. Der Western-Blot-Test hat die sehr hohe Spezifizität von 99,9996 % (nur 4 von 1 Million nichtinfizierten Personen werden fälschlicherweise als HIV-positiv klassifiziert) und eine noch höhere Sensitivität, die man praktisch bei 100 % ansiedeln kann. Wegen dieser hohen Spezifizität ist der Western-Blot-Test hervorragend als Bestätigungstest im Anschluss an einen positiven ELISA-Test geeignet. Und er wird auch so eingesetzt.

Telepath(olog)ie

Als der Heilige Vater in Uganda die Erde küßte, haben sich im selben Moment vielleicht wieder hundert Menschen auf dem schwarzen Kontinent mit AIDS infiziert.

Aus dem *Münchener Wochenspiegel*, 1. 3. 1993

Nehmen wir nun einmal fiktiv an, auch der Western-Blot-Test eines schon vorher mit dem ELISA-Test positiv getesteten Menschen würde positiv ausfallen. Wir haben uns bereits das Rüstzeug für den Umgang mit Tests erworben und können im Zuge eines Ideenrecalls prinzipiell dieselbe Rechnung wie eingangs durchführen, wenn wir die Prävalenz nun bei dem zuvor berechneten Wert von 28,5 % (genauer 28,51 %) ansiedeln und die Spezifizität bei 99,9996 %.

Legen wir aus Gründen der glatten Rechnung eine gedachte Gruppe von 1 Million Personen zugrunde, die ein HIV-positives Ergebnis beim ELISA-Test erhalten haben. Von diesen sind erwartete 285 100 tatsächlich erkrankt und 714 900 sind es nicht. Von diesen 714 900 Nicht-HIV-Trägern werden erwartete 0,0004 %, also etwa 3 (genau 2,86), als HIV-Träger ausgewiesen, eine verschwindend geringe Anzahl. Von den 285 100 Erkrankten werden alle (!) als erkrankt identifiziert. Insgesamt werden 285 103 als erkrankt deklariert und von diesen sind 285 100 tatsächlich erkrankt. Ein Prozentsatz von 99,9989 % als positiver Vorhersagewert ist das. Das Resultat des Western-Blot-Bestätigungstests ist demnach sehr ernst zu nehmen. Wenn er positiv reagiert, ist der Ernstfall da.

Wir Menschen leben immer auf einer Skala zwischen Gewissheit und Ungewissheit. Es ist hilfreich, den Grad von Ungewissheit so gut wie möglich zu quantifizieren. Dazu wollen die voranstehenden Überlegungen beitragen.

102. *Zahlen halten die Welt zusammen: Vorzeichenfehler beim Brückenschlag*

Es begab sich im Jahr 2003, dass am Hochrhein zwischen den Städten Laufenburg/Baden in Deutschland und Laufenburg/Aargau in der Schweiz der Bau einer Brücke in Angriff genommen wurde. Eine Schweizer Firma begann mit dem Bau von der eidgenössischen Seite, eine deutsche Firma von der deutschen Seite. Und es wuchsen mit der Zeit beide Brückenteile aufeinander zu. Annähernd. Denn in beiden Ländern gibt es eine unterschiedliche Normalnull als Referenzsystem. Schweizer Ingenieure beziehen ihre Höhenangaben auf den Meeresspiegel des Mittelmeeres, deutsche Ingenieure dagegen auf die Nordsee. Für den Hochrhein muss wegen der Differenz zwischen Nordsee und Mittelmeer aufgrund unterschiedlich starker Verdunstung eine Korrektur von 27 cm vorgenommen werden. Das ist den Ingenieuren bekannt. Doch die Soll-Brückenhöhe wurde in die falsche Richtung korrigiert, so dass statt des angestrebten Ausgleichs beim Zusammentreffen des Schweizer und des deutschen Brückenteils eine Höhendifferenz von 54 cm klaffte.

Selbst wenn sehr wenig von dem, was alles passieren kann, tatsächlich passiert, dies musste früher oder später wohl einmal passieren, so wie eine Amputation des falschen Beines und andere Links/Rechts-, Oben/Unten-, Plus/Minus-Katastrophen in anderen Wirklichkeitsbezirken.

Null und Nuller

Die Deutschen sprechen bei Höhenangaben von Höhe über Meeresspiegel, die Schweizer sprachlich hübscher von Meter über Meer. In Deutschland begann 1993 in diesem Punkt eine neue Ära. Die bis dahin geltenden Höhenbezüge auf Normalnull (NN) und Höhennull (HN) wurden durch das neue System der Höhe über Normalhöhennull (H ü. NHN) ersetzt, das alles vereinheitlichen und vereinfachen sollte. Also dann: ein Hoch auf diese höchste aller hohen Normalhöhen.

Als Zugabe zu dieser Miniatur nun zu guter Letzt noch ein Mathematikwitz auf Kosten der Ingenieure, es geht hier nicht anders: Eine Gruppe von Mathematikern und eine Gruppe von Ingenieuren fahren mit dem Zug zu einer Tagung. Jeder Ingenieur hat seine eigene Fahrkarte gelöst, aber die ganze Gruppe von Mathematikern besitzt nur ein einziges Ticket. Plötzlich ruft einer der Mathematiker: «Achtung, der Schaffner kommt!», worauf alle Mathematiker aufspringen und sich schnell in eine der Toiletten am Ende des Waggons zwängen. Der Schaffner kommt, kontrolliert die Ingenieure, sieht dann, dass das WC besetzt ist, klopft an die Tür und sagt: «Die Fahrkarte, bitte!» Die Mathematiker schieben die Fahrkarte unter der Tür durch, der Schaffner knipst sie und geht zufrieden seines Weges.

Die Ingenieure haben den ganzen Ablauf beobachtet und sind beeindruckt. Auf der Rückfahrt beschließen sie, denselben Trick anzuwenden, und kaufen nur eine einzige Fahrkarte für die ganze Gruppe. Umso erstaunter sind sie, als sie bemerken, dass die Mathematiker diesmal überhaupt keinen Fahrschein haben. Bald ruft einer der Mathematiker: «Der Schaffner kommt!» Sofort stürzen die Ingenieure auf ein WC los, die Mathematiker machen sich etwas gemächlicher auf den Weg zum anderen WC. Bevor der letzte Mathematiker das WC betritt, klopft er an das Ingenieuren-WC: «Die Fahrkarte, bitte!» Die Ingenieure schieben sie unter der Tür hindurch, der Mathematiker nimmt sie an sich, geht zu seinen Kollegen ins WC ...

Und auch eine Moral hat die Geschichte: Die Ingenieure wenden die Methoden der Mathematiker an, ohne sie wirklich zu verstehen.

103. *Ungewöhnliche Maßeinheiten*

Im Jahr 1735 schickte die Pariser Akademie der Wissenschaften zwei Expeditionen nach Lappland und Peru, um die Erde genau zu vermessen. Auf der Basis dieser Messungen setzte der französische Nationalkonvent 1793 ein neues Längenmaß fest. Es war der zehnmillionstel Teil des Erdquadranten auf dem Meridian von Paris, also 1 zehnmillionstel eines viertel Längenkreises der Erde. Man nannte diese neue Maßeinheit Meter. Es ist heute, nach einer modifizierten Definition, die Strecke, die das Licht im Vakuum im 299 792 458ten

Teil einer Sekunde zurücklegt. Neben Kilogramm, Sekunde, Ampère, Kelvin, Mol und Candela ist es eine grundlegende Längeneinheit des internationalen Einheitensystems SI. Neben dem SI-Einheitensystem gab und gibt es viele weitere Einheiten, einige im fachsprachlichen Kontext, andere im folkloristisch-alltäglichen Kontext, wieder andere im satirisch-kuriosen Kontext. Nur zwei von vielen sollen hier noch erwähnt werden:

- *Wasserlassen-Messen.* Die Deutschen haben den *Steinwurf* als Längenmaß, die Lappländer messen Längen nach *poronkusema* (wörtlich übersetzt: Wasserlassen des Rentieres). Ein *poronkusema* ist die Entfernung, die ein Rentier einen Schlitten ziehen kann zwischen zwei Stopps zum Urinieren. Denn Rentiere können beim Schlittenziehen nicht urinieren. Sie müssen dann stoppen. Ein *poronkusema* sind etwa 8–10 Kilometer.
  Auch noch eine neue Geschwindigkeitseinheit gefällig? Warum nicht das läppische *poronkusema kuukaudessa*, also *poronkusema* pro Monat. Das sind läppische 3 cm pro Sekunde. Nicht gerade grelle Schnelligkeit.

- *Bartwuchs-Nanometer.* Die Kosmologen haben das bekannte Lichtjahr. Es ist eine nützliche Maßeinheit und eine schöne Metapher. Es veranlasste die Atomphysiker, nach einer analogen Einheit zur Verwendung in ihrem eigenen Arbeitsbereich zu fahnden. Schließlich wurden sie fündig: Das *Physics Handbook for Science and Engineering* definiert die *Bartsekunde* als die Länge, um die im Durchschnitt der Bart eines typischen Physikers in einer Sekunde wächst. Das sind $5 \cdot 10^{-9}$ m. Die ungefähre Größe eines Atoms beträgt 0,02 Bartsekunden. Kleine Viren sind etwa 2 Bartsekunden groß.

Nur mal so verständnishalber gefragt: Ist ein Yoktobartjahr pro Mikromonat mehr als ein *picoporonkusema gigakuukaudessa?* Der Unterschied ist jedenfalls nur eine Nano-Nuance.

104. *Stangenbrot statt Taschenrechner*

Im Alter von 20 Jahren beschäftigte sich George-Louis Leclerc, der Graf von Buffon (1707–1788), mit der Konstanten π und fand ein geniales statistisches Verfahren, um π beliebig genau zu ermitteln. Dabei warf er wiederholt französische Stangenbrote willkürlich auf seinen gekachelten Fußboden. Anschließend ermittelte er jeweils, ob diese die Fugen zwischen den Kacheln trafen. Etwas praktikabler können wir das Verfahren so darstellen: Eine Nadel der Länge $l > d$ wird willkürlich auf ein Gitter mit Linienabstand d zwischen benachbarten Gitterlinien geworfen. Mit welcher Wahrscheinlichkeit schneidet die Nadel eine der Gitterlinien?

Der Abbildung 63 entnimmt man, dass die Nadel eine der parallelen Geraden des Gitters genau dann schneidet, wenn

$$x \leq \frac{l}{2} \sin w$$

ist.

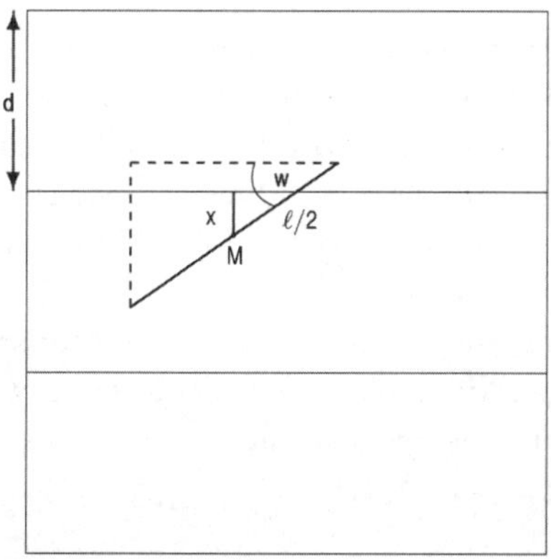

Abbildung 63: Darstellung der Bedingung für einen Schnitt zwischen Nadel und Gitterlinie

Dabei ist x der Abstand vom Nadelmittelpunkt M senkrecht bis zum nächstgelegenen Gitterpunkt. Willkürliches Werfen der Nadel bedeutet nun, dass die Größe des Winkels w ein rein zufälliger Wert im Intervall $[0, \pi)$ ist und x ein rein zufälliger Abstand im Intervall [0, d/2). Das Zahlenpaar (x, w) entspricht also einem rein zufälligen Punkt im Rechteck R von Abbildung 64.

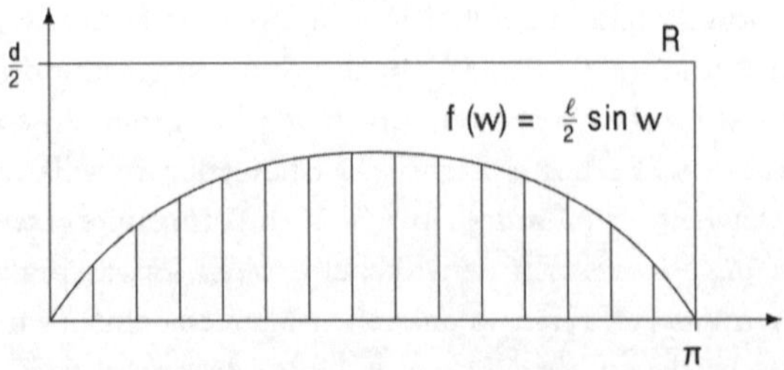

Abbildung 64: Darstellung der Wahrscheinlichkeit für einen Schnitt zwischen Nadel und Gitter

Zusätzlich enthält die Abbildung den durch die Abszisse und die Funktion

$$f(\mathrm{w}) = \left(\frac{\mathrm{l}}{2}\right) \sin \mathrm{w}$$

begrenzten schraffierten Bereich S, der jene Werte (x, w) umfasst, bei denen ein Schnitt zwischen Nadel und Gitter stattfindet. Mit Hilfe der geometrischen Definition der Wahrscheinlichkeit eines Ereignisses (d. h. Günstiger Bereich für das Ereignis dividiert durch Gesamter Bereich) erhält man die Wahrscheinlichkeit p für einen Schnitt als Quotient der Flächengrößen von S und R. Da R ein Rechteck ist, beträgt sein Flächeninhalt $\pi d/2$. Da die Sinusfunktion im Bereich von 0 bis π einen Mittelwert von $2/\pi$ besitzt, hat die Fläche S also genau den Inhalt l. Daraus ergibt sich

$$\mathrm{p} = \frac{2\mathrm{l}}{\pi \mathrm{d}}.$$

Die Wahrscheinlichkeit p ist – wenn die Nadellänge als $l = d/2$ gewählt wird – gerade $1/\pi$, der Kehrwert der Kreiszahl. Diese Beziehung kann man auch als $\pi = 1/p$ lesen. Da p unbekannt ist, kann man es durch p(n) annähern, den Anteil der Würfe mit Überschneidungen bei einer großen Zahl n von willkürlichen Nadelwürfen. Dann ergibt sich entsprechend $\pi(n) = 1/p(n)$ als Approximation für π. Da aufgrund des Gesetzes der großen Zahlen die Approximation von p durch p(n) mit größer werdender Wurfzahl immer genauer wird, gilt dies auch für die Approximation von π durch π(n). Der Schweizer Astronom Johann Rudolf Wolf warf in der Mitte des 19. Jahrhunderts eine Nadel 5000-mal und erzielte so die Näherung $\pi \approx 3{,}159$.

Unser einfaches Stangenbrot-Pi-ezometer aus dem Kambrium der Künstlichen Intelligenz ist sogar multifunktional und kann noch für ganz andere Zwecke eingesetzt werden. Da π ja bekannt ist, kann man aus der Beziehung für p auch schließen, dass bei unbekannter Länge l der Nadel diese Länge approximiert werden kann durch den Ausdruck

$$l(n) = p(n) \cdot \mathrm{d} \cdot \frac{\pi}{2}.$$

Hier angekommen, können wir noch einen Schritt weitergehen. Nichts hindert, die Methode vom Stangenbrot (also von Strecken) auf beliebige Kurven c zu erweitern (Brezeln, Bananen, Boomerangs, um im Bild zu bleiben). Dabei wird p nunmehr als die erwartete Anzahl von Überschneidungen zwischen den Gitterlinien und der Kurve c bei einem willkürlichen Wurf interpretiert. Dies geht, da jede Kurve approximativ als Verknüpfung einer großen Zahl von einzelnen kurzen Strecken (d. h. kleinen Nadeln) betrachtet werden kann. Auch beinhaltet diese neue Sicht den obigen Fall als Spezialfall, bei dem die Nadel bei einem Wurf entweder einmal oder keinmal eine Gitterlinie schneidet. Bei gekrümmten Kurven kann es natürlich mehr als einen Schnitt geben. Der Wert p wird wiederum geschätzt mit

$$p(n) = \frac{\textit{Gesamtzahl der Überschneidungen}}{\textit{Gesamtzahl der Würfe } n},$$

und dann ist

$$l_c(n) = \mathrm{d} \cdot \pi \cdot \frac{\textit{Gesamtzahl der Überschneidungen}}{2n}$$

als Schätzung für die unbekannte Länge l_c der Kurve geeignet. Beispielhaft demonstrieren wir dies für eine so genannte Lissajou-Figur der exakten Länge 9,38 cm.

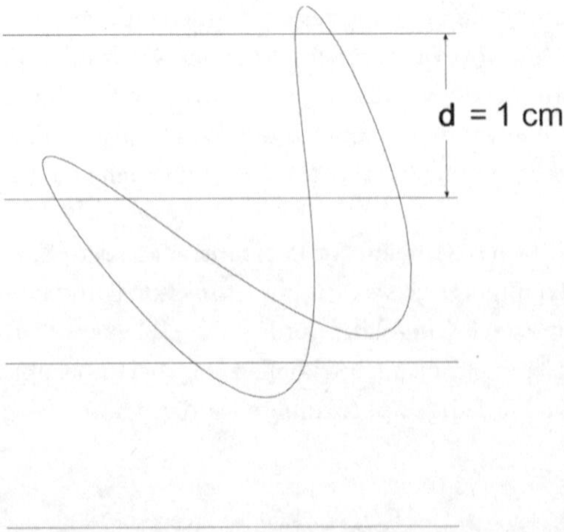

Abbildung 65: Zufälliges Werfen einer Lissajou-Figur, 8 Überschneidungen zwischen Figur und Gitter

Der Autor führte eine einfache manuelle Simulation durch, bei der eine transparente Folie mit aufgetragener Lissajou-Figur 10-mal willkürlich auf ein Gitter mit Abstand d = 1 cm zwischen den Linien geworfen wurde. Es ergaben sich insgesamt 62 Überschneidungen. Das entspricht einer Schätzung von 9,74 cm für die Länge der Kurve. Nicht schlecht!

105. *Wissenwollen hoch Leidenschaft*

Kein Bei-31 km-Marathon-geschafft-Denker. Ludolph van Ceulen, Professor für Arithmetik, Vermessungskunde und Festungsbau an der Universität Leiden, starb 1610 an Erschöpfung, nachdem er mit einem 2^{62}-Eck (einem Vieleck mit rund 4 Trillionen Seiten) die Kreiszahl π auf 35 Dezimalstellen genau berechnet hatte. Eine für die damalige Zeit unglaubliche Leistung, die damit gewürdigt wurde, dass man die von ihm ermittelte Ziffernfolge auf seinem Grabstein eingravierte. Angeblich opferte er 30 Jahre seines Lebens für diese 35 Dezimalen. Zu seinen Ehren wurde die Kreiszahl bis ins 19. Jahrhundert als Ludolphsche Zahl bezeichnet. Van Ceulens Schüler Snellius bemerkte später, dass die von seinem Lehrer erzielte Genauigkeit auch mit der Hälfte des Rechenaufwandes hätte erreicht werden können.

Van Ceulens Berechnungen basierten auf der Methode des Archimedes, bei der einem Kreis mit Radius 1 eine Folge von Vielecken ein- und umbeschrieben wird. Je größer die Eckenzahl der Vielecke, desto mehr nähern sie sich dem Kreis an. Archimedes selbst hatte mit dem Sechseck begonnen und das Verfahren bis zum 96-Eck fortgesetzt. Die Seitenlängen s_n bzw. S_n des ein- bzw. umbeschriebenen n-Ecks können rekursiv berechnet werden mittels

$$s_{2n} = \sqrt{2 - \sqrt{4 - s_n^2}}$$

$$S_n = \frac{2s_n}{\sqrt{4 - s_n^2}}.$$

Mit dem 96-Eck hatte Archimedes die Approximation $3 + 1137/8069 < \pi < 3 + 1335/9347$ erhalten, das ist $3{,}1409 < \pi < 3{,}1428$. Ludolph van Ceulen erreichte $\pi \approx 3{,}14159265358979323846264338327950288$. Heute (Januar 2010) ist die Kreiszahl auf 2,7 Billionen Dezimalen genau bekannt. Das ist ein gewisser Overkill, wenn man dieser Zahl von Dezimalen die Tatsache gegenüberstellt, dass man nur ein paar Dutzend Stellen von π benötigt, um den größten in unserem Universum vorstellbaren Kreis mit der größten noch sinnvollen Genauigkeit zu berechnen. Die größte sinnvolle Genauigkeit kann man aus der kleinsten physikalisch sinnvollen Längeneinheit ableiten: Das ist die Planck-Länge von rund 10^{-35} m. Das Licht des Urknalls kommt vom Rande des Universums bei uns in Form der Hintergrundstrahlung an, und zwar aus einer Entfernung, die sich als das Produkt aus dem Alter des Universums von rund $1{,}3 \cdot 10^{10}$ Jahren mit der Lichtgeschwindigkeit von $9{,}5 \cdot 10^{15}$ Meter pro Jahr ermitteln lässt. Ein Kreis mit diesem Radius hat den ungeheuren Umfang von $8{,}2 \cdot 10^{61}$ Planck-Längen. Dennoch: Um dessen Umfang aus diesem bis auf eine Planck-Länge genau bekannten Radius zu berechnen, und zwar mit einer Genauigkeit von ebenfalls einer Planck-Länge, reichen 62 Dezimalen von π aus.

Die Nationen wurden aufgefordert, einen Kreis zu zeichnen. Der Amerikaner trat an mit einer Kreiszeichnungsmaschine, the biggest of the world. Der Engländer zeichnete freihändig einen fast einwandfreien Kreis, der Franzose ein reich geschmücktes Oval, der Österreicher sagte: «Gehns – wir wern uns net herstellen», und pauste den englischen Kreis durch. Die Deutschen lieferten ein Tausendsechsundneunzig-Eck, das fast wie ein Kreis aussah, es war aber keiner.

Kurt Tucholsky: *Mit 5 PS*

106. *Mathematik im Dunkeln*

Die meisten Menschen lassen sich das Leben gefallen, ohne mit der Lösung eines Jahrhundertproblems zu antworten. Nicht so Andrew Wiles. Er wird in die Geschichte eingehen als der Mensch, der die seit mehr als 300 Jahren offene Fermat'sche Vermutung bewiesen hat. Mehr als 7 Jahre hat er daran mit beispielloser Intensität und Leidenschaft gearbeitet. Mathematik-Euphorie liegt vielleicht nicht im Großtrend der Zeit. Aber mächtige Strömungen erzeugen auch Auffälligkeitschancen für Gegenläufiges und Anti-Trends. Jedenfalls konnte sich Andrew Wiles über mangelnde Aufmerksamkeit nicht beklagen.

Als Gleichnis seiner Arbeit an Fermats Vermutung hat Wiles eine sehr eingängige Beschreibung für wissenschaftliches Arbeiten in der Mathematik mit offenem Ausgang geliefert – den Gang durch ein dunkles Haus:

«Man betritt den ersten Raum, und er ist dunkel. Vollkommen dunkel. Man stolpert herum und stößt gegen die Möbel, doch allmählich wird klar, was wo steht. Endlich, nach vielleicht einem halben Jahr, findet man den Lichtschalter, und plötzlich liegt alles im Hellen. Man kann genau sehen, wo man ist. Dann geht man in den nächsten Raum und verbringt wieder ein halbes Jahr im Dunklen. Diese Durchbrüche, für die man manchmal nur einen Augenblick braucht, ein andermal ein oder zwei Tage, sind allesamt Errungenschaften der vielen Monate des Herumstolperns im Dunkeln, ohne die es sie nicht geben würde.» So weit der Meister himselbst.

Aus einem BBC-Dokumentarfilm über Andrew Wiles

Unterbietungsklimax: Darkness beyond Black

Was ist der Unterschied zwischen Mathematik, Philosophie und Theologie?

Mathematik ist, wenn man in einem dunklen Raum mit verbundenen Augen eine schwarze Katze sucht.

Philosophie ist, wenn man in einem dunklen Raum mit verbundenen Augen eine schwarze Katze sucht, die gar nicht drin ist.

Theologie ist, wenn man in einem dunklen Raum mit verbundenen Augen eine schwarze Katze sucht, die gar nicht drin ist, und ruft: «Ich hab sie!»

107. *Minimax-Interventionen: Minimale Ursachen und maximale Wirkungen*

Kausalität ist ein Begriff, der die Abfolge von durch Ursache-Wirkungs-Beziehungen aufeinander bezogenen Ereignissen betrifft. Die vorausgehenden Ereignisse, die ein gegebenes Ereignis kausal beeinflussen können, also mithin als Ursachen des gegebenen Ereignisses fungieren können, bilden die Vergangenheit relativ zu diesem Ereignis. Entsprechend bildet die Gesamtheit aller Ereignisse, die das gegebene Ereignis beeinflussen kann, die Zukunft in Bezug auf dieses gegebene Ereignis. Insofern ist mit Kausalität eine strenge Halbordnung verbunden. Die Ursache der Ursache einer Wirkung ist mittelbar auch Ursache der Wirkung: Causa causea est causa causati.

Viele Denker haben sich mit der relativen Größe von Ursachen und Wirkungen beschäftigt. Die auf Leibniz 1695 zurückgehende Grundregel *causa aequat effectum* (Die Ursache ist gleich der Wirkung), die ein Äquivalenzprinzip zwischen Ursache und Verursachtem ausdrückt, hielt sich bis zum 19. Jahrhundert in Teilen der Physik.

Andere Denker waren vorsichtiger und vertraten eine Ähnlichkeit oder Proportionalität von Ursache und Wirkung oder motivierten den Gedanken der Wirkungserhaltung, aufgrund dessen Ursache und Wirkung nur wandelbare Verkörperungen ein und derselben Grunderscheinung seien. Wieder andere Philosophen bezweifeln, ob es zwischen Ursache und Wirkung phänomenologisch überhaupt eine quantitative Beziehung gibt. Bisweilen zeitigen große Ursachen nur kleine Wirkungen. Diese Tatsache ist ein Hauptgrund dafür, dass so etwas wie die Stabilität von Systemen überhaupt möglich ist. Technische, biologische und soziale Systeme müssen aus Existenzerhaltungsgründen mit einem erheblichen Grad von Robustheit auch gegenüber großen Belastungen ausgestattet sein, die ihnen erlaubt, Anspannungen mit geringem Aufwand abzufedern.

Andererseits spielen nicht nur in Wissenschaft und Technik, sondern auch in unser aller Alltag die Beziehungen zwischen kleinen Ursachen und großen Wirkungen eine außerordentlich wichtige Rolle. Ein Beispiel ist die Entzündung eines riesigen Pulverfasses durch einen winzigen Funken oder der sprichwörtliche und wissenschaftlich untermauerte Schmetterlingseffekt, gemäß dem der Flügelschlag eines Schmetterlings in Brasilien in Texas einen Wirbelsturm auslösen kann. Dies legt nahe, dass in manchen Ursache-Wirkungs-Abläufen Katalysatoren beteiligt sind, die einen Übergang von linearen zu nichtlinearen Denkweisen erfordern. Wie unscheinbar peripher eine mathematische Ursache bisweilen sein kann, die eine kolossale physikalische Wirkung zu entfalten in der Lage ist, zeigt das folgende Beispiel:

*Der größte mathematische Fehler oder Super-GAU durch Minuszeichen**. Die Mariner-1-Raumsonde startete am 28. 7. 1962 von Cape Canaveral in Richtung des Planeten Venus. Nach 13 Minuten Flugzeit sollte eine Schubrakete sie bis auf 41 544 km/h beschleunigen, nach 44 Minuten sollten sich 9800 Solarzellen öffnen, nach 80 Tagen sollte ein Computer die endgültige Kurskorrektur Richtung Venus errechnen und nach 100 Tagen sollte die Sonde den Planeten Venus umrunden. Ihr Endziel war es, die mysteriösen Wolken zu scannen, in die dieser Planet eingetaucht ist.

Doch nur 293 Sekunden nach dem Start stürzte Mariner 1 ganz zielstrebig in den Atlantik. Spätere Untersuchungen ergaben, dass ein einziges winziges Minuszeichen in den viele Hundert Meter langen Anweisungen an den Bordcomputer gefehlt und die in Feinberei-

* Unter Verwendung von Informationen aus Pile (1986).

chen superkritischen Szenarien herbeigeführt hatte, die nach einer Art Schneeballeffekt die Katastrophe schließlich auslösten. Das fehlende Kleinsymbol kostete 8 560 000 Dollar. Eine wichtige Winzigkeit mit formidabler Wirkung. Kein Kleinärgernis, sondern das teuerste Minuszeichen aller Zeiten. In der Raumfahrt ist 99,99 %ige Sicherheit bekanntlich gleichbedeutend mit einer Katastrophe.

Abbildung 66: Cartoon von Sidney Harris: «*Hier* hast du deinen Fehler gemacht.»

Minimaximalität im Alltag oder Unterlassene Bügelhilfeleistung

«Ich wollte Fenster putzen. Damit ich von außen an das Fenster herankommen konnte, legte ich ein Bügelbrett auf die Fensterbank. Mein Mann, der schwerer als ich ist, setzte sich innen auf das Bügelbrett, und ich putzte auf dem Brett stehend das Fenster von außen. Plötzlich klingelte es an der Haustür. Als mein Mann unten öffnete, fand er mich vor der Eingangstür liegend. Wir wissen bis heute nicht, wer geklingelt hat.»

Aus einer Schadensmeldung an eine Versicherung, veröffentlicht in einem Schreiben des Hamburgischen Anwaltsvereins

108. *Rechtsweg nicht ausgeschlossen: Mathematik in der Kriminalistik*

Mit großem Erfolg startete im Jahr 2005 in den USA die Fernsehserie *NUMB3RS: Solving Crime with Mathematics.* Es ist eine Kriminalserie, deren Superheld ein Mathematiker ist. Sie enthält authentisches Mathematik-Vokabular und demonstriert, wie mathematische Methoden von der Kriminalistik verwendet werden, um Verbrechen aufzuklären und Täter zu überführen. Und die Mathematik darin ist handfest.

Die Verfahren der modernen Verbrechensaufklärung enthalten ein gutes Maß filigraner und subtiler Mathematik: Instrumente wie DNA-Analysen zur Personen-Identifizierung, Massenspektroskopien zur Materialbestimmung, Verfahren, um Gesichter auf Fotografien künstlich altern zu lassen, oder Methoden, um völlig verschwommene Bilder wieder scharf zu bekommen, sind aus Werkzeugen der angewandten Mathematik entstanden und bedürfen in ihrer Bedienung mathematischer Kenntnisse vom Umgang mit Wahrscheinlichkeiten bis hin zur statistischen Datenkompetenz. Eine einzige Episode der NUMB3RS-Serie, *Prime Suspect*, verarbeitet im Drehbuch nicht weniger als Primzahlen, deren Faktorisierung, ihren Einsatz in der Kryptologie und die Riemann'sche Hypothese, das alles in einem zeitlichen Rahmen von nur 45 Minuten. Kein schlechter Durchschnitt für eine Serie fürs Massenpublikum.

Für ein Beispiel zu Einsatz und Nutzen von Mathematik bei der Verbrechensaufklärung begeben wir uns zu einem anderen Helden aus einer anderen Wirklichkeit, zu Sherlock Holmes in *Die Abtei-Schule*. Der Meisterdetektiv muss das Verschwinden des zehnjährigen Sohnes des Duke of Haldernesse aufklären. Im Verlauf der Untersuchung spielen die Reifenspuren eines Fahrrads im Lehm eine große Rolle. Holmes gelangt in seinen Überlegungen zu dem Punkt, an dem die Ermittlung der Fahrtrichtung des Fahrrades – von links nach rechts oder von rechts nach links – entscheidend für die Aufklärung des Falles wird. In Conan Doyles Verarbeitung ist die Analyse von Sherlock Holmes allerdings unzutreffend. Holmes erschließt die Richtung, die der Fahrradfahrer genommen hat, aus der Tiefe der

Fahrradspuren, da nach seiner Ansicht aufgrund des Gewichts des Radfahrers die Spur des Hinterrades tiefer ist. Das stimmt zwar, ist aber unzureichend, um die Fahrtrichtung zu ermitteln.

Aber wie kann man aus dem Verlauf der Spuren auf die Fahrtrichtung des Fahrrades schließen? Wieder geht das nur mit Mathematik.

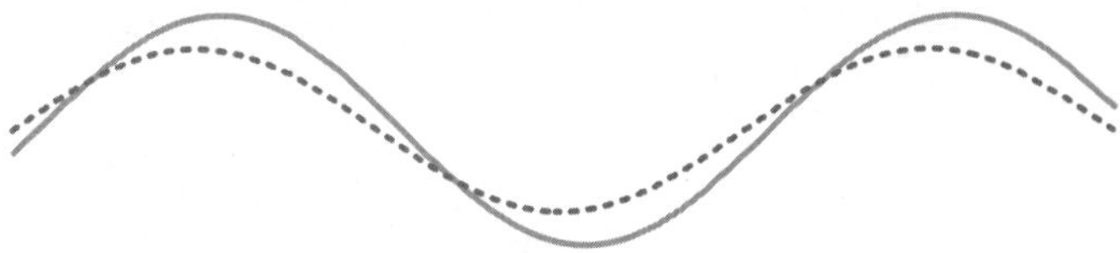

Abbildung 67: Fahrradspuren von Vorderrad und Hinterrad: Welche ist welches? Und in welche Richtung fuhr das Fahrrad?

Ein paar Dinge weiß man über Fahrradspuren aus Erfahrung. Zunächst, dass die weiter ausschlagende Spur vom Vorderrad hinterlassen wird. Doch dieser Begriff ist mathematisch noch zu unpräzise. Ferner kann man dem Kreuzungspunkt der Spuren ansehen, welche der beiden Spuren als Erste und welche als Zweite entstand. Die Zweite ist die Spur des Hinterrades. Aber man erhält auch daraus keine Erkenntnisse über die gefahrene Richtung.

Die zur Klärung der Richtungsfrage wichtigen Tatsachen ergeben sich aus der Bewegungsmechanik der beiden Räder relativ zur Lenkung: Der Aufsetzpunkt des Vorderrades ändert sich beim Lenken nicht, nur beim Rollen, und das Hinterrad ist nicht lenkbar. Auch ist offenkundig, dass das Vorderrad die Richtung vorgibt und das Hinterrad immer in Richtung des Fahrradrahmens zeigt und auch rollt. Daraus folgt, dass man zu jedem Punkt der Spur des Hinterrades durch Verlängerung nach vorne in Rahmenrichtung den zugehörigen Punkt des Vorderrades finden kann, und zwar stets im selben Abstand. Die Verlängerung der Richtung des Hinterrades ist eine Tangente an die Bahnkurve des Hinterrades, und zwar in seinem Aufsetzpunkt.

Nun müssen wir diesen gelungenen Einblick nur noch in denkbare Bahnen lenken und effektiv machen. In der Tat können wir die Tangentenidee ganz wunderbar einsetzen: Wenn die durchgezogene Linie in Abbildung 67 die Spur des Hinterrades wäre, würde eine

Tangente an diese Kurve die gepunktete Kurve in einer Richtung immer im gleichen Abstand von etwa einer Rahmenlänge schneiden. Die folgende Abbildung zeigt aber eine Tangente, die belegt, dass es sich bei der durchgezogenen Kurve nicht um die Spur des Hinterrades handeln kann.

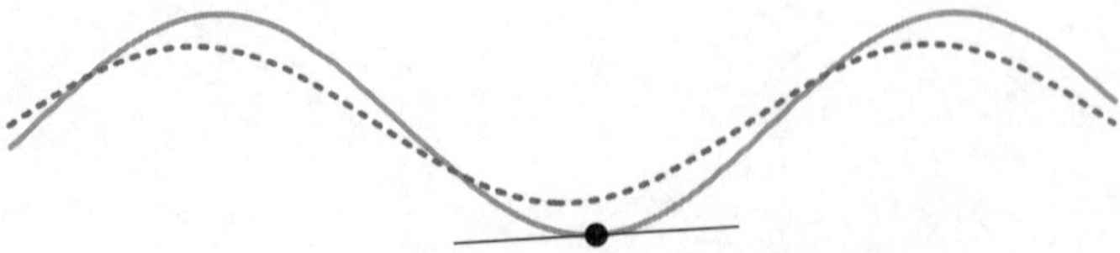

Abbildung 68: Informative Tangente an die durchgezogene Kurve

Damit wissen wir immerhin schon einmal, dass die gepunktete Linie die Spur des Hinterrades ist. Um auch noch die Fahrtrichtung zu ermitteln, legen wir an die gepunktete Kurve in einigen Punkten Tangenten.

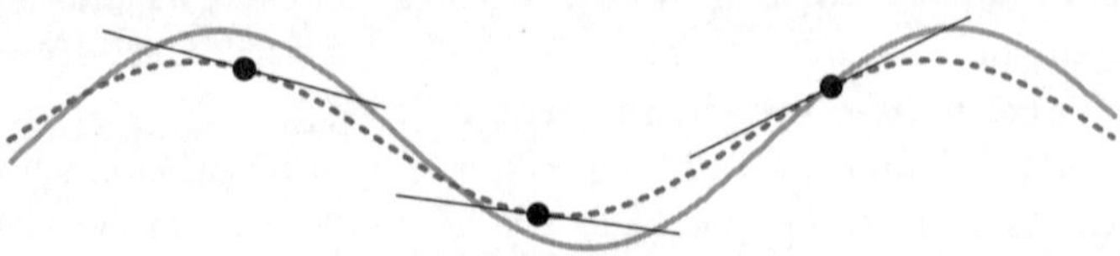

Abbildung 69: Drei Tangenten an die gepunktete Kurve

Diese Abbildung lässt sich für unsere Zwecke ausdeuten: Wäre das Fahrrad nach links unterwegs gewesen, dann hätte sich das Vorderrad (die durchgezogene Kurve) links vom Hinterrad (der gepunkteten Kurve) befunden. Wenn wir also einer Tangenten an die gepunktete Kurve nach links folgen, sollten wir nach einer Rahmenlänge auf die durchgezogene Kurve treffen, und zwar ganz egal, in welchem Kurvenpunkt wir dies veranstalten. Dies ist aber leicht erkennbar nicht der Fall. Bei Annahme der umgekehrten Fahrtrichtung verhält es sich hingegen durchaus so, wie das Diagramm 69 demonstriert. Das Fahrrad fuhr demnach von links nach rechts. Daran besteht kein Zweifel mehr.

Ein hübsches Beispiel für den gezielten und entscheidenden Einsatz von Mathematik bei der Spurenlese. Ich wüsste nicht, wie man die Frage nach der Fahrtrichtung ohne Mathematik beantworten könnte.

There are five Million bicycles in Beijing. Hunderte von Millionen Menschen fahren täglich Fahrrad. Doch wohl nur ein kleiner Bruchteil ist sich der faszinierenden Mathematik bewusst, die dabei hinter den Kulissen schlummert oder besser: aktiv ist. Eine subtile Beschreibung des Fahrradfahrens kann Überlegungen zu Mehrkörperproblemen, Kontrolltheorie und algebraischer Geometrie provozieren: alles angewandte Mathematik in Reinkultur.

109. *Einer der allerungeknacktesten Codes der Welt*

Trotz aller Fortschritte der Kryptologen und der Möglichkeiten modernen Computereinsatzes gibt es auch heute noch einige von Hand verschlüsselte Nachrichten, die bisher niemand dechiffrieren konnte, nicht einmal der Verschlüssler selbst. Diese ziehen, teils schon seit Jahren, viele Profi- und Amateur-Kryptologen in ihren Bann.

Im Jahr 1939 veröffentlichte der Brite Alexander D'Agapeyeff das einführende Buch *Codes and Ciphers* über die Kryptologie. Es ist ein Werk, das inzwischen vermutlich vergessen wäre, befände sich darin nicht eine außergewöhnliche Übungsaufgabe. Sie war dazu gedacht, von den Lesern mit überschaubarem Aufwand gelöst zu werden. Das hat aber bis heute niemand geschafft. Entschlüsselung, Enthüllung, Entschleierung ist immer eine Arena fürs Kräftemessen zwischen einem Ich und einem versteckten Etwas – mit offenem Ausgang. Und D'Agapeyeff musste eingestehen, vergessen zu haben, welchen Text er wie verschlüsselt hatte. Zahlreiche berühmte Codeknacker haben sich inzwischen schon daran versucht. Bisher ohne Erfolg. Interesse? Wann haben Sie zum letzten Mal etwas zum ersten Mal getan? Hier ist Ihre Chance! Sollten Sie es schaffen, so werden Sie in der Krypto- und Codeknacker-Szene ganz sicher über Nacht eine Berühmtheit werden: Die D'Agapeyeff-Chiffre gehört zu den Top Ten der ungelösten Chiffren der Welt. Hier ist die vollständige Zahlenfolge:

75 628	28 591	62 916	48 164	91 748	58 464	74 748	28 483	81 638	18 174
74 826	26 475	83 828	49 175	74 658	37 575	75 936	36 565	81 638	17 585
75 756	46 282	92 857	46 382	75 748	38 165	81 848	56 485	64 858	56 382
72 628	36 281	81 728	16 463	75 828	16 483	63 828	58 163	63 630	47 481
91 918	46 385	84 656	48 565	62 946	26 285	91 859	17 491	72 756	46 575
71 658	36 264	74 818	28 462	82 649	18 193	65 626	48 484	91 838	57 491
81 657	27 483	83 858	28 364	62 726	26 562	83 759	27 263	82 827	27 283
82 858	47 582	81 837	28 462	82 837	58 164	75 748	58 162	92 000	

Die letzten 3 Ziffern sind Nullen. Die übrigen 392 Ziffern kann man als 196 Ziffernpaare deuten. Und 196 = 14 · 14, was auf die Beteiligung einer Matrix bei der Verschlüsselung hindeutet. Die 196 Ziffernpaare besitzen eine Regelmäßigkeit. Die erste Ziffer jedes Paares ist eine 6, 7, 8, 9 oder 0. Die zweite Ziffer ist immer eine 1, 2, 3, 4 oder 5. Diese Systematik erlaubt 25 verschiedene Kombinationen, was auf eine Darstellung von Buchstaben durch Ziffernpaare hindeutet. Die 9 häufigsten Ziffernpaare bilden 74 % des gesamten Codes. Das wäre ein Anfang.

Vielleicht steckt in der Ziffernkolonne aber auch irgendwo ein verborgener Fehler, dann wären alle Bemühungen hinfällig. Beides ist möglich bei diesem Datenschwall: Botschaft oder Zahlenschrott.

Once in a lifetime

Jeder kann einmal im Leben diesen einzigen großen Moment haben, wo er Schwung genug kriegt, um am Hochtrapez die perfekte Welle zu schaffen.

Frei nach Raymond Chandler (1888–1959)

110. *Wie man seinen Kindern Zero-Knowledge-Protokolle erklärt**

Kryptologie ist die Wissenschaft von der Verschlüsselung und Entschlüsselung von Informationen. Die so genannten Zero-Knowledge-Protokolle befassen sich mit der folgenden anspruchsvollen Problemstellung: Wie kann man jemanden davon überzeugen, im Besitz

* In Anlehnung an Hesse (2003).

einer gewissen vertraulichen Information zu sein, ohne dem anderen diese Information mitteilen zu müssen? Das Problem stellt sich etwa bei Authentifizierungen, wenn es darum geht, einen Identitätsbeweis anzutreten, indem man die Kenntnis eines geheimen Passwortes demonstriert, ohne dem Gegenüber aber dieses Passwort nennen zu wollen. Damit wird verhindert, dass dieser in Zukunft mit der eigenen Identität auftreten kann.

Zero-Knowledge-Protokolle, die das Gewünschte leisten, haben oft eine Zufallskomponente. Zwecks Verdeutlichung greifen wir zur pädagogisch wertvollen Metapher eines Höhlenszenarios, didaktogen, kindgerecht und abendschön. Angenommen, Kain will Abel davon überzeugen, dass er den geheimen Zauberspruch kennt, mit dessen Hilfe sich in der abgebildeten Höhle die Tür bei 3 öffnen lässt (z. B. «Sesam, öffne dich!»).

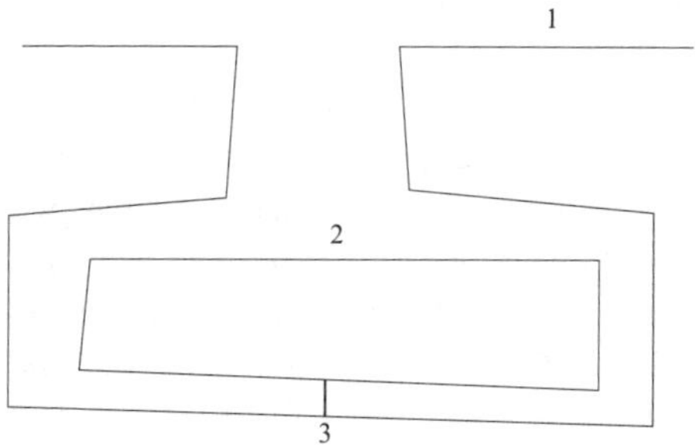

Abbildung 70: Zero-Knowledge für Kinder

Um zu verhindern, dass Abel dabei Kenntnis von der magischen Formel erhält, kann Kain mit Abel die folgende Vorgehensweise ausmachen. Während Abel bei 1 wartet, begibt sich Kain zur verschlossenen Tür bei 3. Er wählt dazu, ohne dass Abel dies beobachten könnte, zufällig den rechten oder linken Zugangsweg. Dann geht Abel nach 2 und ruft in die Höhle hinein, auf welchem der beiden Wege Kain zurückkehren soll, etwa: «Komm links heraus!»

Kehrt Kain tatsächlich auf dem vorgegebenen Weg zurück, so ist Abel natürlich nicht von dessen magischen Fähigkeiten überzeugt, denn er hätte ja auf diesem Weg auch bis zur Tür gelangt sein können. Gelingt es Kain aber in 30 unabhängigen Wiederholungen dieses Schemas, immer auf dem von Abel zufällig (etwa durch Münzwurf) ausgewählten Weg zurückzukehren, dann zeigt sich Abel überzeugt, dass Kain tatsächlich die zur Öffnung der Tür benötigte Formel kennt. Denn die Wahrscheinlichkeit, dass Kain es ohne Kenntnis der Formel allein durch ständige glückliche Wahl des Zugangsweges schafft, ist $2^{-30} \approx 10^{-9}$, eine Wahrscheinlichkeit noch um den Faktor 1/100 kleiner als die Wahrscheinlichkeit eines 6ers im Lotto *6 aus 49* für eine Tippreihe. Prinzipiell kann Abel natürlich so viele Wiederholungen verlangen, bis er sich überzeugt hat, bis hin zu beliebiger Vergewisserung. Und Kain würde bereits durch einen einzigen Fehler auffliegen.

111. *Experimentalmathematik (II): Too old to die young versus Too young to be old*

Mathematik macht manchmal das Unmögliche möglich, wie in der vorhergehenden Miniatur gesehen. Zero-Knowledge-Verfahren transportieren inhaltsloses Wissen. Hier nun zeigen wir als weiteres Beispiel ein einfaches Zero-Knowledge-Verfahren für die folgende Fragestellung: Können zwei Personen ohne Hilfe eines Dritten ermitteln, wer von beiden der Ältere ist, ohne sich aber dabei gegenseitig ihr Alter zu offenbaren? Auch das scheint eine unmöglich realisierbare Herausforderung zu sein. Doch es geht.

Es sei angenommen, dass die beiden Personen, Tom und Jerry, unterschiedlich alt sind. Hier ist eine mögliche Vorgehensweise: Tom verlässt den Raum und Jerry legt 100 fortlaufend von 1 bis 100 durchnummerierte kleine Zettel auf den Tisch, die verdeckt mit einem Kreuz auf der Unterseite markiert sind, wenn die Zahl auf der Oberseite geringer als Jerrys Alter ist.

«My first 100 years»

Titel des Buches, das der US-amerikanische Komiker George Burns (20.1. 1896–9.3.1996) wenige Tage vor seinem Tod veröffentlichte

Dann kommt Tom wieder herein und dreht, während Jerry sich abwendet, nur den Zettel mit seinem Lebensalter kurz um und kann aus der entweder vorhandenen oder nicht vorhandenen Markierung schließen, ob er älter oder jünger ist als Jerry. Tom teilt Jerry dies mit. Damit wissen beide, wer älter und wer jünger ist, und keiner weiß, wie alt oder wie jung der andere ist. Eine veritable Zero-Knowledge-Prozedur, zwar nicht unumständlich, aber wirksam.

112. *Nummerologie fürs Klingling-Ding*

Mathematisch gesprochen sind Telefonnummern Zeichenketten bestimmter Länge, deren Zeichen aus einer bestimmten Menge kommen, nämlich aus der Menge der Ziffern {0,1, ..., 9}. In Deutschland, sieht man von der Vorwahl ab, sind Telefonnummern 4- bis 8-stellig. Telefonnummern kann man auch als Codes auffassen, also als eindeutige Zuordnungen von Objekten einer bestimmten Art zu Objekten einer anderen Art: Dem Telefonanschluss eines Fernsprechteilnehmers wird eine Ziffernkombination zugeordnet, die den Anschluss eindeutig identifiziert.

Das Telefonnummernsystem in der Bundesrepublik ist ein Beispiel für einen Präfixcode. Damit wird ausgedrückt, dass keine Zahlenkombination Anfangsteil (Präfix) einer anderen Zahlenkombination ist. Wird in einer Stadt der Anschluss mit der Nummer 8 765 432 verwendet, so gibt es in dieser Stadt keinen Menschen, der die Telefonnummer 87 654 321 besitzt. Denn beim Wählen der längeren Nummer würde nie die gewünschte Verbindung zustande kommen, weil es immer bei der kürzeren Nummer klingeln würde.

Präfixcodes sind anschaulich durch Baumdiagramme darstellbar. Dabei ist jeder Telefonanschluss durch ein Blatt im Baum repräsentiert, und dessen Telefonnummer ist durch den Weg von der Wurzel bis zu diesem Blatt codiert.

Mit jeder Ziffer, die man wählt, wird man im Telefonnetz um einen Ast weitergeleitet. Vielleicht ist es Ihnen auch schon einmal passiert, dass das «Falsche-Nummer»-Signal ertönte, noch bevor Sie Ihre Nummer zu Ende gewählt hatten. Dass dies passieren kann, liegt

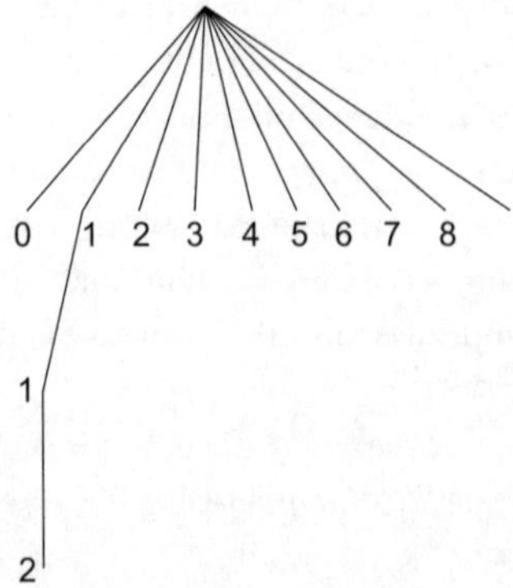

Abbildung 71: Telefonanschluss 112, die Nummer der Feuerwehr

daran, dass der entsprechende Ast im Baumdiagramm nicht existiert, was auch eine Folge der Präfixeigenschaft ist.

Hermeneutik epochaler Literaturen

Einige Studenten bekommen vom Professor ein Telefonbuch in die Hand gedrückt.

Reaktionen!

Der Mathematikstudent: Ich kann keine Formel finden, mit der ich die Zahlen in eine Beziehung setzen kann. Sie scheinen nur definierte Festlegungen von Konstanten zu sein, und ohne Erklärung sind diese Definitionen wertlos!

Der Physikstudent: Ich kann aus diesen Messergebnissen nicht auf den Versuch schließen, und damit sind die Ergebnisse wertlos!

Der Literaturstudent: Dieses Theaterstück ist unglaublich langweilig. Viele Darsteller, aber nicht die Spur einer Handlung.

Der BWL-Student: Für wie viel soll ich das Objekt verkaufen?

Der Jurastudent: Gibt's dazu auch 'nen Kommentar?

Der Medizinstudent: Bis wann?

Wichtige Merkmale eines Codes sind die Längen seiner Codewörter, die Anzahl der Wörter, die er codieren kann, und die Minimaldistanz zwischen den Codewörtern. Definiert ist die Distanz zweier Codewörter ganz einfach als die Anzahl der Positionen, in denen sie sich unterscheiden. Die Distanz zwischen den beiden Telefonnummern 96 763 und 94 732 ist 3. Die Minimaldistanz ist der kleinste auftretende Abstand zwischen je zwei verschiedenen Codewörtern (d. h. Telefonnummern).

Ein guter Code hat eine kleine Länge, eine große Minimaldistanz, und die Zahl M der codierbaren Zeichenketten sollte möglichst groß sein. Angewendet auf Telefonnummern heißt das: Sie sollten so kurz wie möglich sein, andererseits müssen sie hinreichend lang sein, um allen Telefonanschlüssen T in einer Stadt eine eigene Nummer zuordnen zu können: $M \geq T$ ist eine Mindestanforderung. Was die Minimaldistanz zweier Telefonnummern betrifft, so sollte sie deshalb möglichst groß sein, um bei auftretenden Fehlern beim Wählen möglichst nicht zu einer falschen Verbindung mit einem anderen Anschluss zu führen, sondern vorzugsweise zum Ertönen des «Falsche Nummer»-Signals. Verhoeff hat eine Studie über Art und Häufigkeit der Fehler beim Eintippen von Telefonnummern veröffentlicht: Wenn Fehler beim Wählen auftreten, so treten verschiedene Fehlertypen mit unterschiedlichen Wahrscheinlichkeiten auf:

Art des Fehlers	Häufigkeit in %
Einzelfehler x → y	79,0
Zahlendreher xy → yx	10,2
Sprung-Transposition xzy → yzx	0,8
Zwillingsvertauschung xx → yy	0,6
Phonetische Fehler x0 → 1x (z. B. 50 → 15)	0,5
Sprung-Zwillingsfehler xzx → yzy	0,3
Sonstige Fehler	8,6

Aufgrund dieser Aufstellung, nach der Einzelfehler und Zahlendreher zusammen rund 90 % aller Fehler bilden, die gemacht werden, ist es wünschenswert, wenn die Minimaldistanz im Telefonnummernsystem mindestens 3 ist. Dies schränkt die Anzahl M der verfügbaren Nummern natürlich stark ein. Wir wollen einmal das maximal mögliche M betrachten, wenn eine Minimaldistanz von r = 2s + 1 in der Menge der n-stelligenTelefonnummern verlangt wird. Exakte Ermittlungen stellen ein sehr schwieriges Problem dar. Doch man kann Abschätzungen für M angeben, etwa die sogenannte Kugelpackungsschranke, die Folgendes besagt: Für n-stellige Telefonnummern gilt bei Minimalabstand r = 2s +1 die Ungleichung

$$M \leq \frac{10^n}{\binom{n}{0} + 9\binom{n}{1} + \ldots + 9^s\binom{n}{s}}.$$

Das kann man sich so verdeutlichen: Wir zählen für eine beliebige Telefonnummer t der Länge n die Anzahl der Telefonnummern mit Abstand i von t. Das sind genau

$$9^i\binom{n}{i}$$

Nummern, da ich genau i der n Stellen auswählen muss, um meine Telefonnummer t zu ändern, und für die Änderung stehen in jeder der i Positionen 9 Ziffern zur Verfügung. Die so genannte «Kugel» um t mit Radius s (auch «s-Umgebung von t» genannt) ergibt sich dann, wenn man obige Ausdrücke für i = 0 bis i = s summiert. Ist nun der kleinste Abstand zwischen je zwei tatsächlich verwendeten Telefonnummern r = 2s + 1, dann sind die s-Umgebungen um alle diese Telefonnummern disjunkt. Des Weiteren kann es offensichtlich bei Ziffernfolgen mit n Stellen nicht mehr als 10^n Zahlenkombinationen geben. Die Anzahl M der möglichen zu vergebenden Telefonnummern erfüllt also die Beziehung

$$M \cdot \left[\binom{n}{0} + 9\binom{n}{1} + \ldots + 9^s\binom{n}{s}\right] \leq 10^n.$$

Ihr entnimmt man sofort die obige Kugelpackungsschranke.

Wir rechnen ein konkretes Beispiel als Anwendung.

Die Stadt München hat 1,4 Millionen Telefonanschlüsse und 8-stellige Telefonnummern. Ist es möglich, die Vergabe von Telefonnummern so zu gestalten, dass der Minimalabstand 3 beträgt?

Wir bringen die Kugelpackungsschranke zum Einsatz, um die unter diesen Bedingungen mögliche Anzahl M von Telefonnummern nach oben abzuschätzen. Mit n = 8 und s = 1 in der Formel erhalten wir

$$M \leq \frac{10^8}{1 + 9\binom{8}{1}} = 1{,}37 \; Millionen.$$

Damit ist das Gewünschte nicht möglich.

113. *Mathematik für Zebras*

Die Europäische Artikelnummer EAN ist eine 13-stellige Ziffernfolge, die sich auf handelsüblichen Artikeln befindet und Informationen über die damit markierte Ware enthält. Die Ziffernfolge wird immer von einem Strichcode begleitet.

1 780015 053466

Abbildung 72: EAN-Zebrastreifen und Ziffernfolge

Die ersten 12 Ziffern bilden die eigentliche Artikelnummer. Die letzte Ziffer (in der Abbildung 72 ist es die 6) ist eine Prüfziffer. Die Prüfung erfolgt so: Von links nach rechts werden die Ziffern abwechselnd mit den Faktoren 1 und 3 multipliziert und anschließend die 13 Produkte addiert. Die EAN-Nummer

$$a_1 a_2 \ldots a_{13}$$

ergibt die Prüfsumme

$$1 \cdot a_1 + 3 \cdot a_2 + ... + 3 \cdot a_{12} + 1 \cdot a_{13}.$$

Ein auf diese Weise geprüfter EAN-Code wird nur dann als richtig akzeptiert, wenn die Prüfsumme ein Vielfaches von 10 ist. Die Prüfziffer ist übrigens so festgelegt, dass zunächst die Prüfsumme für die Ziffern $a_1a_2...a_{12}$ bestimmt wird. Die Prüfziffer a_{13} aus der Menge der Ziffern {0, 1, 2, ..., 9} ergibt sich dann durch Ergänzung der Prüfsumme zum nächsten Vielfachen von 10.

Welche Funktion hat die Prüfziffer? Mit ihrer Hilfe können falsche Artikelnummern festgestellt werden. Jeder Einzelfehler, etwa ein Fehler in der i-ten Stelle,

$$a_1a_2...a_i...a_{13} \rightarrow a_1a_2...\bar{a}_i...a_{13},$$

wird vom Scanner, der auf Teilbarkeit der Prüfsumme durch 10 prüft, erkannt. Denn wenn die Prüfziffer P_i von $a_1a_2...a_i...a_{13}$ ein Vielfaches von 10 ist, also für eine natürliche Zahl k von der Bauart

$$P_i = 1 \cdot a_1 + 3 \cdot a_2 + ... + 1 \cdot a_{13} = 10k,$$

dann kann die Prüfziffer $\bar{P}_i$ der fehlerbehafteten Folge $a_1a_2...\bar{a}_i...a_{13}$ *kein* Vielfaches von 10 sein, da die Differenz $P_i - \bar{P}_i$ nur entweder den Wert $a_i - \bar{a}_i$ oder $3(a_i - \bar{a}_i)$ haben kann, je nachdem, ob i eine ungerade oder eine gerade Zahl ist. Und für $a_i \neq \bar{a}_i$ ist keiner dieser beiden Ausdrücke ein Vielfaches von 10.

Wie sieht es nun mit den Zahlendrehern als bekanntermaßen nächsthäufigster Fehlerart in Ziffernfolgen aus? Diese Fehler betreffen zwei aufeinanderfolgende Stellen: ... ab ... → ... ba ... . Die Differenz der zugehörigen Prüfsummen P_{ab} und P_{ba} ist entweder gleich $3a + b - (3b + a) = 2(a - b)$ oder gleich $a + 3b - (b + 3a) = 2(b - a)$. Und nur dann, wenn $|a - b| = 5$ ist, handelt es sich dabei entweder um +10 oder um −10. Man kann also umgehend schlussfolgern, dass der EAN-Code auch diese sogenannten Transpositionsfehler zu erkennen vermag, außer wenn die beteiligten Ziffern sich um genau 5 unterscheiden, wie etwa im Fall a = 1 und b = 6.

114. *Der Weltmeister der Zahlen*

Eine größte Zahl gibt es natürlich nicht, doch man könnte sich die Frage stellen, was die größte Zahl ist, die je in einem sinnvollen mathematischen Beweis verwendet wurde. Schaut man im *Guinnessbuch der Rekorde* von 1980 nach, so wird diese Frage beantwortet durch ein Zahlenungeheuer namens *Grahams Zahl*, benannt nach dem amerikanischen Mathematiker Ronald L. Graham. Dieser befasste sich in den 1970er Jahren mit einem speziellen Gebiet der Ramsey-Theorie, deren typische Problemstellungen lauten: «Was ist die kleinste Menge, die zwingend eine Teilmenge mit bestimmten vorgegebenen Eigenschaften enthalten muss?» Ein ganz elementares Beispiel wäre: Wie groß ist die kleinste Gruppe von Personen, in der mindestens eines der beiden Geschlechter mindestens doppelt vertreten ist? Die Antwort lautet natürlich 3, denn in jeder Gruppe von 3 Personen befinden sich mindestens zwei Männer oder mindestens zwei Frauen. Das war harmlos. Aber wie ist es mit dieser vertrackten Problemstellung?

«Man betrachte jedes mögliche Komitee (d. h. jede mögliche Teilmenge), das man aus einer Menge von n Personen bilden kann, und weise rein zufällig je zwei Komitees einer von zwei Gruppen zu, etwa durch Münzwurf. Was ist die kleinste Zahl n, die garantiert, dass es 4 Komitees gibt, für welche die aus diesen gebildeten Paare alle in derselben Gruppe liegen und alle Komiteemitglieder zu einer geraden Anzahl von Komitees gehören.»

Das ist, in einfacher, anschaulicher Sprache ausgedrückt, die abstrakte Frage, mit der sich Ronald Graham 1970 und drum herum befasst hat. Man muss wohl Ramsey-Theoretiker sein, um diese Frage interessant zu finden. Ich finde sie nicht interessant, und das ist noch aufgerundet.

Graham konnte das Problem nicht exakt lösen, und bis heute kennt niemand auf der Welt die genaue Antwort auf diese Frage. Aber Graham konnte immerhin eine obere Grenze für das kleinste derartige n angeben. Diese obere Grenze ist als Grahams Zahl in die

Geschichte eingegangen. Meist wird sie mit G_{64} abgekürzt, und es ist eine Zahl so ungeheuer groß, dass die herkömmliche Schreibweise mit Potenzen oder mit Potenzen von Potenzen oder gar mit Potenzen von Potenzen von Potenzen nicht mehr ausreicht, um sie darzustellen. Man kann sie aber beschreiben, indem man durch mehrere Stadien geht. Dazu führen wir eine Pfeil-Schreibweise ein:

Sei $3\uparrow 3 = 3^3 = 27$
und $3\uparrow\uparrow 3 = 3\uparrow(3\uparrow 3) = 3\uparrow 27 = 3^{27} = 7\,625\,597\,484\,987$
und $3\uparrow\uparrow\uparrow 3 = 3\uparrow\uparrow(3\uparrow\uparrow 3)$
und $3\uparrow\uparrow\uparrow\uparrow 3 = 3\uparrow\uparrow\uparrow(3\uparrow\uparrow\uparrow 3)$.

Diese letzte Zahl dient uns als Grundbaustein für die Konstruktion von Grahams Zahl und wir nennen sie G_1. Schon $3\uparrow\uparrow\uparrow 3$ lässt sich herkömmlich nicht mehr handlich ausdrücken. Es wäre dafür ein Potenzturm (das sind Potenzen von Potenzen von aufeinandergestapelten Potenzen) mit 7 625 597 484 987 Exponenten erforderlich.

Nachdem aber nun G_1 mit der Pfeil-Schreibweise definiert ist, schreiben wir $G_k = 3\uparrow\uparrow \ldots \uparrow\uparrow 3$, wobei für alle $k = 2, 3, 4, \ldots$ in der Definition von G_k genau G_{k-1} Pfeile auftreten. In der Definition von G_2 tauchen also $G_1 = 3\uparrow\uparrow\uparrow\uparrow 3$ Pfeile auf. In der Definition von G_3 sind es G_2 Pfeile usw. Angesichts dieser Vorarbeiten wird deutlich, welch unvorstellbar gewaltige Zahl Grahams Zahl G_{64} ist. Selbst wenn alle Atome des Universums plötzlich zu Druckerschwärze-Atomen würden, so hätten wir dennoch bei Weitem nicht genug davon, um diese Fantastilliarde einer Zahl explizit aufzuschreiben.

Ronald Graham hat G_{64} als obere Schranke für das kleinste n mit der oben beschriebenen Komitee-Eigenschaft unter erheblichem intellektuellen Aufwand generiert. Sie entstand durch eine filigrane und äußerst subtile Denkanstrengung. Umso erstaunlicher ist es, dass die meisten Ramsey-Theoretiker vermuten, aber eben nicht beweisen können, dass die gesuchte unbekannte Zahl tatsächlich 6 ist. Damit wäre Grahams Zahl wohl die am weitesten über das Ziel hinausschießende obere Grenze, die je für eine unbekannte Zahl verwendet worden ist.

P. S. Der Mathematiker Geoffrey Exoo von der Indiana University (USA) verbesserte 2003 die *untere* Schranke für das kleinste n mit der erwähnten Komitee-Eigenschaft auf 11. Damit ist die Vermutung der Mehrheit der Ramsey-Theoretiker, dass n = 6 ausreichend ist, widerlegt.

P. P. S. Seit Grahams ramseytheoretischen Bemühungen wurden in einigen mathematischen Beweisen noch größere und noch schwerer darstellbare Zahlen verwendet als Grahams Zahl.

115. *Werbung, die wirkt*

Im Jahr 2004 wurden große Werbeplakate in Cambridge, Massachusetts (der Stadt, welche die weltberühmte Harvard University beherbergt), und im ebenso bekannten Silicon Valley auf dem Highway 101 aufgestellt, die einen mysteriösen Text enthalten:

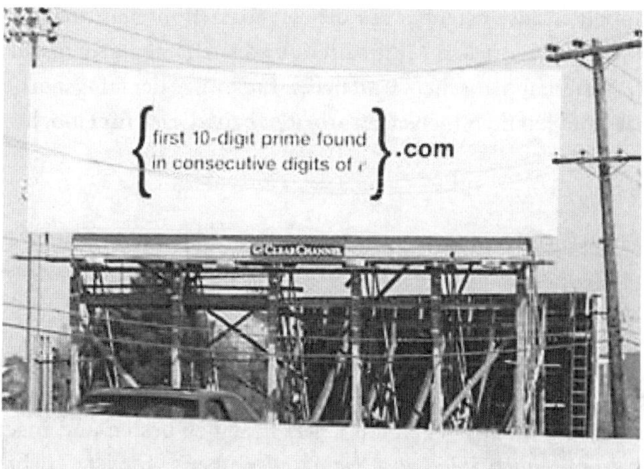

Abbildung 73: Google-Werbung: {first 10-digit prime found in consecutive digits of e}.com

Viele Menschen wissen, dass e = 2,718281... die Euler'sche Konstante ist, eine Zahl mit nicht abbrechender Dezimaldarstellung. Darin 10-stellige Primzahlen aufzuspüren, speziell deren erste, ist eine anspruchsvolle Aufgabe. Die Lösung ist die Zahl 7 427 466 391, die mit der 101ten Nachkommastelle von e beginnt.

War man so weit gekommen und begab sich auf die Webseite http://7 427 466 391.com, wurde man mit einer noch komplizierteren Aufgabe konfrontiert. Deren Lösung führte auf eine Internetseite der Forschungsabteilung der Internetsuchmaschinenfirma Google, verbunden mit der freundlichen Einladung, eine Stellenbewerbung einzureichen.

Für die Suche nach einem fähigen Programmierer für ihr Unternehmen entwarf Google im selben Jahr sogar einen Test, der unter anderem nach der Lösung der Gleichung

$$\mathrm{WWWDOT} - \mathrm{GOOGLE} = \mathrm{DOTCOM}$$

fragte. Unterschiedliche Buchstaben stellen darin unterschiedliche Ziffern dar.

Google ist also offenbar auf der Suche nach intelligenten Zeitgenossen als potentiellen Mitarbeitern und sucht sie unter mathematisch versierten Menschen. Und in der Tat: Einige der fähigsten quantitativ-kompetenten Menschen arbeiten heutzutage für Google.

Der Carl Friedrich Gauß der Betriebswirtschaftslehre ist unbekannt.

P. S. Mathematiker können nie wirklich blöde sein. Wer als Grundzug seiner intellektuellen Lebenssituation stets an seine Grenzen und darüber hinaus gehen muss, wer in seinen besten und frischesten Jahren täglich Siege und Niederlagen über sich selbst erlebt, bei denen die Emotionsamplitude wild aus- und oft umschlägt, der hat etwas gelernt über sich, das Denken und die Welt. Und dieses Gelernthaben macht ihn nachdenklich und bescheiden. Er weiß, dass er manches nicht wissen kann und manches nicht wissen will. Und dass das o. k. ist. Dieses Nicht-wissen-wollen-Können macht ihn frei.

Euklid hat uns seinerzeit nur mitgeteilt, dass es unendlich viele Primzahlen gibt. Man mag sich darüber hinausgehend erkundigen wollen, wie diese unendlich vielen Primzahlen in der Landschaft aller natürlichen Zahlen denn verteilt sind. Allein bei wem? Damit begeben wir uns abermals auf die Bühne der wahrhaft wichtigen ungelösten Mathematikprobleme. Es ist die Frage nach der Gestalt der so genannten Primzahlzählfunktion:

Prim(x) = Anzahl der Primzahlen in der Menge {2, 3, 4, ..., x}

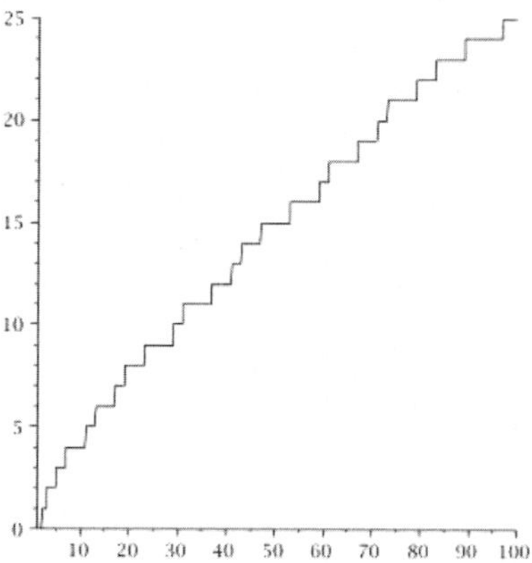

Abbildung 74: Graph der Primzahlzählfunktion

Schon in der Antike war ein Rezept bekannt, das es erlaubte, die Primheit einer Zahl zu untersuchen: das Sieb des Eratosthenes. Mit diesem Siebverfahren lässt sich auch die Funktion Prim(x) berechnen. Das Siebverfahren des Eratosthenes besteht aus drei denkbar einfachen Schritten:

1. Setze p = 2.
2. Streiche alle Vielfachen von p hinter p.

3. Setze p gleich der ersten nicht gestrichenen Zahl hinter p und gehe zu Schritt 2.

Welche Wirkung haben diese Streichvorgänge? Man beseitigt im ersten Streichvorgang alle Zahlen der Form 2n, also alle geraden Zahlen außer 2, im zweiten Streichvorgang alle Vielfachen von 3 außer 3, dann alle Vielfachen von 5 außer 5 usw. Nach dem i-ten Streichvorgang sind die ungestrichenen Einträge der bearbeiteten Zahlenliste 2, 3, 4, ..., x bis einschließlich zur i-ten Position durch Primzahlen gegeben. Ist man bei dem letzten Element x der Liste angelangt, so endet das Verfahren. Die Anzahl der verbleibenden, nicht gestrichenen Zahlen ist dann der Funktionswert Prim(x).

Wählt man eine der Zahlen aus {2, 3, 4, ..., x} rein zufällig aus, so ist sie also mit der Wahrscheinlichkeit Prim(x)/x eine Primzahl. Denkt man an das Sieb des Erathostenes, kann man diesen Quotienten wie folgt berechnen: Man betrachte die Zahlen 2, 3, 4, ..., x. Die Hälfte dieser Zahlen ist durch 2 teilbar, ein Drittel ist durch 3 teilbar, allgemein ist der Anteil der durch n teilbaren Zahlen gleich 1/n. Jedenfalls annähernd. Also ist der Anteil der Zahlen, die nicht durch 2 und nicht durch 3 teilbar sind, gerade

$$1-\frac{1}{2}-\frac{1}{3}+\frac{1}{6}=\frac{1}{3}. \qquad (5)$$

Der Term +1/6 musste hinzugefügt werden, um eine doppelte Subtraktion der durch 6 teilbaren Zahlen zu vermeiden. Der Ausdruck in (5) ist gleich

$$\left(1-\frac{1}{2}\right)\left(1-\frac{1}{3}\right).$$

Auf ähnliche Weise erhält man den Anteil der Zahlen, die weder durch 2 noch durch 3, noch durch 5 teilbar sind, als

$$1-\frac{1}{2}-\frac{1}{3}-\frac{1}{5}+\frac{1}{6}+\frac{1}{10}+\frac{1}{15}-\frac{1}{30}=\frac{4}{15}.$$

Die Summanden 1/6, 1/10, 1/15 dienen dem Zweck, eine doppelte Subtraktion der durch $2 \cdot 3$ und der durch $2 \cdot 5$ und der durch $3 \cdot 5$ teilbaren Zahlen zu vermeiden. Doch wird dieser Ausgleich vorgenommen, so sind alle durch $2 \cdot 3 \cdot 5 = 30$ teilbare Zahlen nicht mehr im Saldo enthalten. Auf dieser Überlegung beruht der letzte Term $-1/30$.

Der obige Ausdruck lässt sich auch als

$$\left(1-\frac{1}{2}\right)\left(1-\frac{1}{3}\right)\left(1-\frac{1}{5}\right)$$

schreiben. Es ist nun nicht schwer, diese Überlegungen zu verallgemeinern: Für eine jede Primzahl p gibt das Produkt

$$\left(1-\frac{1}{2}\right)\left(1-\frac{1}{3}\right)\left(1-\frac{1}{5}\right)\ldots\left(1-\frac{1}{p}\right)$$

für große x annähernd die Wahrscheinlichkeit an, dass eine rein zufällig ausgewählte Zahl aus der Menge der natürlichen Zahlen bis einschließlich x teilerfremd zu allen Primzahlen bis einschließlich p ist. Im engen Zusammenhang mit dieser Wahrscheinlichkeit steht die so genannte Riemann'sche Zetafunktion. Sie ist definiert als

$$Zeta(s) = \left[\left(1-\frac{1}{2^s}\right)\left(1-\frac{1}{3^s}\right)\left(1-\frac{1}{5^s}\right)\ldots\right]^{-1}.$$

Der Mathematiker Bernhard Riemann (1826–1866) hatte 1859 in seiner neunseitigen Arbeit *Über die Anzahl der Primzahlen unter einer gegebenen Größe* diese Funktion untersucht und auch eine Vermutung darüber geäußert, die in enger Beziehung zur Verteilung der Primzahlen steht. Wohlgemerkt, eine Vermutung geäußert, nicht bewiesen. Sie ist heute als Riemann'sche Vermutung bekannt.

Mount Riemann. Was ist das wichtigste ungelöste Mathematikproblem der Gegenwart? Einige Mathematiker würden auf diese Frage vielleicht antworten, es sei das Problem, an dem sie gerade arbeiten. Doch von höherer Warte betrachtet, muss man wohl sagen, dass es die Riemann'sche Vermutung ist. Sie macht eine Aussage über die Lage der Nullstellen der Zetafunktion. Riemann vermutete, dass, von unwichtigen Ausnahmen abgesehen, alle Nullstellen der Zetafunktion sich in einem gewissen Bereich befinden. Die Klärung dieser Frage ist aktuell (November 2009) immer noch offen und ein großes mathematisches Schlachtfeld der Gegenwart.

Wenn Sie der Teufel sein könnten und einem Mathematiker anböten, seine Seele zu verkaufen für den Beweis eines einzigen Theorems – welches Theorem würden die meisten Mathematiker wählen? Ich glaube, es wäre die Riemann'sche Vermutung.

Hugh Montgomery (* 1944),
US-amerikanischer Mathematiker

Die überragende Bedeutung der Riemann'schen Vermutung liegt darin, dass aufgrund ihrer engen Beziehung zu vielen anderen Bereichen der Mathematik mit ihr buchstäblich Hunderte von anderen Problemen gleichzeitig mitgelöst werden würden. Zahlreiche publizierte Beweise in Gebieten von Algebra über Quantenphysik bis Zahlentheorie beginnen mit dem Satz: «Wenn die Riemann'sche Vermutung wahr ist, dann gilt ...» Wegen dieser inhaltlichen Vielkulturalität handelt es sich bei der Riemann'schen Vermutung nicht um eine überschaubare analytische Kleinsituation, noch weniger um ein mathematisches Erlebnissegment aus dem Billigbereich. Leicht zu haben ist sie jedenfalls nicht.

Bisschen Brecht

«Ich habe bemerkt», sagte Herr K., «dass wir viele abschrecken von unserer Lehre dadurch, dass wir auf alles eine Antwort wissen. Könnten wir nicht im Interesse der Propaganda eine Liste der Fragen aufstellen, die uns gänzlich ungelöst erscheinen?»

Bertolt Brecht: *Geschichten vom Herrn K.*

Preiswerte Mathematik. Ein gültiger Beweis der Riemann'schen Vermutung wäre zudem für den erfolgreichen Beweispfadfinder äußerst lukrativ. Der Bostoner Geschäftsmann und Multimillionär Landon T. Clay hat am 24. 6. 2002 insgesamt 7 Preise für die Lösung wichtiger noch ungelöster Probleme ausgelobt, welche jeweils mit 1 Million US-Dollar dotiert sind. Einer dieser Preise winkt demjenigen unter den Theoremtätigen, der die Riemann'sche Vermutung entweder zur Riemann'schen Gewissheit werden lässt oder sie zweifelsfrei widerlegt. Nie war sie so wertvoll wie heute.

Torheiten sonder Grenzen

Während die Clay-Preise zu den attraktivsten Preisen gehören, die die Welt zu vergeben hat, so ist der Darwin-Preis gerade das Gegenteil. Es ist ein eigenwilliger, mit viel schwarzem Humor behafteter Nonsense-Preis, der im Gedenken an Charles Darwin jenen Personen zugesprochen wird, die den menschlichen Genpool dadurch verbessern, dass sie sich durch unfreiwilliges Hinscheiden auf besonders dumm-groteske Weise selbst daraus entfernen. Beispielgebend ist der Preisträger des Jahres 1997. Es war ein Zivilangestellter der US-Luftwaffe, dem es trotz aller Sicherheitsvorkehrungen gelang, eine Starthilfe-Rakete der Air Force zu entwenden. Diese Raketen dienen dem Zweck, großen Fliegern auf kürzeren Startbahnen zusätzlichen Schub zu liefern. Der Angestellte wollte offenbar privat und im Selbstversuch einmal ihre Beschleunigung testen. Er befestigte sie an seinem Auto und zündete sie auf einem langen, geraden Straßenstück. Die eintretende Geschwindigkeitszunahme war so gewaltig, dass das Vehikel nach kurzer Zeit und 6 zurückgelegten Kilometern etwa 450 km/h erreicht hatte, als es torpedoähnlich einen metertiefen Krater in eine Felswand schlug. Feststoffraketen sind nicht abschaltbar, sie brennen so lange weiter, bis der Treibstoff zur Neige geht, und die letzten beiden Kilometer legte das «Fahrzeug» im Flug zurück.

Gesamtnote? Jedwede Skala sprengend!

Probleme sind Diskrepanzen zwischen Ist- und Sollzuständen. Ein Problemlöser, das liegt in der Natur dieser Sache, kann deshalb nie nur Kurator des schon Gewussten sein. Eher schon ist er bei seinen Vorstößen ins Unerprobte ein Immergegenwindspürer in Kraftfeldern. Seine Überbrückungsdenkleistungen müssen sich letztlich durch ein Ergebnis ausweisen. Das Kraftfeld, das die Riemann'sche Vermutung um sich gelegt hat, ist mächtig. Viele Mathematiker haben daran ihre Stifte zerbrochen und mussten aufgeben. Entsprechend groß ist auch ihr ideeller Wert als Trophäe.

Postskript: Als David Hilbert (1862–1943), einer der einflussreichsten Mathematiker des frühen 20. Jahrhunderts, einst gefragt wurde, wonach er sich als Erstes erkundigen würde, sofern er 100 Jahre nach seinem Tod noch einmal mit irdischen Mathematikern sprechen könnte, antwortete er: «Ich würde mich erkundigen, ob die Riemann-sche Vermutung bewiesen ist.» Etwas mehr als 30 Jahre Zeit bleiben den irdischen Mathematikern also noch, um bis 2043 mit einer positiven Antwort aufzuwarten. Noch dazu mehren sich die Anzeichen dafür, dass bald jemand das Problem bewältigen wird. «Ich habe das Gefühl, das Problem wird in den nächsten Jahren geknackt», meint auch Michael Berry von der Universität Bristol. Wäre die Zeit des Ringens um die Riemann'sche Vermutung tatsächlich bald vorbei, ginge sie unmittelbar über in eine unbestimmt lange Nachspielzeit der Bemühung um all jene Dinge, die man mit der bewiesenen Vermutung bewirken kann. Und das sind nicht wenige. Kein anderes Möchtegern-Theorem hat die Möglichkeitsform so ausgereizt wie die Riemann'sche Vermutung.

Die Tücke der Anfangslücke im Theoremmangelgebiet

Manchmal denke ich, dass wir im Wesentlichen einen vollständigen Beweis der Riemann'schen Vermutung haben, bis auf eine einzige Lücke. Das Problem ist nur, dass die Lücke direkt am Anfang liegt und somit schwer zu füllen ist, weil man nicht sehen kann, was auf der anderen Seite der Lücke ist.

Schon wieder Hugh Montgomery

117. *That makes me nobody so fast after:* Computerübersetzungen

Unter Übersetzung versteht man die Übertragung eines Textes von einer Ausgangssprache in eine Zielsprache. Aufgrund der zahlreichen Mehrfachbedeutungen vieler Worte ist dies ein außerordentlich anspruchsvolles Problem für Menschen und erst recht für Computer. Auch kann die sinnvolle Übersetzung eines Wortes manchmal von Worten in der näheren oder weiteren Umgebung abhängen. Ein extremes Beispiel ist die Übersetzung der 7 Bände von Marcel Prousts *A la Recherche du Temps Perdu*. Manche Übersetzer dieses Werkes haben sich bemüht, das erste Wort des ersten Bandes (Longtemps) genauso zu übersetzen wie das letzte Wort des letzten Bandes, da im französischen Original das erste Wort gleich dem letzten Wort ist.

Der herkömmliche Übersetzungsansatz in der Computerlinguistik besteht darin, einem Computer mit großem Aufwand Informationen über Grammatik, Satzbau und Wortbestand der beteiligten Sprachen einzuprogrammieren und daraus meist starre Übersetzungsregeln abzuleiten, die er dann bei der praktischen Übersetzung anwendet. Linguisten müssen also den Rechnern möglichst viele Regeln, Ausnahmen, Mehrdeutigkeiten mühsam von Hand beibringen. Die Ergebnisse dieses Ansatzes lassen immer noch viele Wünsche offen und sind nicht wirklich ansprechend. Derartige maschinelle Übersetzungen sind oft unbeabsichtigt komisch.

> Wenn Sie irgendetwas verdächtigen oder erschrecklichen Natur bemerken, oder haben Sie einen Bedarf des speziellen Beistands, bitte in Berührung kommen mit das Management.
>
> **Informationen des Hotels Sheraton in Luxor, Ägypten.**
> **Aus dem *Tagesspiegel* vom 22. 9. 1997**

Aus der Welt zwischen den Sprachen. Seit kurzem gibt es auf dem Gebiet computerisierter Übersetzungen einen neuen, sehr innovativen Ausgangspunkt, der auf statistischen Methoden beruht. Einer der Vorreiter der statistischen Übersetzung ist der Computerwissenschaftler Franz Josef Och, der in Diensten der Internetsuchmaschinenfirma Google steht. Bei dieser Methode wird dem Computer nicht beigebracht, nach welchen Regeln er übersetzen soll, sondern man lässt ihn dies einfach aus eingefütterten Texten selbst lernen. Sprachverständnis ist dabei nicht nötig, das Erlernen von Grammatikregeln noch weniger. Als Grundlage für die durchzuführende Übersetzung eines Textes gibt man dem Computer sehr viel bereits übersetzten Text als Datenbasis ein, so genannten Paralleltext. Ein wichtiger Paralleltext ist zum Beispiel die Bibel, die mittlerweile in 405 Sprachen vollständig vorliegt, das Neue Testament sogar in 1034 Sprachen. Darüber hinaus fließen möglichst viele weitere Dokumente in den Datenpool ein, beispielsweise die mehrsprachigen Übersetzungen von UNO, EU und aus dem Internet, das voll von Texten ist, die bereits in mehreren Sprachen existieren. So gut wie jedes Formulierungsfragment ist so oder ähnlich schon einmal übersetzt worden.

> Das Internet ist die offenste Form der geschlossenen Anstalt.
>
> **Matthias Deutschmann, Kabarettist**

Je häufiger ein Textbaustein auf eine bestimmte Art und Weise übersetzt wurde, desto größer ist die Wahrscheinlichkeit, dass es sich dabei um eine taugliche Übersetzung handelt. Der Rechner arbeitet bei dem zu übersetzenden Text dann einfach Satz für Satz ab und vergleicht ständig mit seiner Datenbank von Paralleltext. Aus dieser Datenbank kann er statistische Häufigkeiten ableiten, wie oft beispielsweise das englische Wort «bank» mit Ufer übersetzt wurde und wie häufig mit Bank. Auch ermittelt er aus dem Paralleltext, um wie viel die Chancen für die Übersetzung als Ufer steigen, wenn in der textlichen Nachbarschaft des Wortes «bank» von Gewässern die Rede ist. Zudem registriert der Computer Korrelationen und stellt fest, dass und wie oft dem Wort Ufer ein «das» vorausgeht, aber nur äußerst selten ein «der». Im digitalen Zeitalter ist Paralleltext die wichtigste Schnittstelle zwischen Mensch und Übersetzungsmaschine.

All dies kann vollautomatisch ablaufen. Ist einem Rechner das Prinzip erst einmal für ein Sprachpaar einprogrammiert, lässt es sich mit geringem Zusatzaufwand auf beliebige Sprachpaare anwenden. Auch und insbesondere muss der Programmierer nichts von der Linguistik der beteiligten Sprachen verstehen. Fühlen Sie sich doch einmal ganz unerhört extraterrestrisch und versuchen Sie sich an einer Übersetzung der hypothetischen Sprache Centauri in die hypothetische Sprache Klingonisch. Hier sind 12 Paare von Paralleltext Centauri (a), Klingonisch (b):

1 a. ok-voon ororok sprok.
1 b. at-voon bichat dat.

2 a. ok-drubel ok-voon anok plok sprok.
2 b. at-drubel at-voon pippat rrat dat.

3 a. erok sprok izok hihok ghirok.
3 b. totat dat arrat vat hilat.

4 a. ok-voon anok drok brok jok.
4 b. at-voon krat pippat sat lat.

5 a. wiwok farok izok stok.
5 b. totat jjat quat cat.

6 a. lalok sprok izok jok stok.
6 b. wat dat krat quat cat.

7 a. lalok farok ororok lalok sprok izok enemok.
7 b. wat jjat bichat wat dat eneat.

8 a. lalok brok anok plok nok.
8 b. iat lat pippat rrat nnat.

9 a. wiwok nok izok kantok ok-yurp.
9 b. totat nnat quat oloat at-yurp.

10 a. lalok mok nok yorok ghirok clok.
10 b. wat nnat gat mat bat hilat.

11 a. lalok nok crrrok hihok yorok zanzanok.
11 b. wat nnat arrat mat zanzanat.

12 a. lalok rarok nok izok hihok mok.
12 b. wat nnat forat arrat vat gat.

Und Ihre Aufgabe besteht darin, den Centauri-Satz

farok crrrok hihok yorok clok kantok ok-yurp

ins Klingonische zu übersetzen. Es ist ein Beispiel, das ich Kevin Knight verdanke. Sie werden sehen, dass Übersetzungstätigkeit möglich ist, ohne etwas von diesen beiden erfundenen Sprachen zu verstehen. Auch Flugzeuge schlagen nicht mit den Flügeln, fliegen aber doch.

In öffentlichen Gebäuden findet man Schilder mit Ratschlägen, wie man sich beim Ausbruch eines Feuers verhalten soll. In Deutschland lautet die erste Empfehlung immer: «RUHE BEWAHREN!» In Frankreich heißt es dagegen «En cas d'incendie: CRIEZ AU FEU!» – Ein interessantes Übersetzungsproblem, wenn man an die mehrsprachigen Schilder in EU-Gebäuden denkt. Man stelle sich vor, wie Deutsche und Franzosen beim Ausbruch eines Feuers rasch die jeweiligen Ratschläge überfliegen und sich dann entsprechend verhalten. Aber was macht das zweisprachige Individuum?

Rainer Kohlmayer, Aphoristiker

Wir wollen den wahrscheinlichkeitstheoretischen Hintergrund der statistischen Übersetzung noch etwas genauer ins Visier nehmen.

Wir befassen uns mit der Übersetzung von einzelnen Sätzen als Grundbausteinen von Texten. Zu jedem Paar von Sätzen (A, Z), wobei A aus der Ausgangssprache und Z aus der Zielsprache ist, sei P(Z/A) die Wahrscheinlichkeit, dass ein guter Übersetzer die Übersetzung Z in der Zielsprache von einem Satz A in der Ausgangssprache vornehmen wird.

Gordischer Übersetzungsknoten

Das schwerste Problem, wenn es um Übersetzungen geht, liefert das Wort *ilunga*. Zu diesem Ergebnis kam eine Kommission von 1000 international tätigen Linguisten. Ilunga entstammt der Tschiluba-Bantu-Sprache, die im Südwesten der Republik Kongo gesprochen wird. Das Wort bezeichnet «eine Person, die eine empfangene Beschimpfung einmal vergibt, ein zweites Mal toleriert, aber beim dritten Mal reagiert».

BBC World Service, 22. 6. 2004

In diesem wahrscheinlichkeitstheoretischen Setting kann prinzipiell jeder Satz in der einen Sprache Übersetzung eines jeden Satzes in der anderen Sprache sein. Doch ist diese Wahrscheinlichkeit klein für Paare wie z. B. (Obama est le Président des Etats-Units/Heute ist Donnerstag) und sehr hoch für Paare wie (Aujourd'hui est jeudi/Heute ist Donnerstag). Das Problem der stochastischen maschinellen Übersetzung zwischen Ausgangssprache und Zielsprache ist dann formal das folgende: Zu einem gegebenen Satz A in der Ausgangssprache suchen wir den wahrscheinlichsten Satz Z in der Zielsprache, den ein guter Übersetzer dem Satz A zugeordnet haben könnte. Wir suchen also jenes Z, für das P(Z/A) maximiert wird. Mit der Bayes'schen Formel aus der Wahrscheinlichkeitstheorie ist

$$P(Z/A) = P(Z) \cdot P(A/Z)/P(A).$$

Der Nenner der rechten Seite dieser Gleichung hängt nicht von Z ab, und unsere Aufgabe ist also gleichbedeutend mit der Suche nach dem Satz Z, der das Produkt $P(Z) \cdot P(A/Z)$ maximiert. Der erste Faktor dieses Produktes heißt *Language-Wahrscheinlichkeit*. Der zweite Faktor heißt *Übersetzungs-Wahrscheinlichkeit*. Gröblich gesprochen, kann man sich vorstellen, dass die Übersetzungs-Wahrscheinlichkeit Worte in der Zielsprache vorschlägt, welche den Worten, die im Satz der Ausgangssprache vorkommen, zugeordnet sein könnten. Die Language-Wahrscheinlichkeit schlägt dann eine Reihenfolge für diese Worte aus der Zielsprache vor.

Ein stochastisches Übersetzungssystem erfordert also eine Methode, um Language-Wahrscheinlichkeiten auszurechnen, und eine Methode, um Übersetzungs-Wahrscheinlichkeiten auszurechnen.

Sowohl die Language-Wahrscheinlichkeiten als auch die Übersetzungs-Wahrscheinlichkeiten werden aus dem großen Reservoir an Paralleltext geschätzt. Für die Language-Wahrscheinlichkeiten ist das direkt möglich. Bei ihnen geht das so: Angenommen, wir haben einen String Z von Worten, also $Z = z_1 \dots z_n$, dann können wir dessen Wahrscheinlichkeit wie folgt berechnen, abermals durch wiederholte Anwendung der Bayes-Formel:

$$
\begin{aligned}
P(z_1 \dots z_n) &= P(z_n / z_1 \dots z_{n-1}) \cdot P(z_1 \dots z_{n-1}) = \dots \\
&= P(z_n / z_1 \dots z_{n-1}) \cdot P(z_{n-1} / z_1 \dots z_{n-2}) \cdot \dots \cdot P(z_2/z_1) \cdot P(z_1).
\end{aligned}
$$

Demzufolge besteht das Problem der Modellierung der Language-Wahrscheinlichkeit darin, die Wahrscheinlichkeit eines einzelnen Wortes in einem Satz der Zielsprache zu berechnen, wenn diesem Wort ein gegebener String von Worten vorausgeht. Wir benötigen also bedingte Wahrscheinlichkeiten vom Typ $P(z_m/z_1 \dots z_{m-1})$ nebst den unbedingten Wahrscheinlichkeiten der Worte $P(z_1)$.

Die Übersetzungs-Wahrscheinlichkeit $P(A/Z)$ stellt den eigentlichen Zusammenhang zwischen Ausgangssprache und Zielsprache her, speziell zwischen den Wortfolgen $A = a_1 \dots a_m$ und $Z = z_1 \dots z_n$. Um den unterschiedlichen Wortpositionen in Ausgangs- und Zielsatz Rechnung zu tragen, werden so genannte Alignments $R = r_1 \dots r_j \dots r_m$ als Variablen der Wortreihung eingeführt. Dann wird das Wort a_j des Ausgangssatzes auf das Wort z_i in der Position $i = r_j$ im Zielsatz abgebildet. Mit Hilfe der Alignments wird die Übersetzungs-Wahrscheinlichkeit folgendermaßen zerlegt:

$$P(A/Z) = \sum_R P(A \cap R/Z) = \sum_R P(R/Z) \cdot P(A/R \cap Z).$$

Diese Darstellung enthält ein Alignment-Modell P(R/Z) und ein Lexikon-Modell P(A/R∩Z). Das Erstere erfasst allein die Reihenfolge der Worte des Satzes Z, das Zweite die Übersetzung der Worte in einer gegebenen Reihenfolge R. Beide Wahrscheinlichkeiten werden dann direkt aus der eingespeicherten Kollektion von Paralleltext geschätzt. Auf diese Weise können Computer Texte übersetzen, ohne sie zu verstehen, nicht besserwisser-, aber bessersprecherisch. Und das ist der gegenwärtige Übersetzungsolymp, jedenfalls auf dem Gebiet computerisierter Übersetzungen.

Quasi dasselbe mit anderen Worten: Übersetzung als Approximation

Folge 1: *Unübersetzbares.* Auch jede Übersetzung ist nur eine Approximation, und zwar an den mit der Ausgangssprache ausgedrückten Sinngehalt des Textes. Das kann mal besser und mal schlechter gelingen. Hier eine beispielhafte Übersetzung, die mir im Gedächtnis geblieben ist.

Als der sowjetische Staats- und Parteichef Michail Gorbatschow, damals Noch-Präsident der Noch-Sowjetunion, einst in Bonn zu einem Besuch weilte, erzählte ihm der damalige Bundeskanzler Helmut Kohl: «Morgen ist hier Feiertag, nämlich Christi Himmelfahrt», was der russische Dolmetscher folgendermaßen übersetzte: «Morgen arbeiten die Deutschen nicht, denn sie feiern den Tag der Luftwaffe.» Der Versuch einer russischen Approximation für Christi Himmelfahrt.

Folge 2: *Goethe über Bande.* Ein Goethe-Experte übersetzte 1902 dessen bekanntes Gedicht von 1776, *Wanderers Nachtlied*:

Über allen Gipfeln ist Ruh,
In allen Wipfeln spürest du
Kaum einen Hauch.
Die Vöglein schweigen im Walde.
Warte nur, balde
Ruhest du auch.

➡

ins Japanische. Ein französischer Verehrer japanischer Lyrik übertrug die schönen Verse 1911 ins Französische. Worauf sie am Ende dieser poetischen Irrfahrt ein deutscher Nachdichter fernöstlicher Lyrik wieder ins Deutsche übertrug, ohne zu ahnen, dass sie ursprünglich von Goethe stammen. Eine Literaturzeitschrift druckte die Zeilen anschließend unter dem Titel *Japanisches Nachtlied* so ab:

Stille ist im
Pavillon aus Jade.
Krähen fliegen
Stumm zu beschneiten Kirschbäumen im Mondlicht.
Ich sitze
Und weine.

Ehrlich gesagt: Goethe ist gut, aber der mit stiller Post auf sich selbst reflektierte Goethe gefällt mir noch besser als das Original.

118. *NASA-les*

Ein wichtiges Denkwerkzeug in der Mathematik ist es, entweder das zu lösende Problem oder die in Angriff genommene Lösungsstrategie zu modifizieren. Eine Modifikation des Problems kann aus dem Grunde sinnvoll sein, weil aus der Lösung des leicht veränderten neuen Problems nützliche Anhaltspunkte über das ursprüngliche Problem gewonnen werden können. Eine Modifikation der Lösungsstrategie ist immer dann sinnvoll, wenn die Möglichkeiten der bisher verfolgten Strategie erschöpft sind und sie sich als nicht zielführend erwiesen hat. Ein Paradebeispiel für das Variationsprinzip ist der Fosbury Flop. Dies ist eine von Richard «Dick» Fosbury eingeführte Hochsprungtechnik. Er hatte erkannt, dass er mit dem damals gebräuchlichen Bewegungsablauf zur Überquerung der Latte – dem Straddle, bei dem man sich bäuchlings über die Latte wälzt – nie ein Top-Hochspringer sein würde. Er variierte den Lösungsansatz des Hochsprungproblems, indem er sich rückwärts über die Latte katapultierte, und wurde 1968 damit Olympiasieger. Heute springen alle mit dieser Technik.

Hier ist noch ein weiterer gekonnter Einsatz des Variationsprinzips:

In einem frühen Stadium des Wettlaufs im All unternahm die NASA große Anstrengungen, um ein Metall zu finden, das robust genug war, der Hitze des Wiedereintritts der Kapsel in die Erdatmosphäre standzuhalten und die Astronauten zu schützen. Anstrengungen, die letztendlich scheiterten. An einem bestimmten Punkt variierte ein intelligenter Mensch das Problem. Das wahre Problem bestand darin, die Astronauten zu schützen, und vielleicht konnte dies erreicht werden ohne ein Material, das dem Wiedereintritt standhalten konnte. Die Lösung, der *ablative Hitzeschild*, hatte Eigenschaften, die in mancher Hinsicht konträr zu der ursprünglich gesuchten Lösung waren. Statt der Hitze standzuhalten, brannte er langsam ab und leitete so die Hitze von der Raumkapsel weg.

119. *Unmachbares machbar machen*

Werfen Sie doch bitte einen Blick auf das folgende Diagramm.

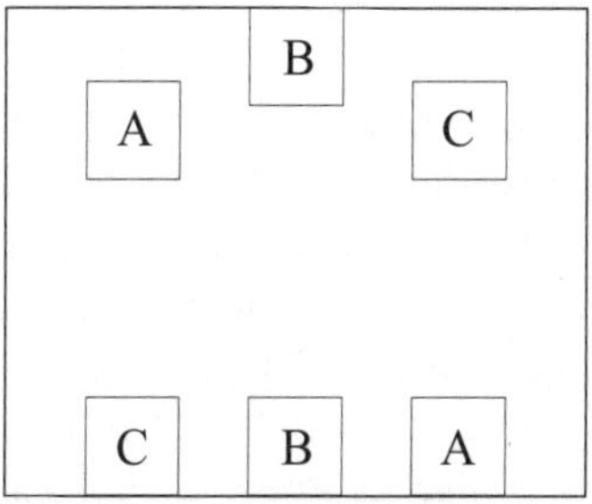

Abbildung 75: Gesucht: Verbindung gleicher Buchstaben durch sich nicht überkreuzende Schnüre

Ihre Aufgabe besteht darin, jede der oberen 3 Kisten durch eine Schnur mit ihrem unteren Pendant zu verbinden, also A mit A, B mit B, C mit C, und zwar so, dass sich die Schnüre nicht überkreuzen. Diese Aufgabe wurde einmal von einer Softwarefirma den Bewerbern für eine ausgeschriebene Stelle vorgelegt, um die Spreu vom Weizen zu trennen.

Zuerst liegt der Akzent der Aufmerksamkeit auf der Frage, ob das Verlangte überhaupt machbar ist. Das Gefühl der Unmöglichkeit stellt sich nämlich sogleich ein. Doch man soll die Flinte nicht so schnell ins Korn werfen. Das Hauptproblem ist, dass die Kisten A und C «falsch» angeordnet sind. Also variieren wir das Problem und schieben die Kisten erst einmal ein bisschen herum, bis wir die gestellte Aufgabe lösen können. Bei ausreichend verbesserter Konstellation geht das ganz leicht. Etwa so:

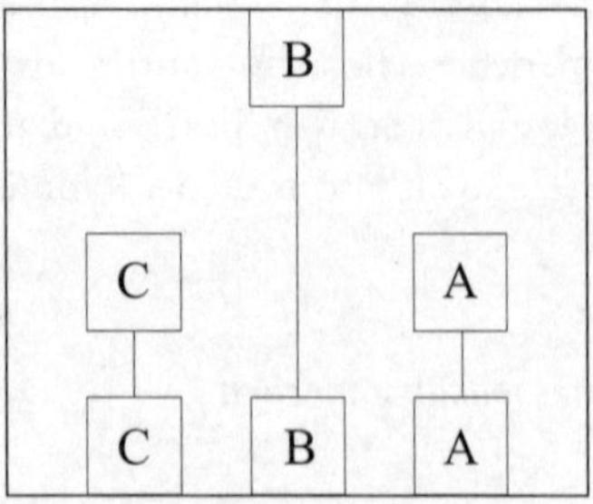

Abbildung 76: Leichte Lösung bei Problemmodifikation

Jetzt muss man auf irgendeine gutartige Weise die Beziehung zum Ausgangsproblem wiederherstellen. Man kann das tun, indem man die Kisten A und C nacheinander in ihre Ausgangspositionen zurückschiebt, aber so, dass sich keine Überkreuzung der Schnüre dabei einstellt. Fangen wir einmal mit Kiste A an:

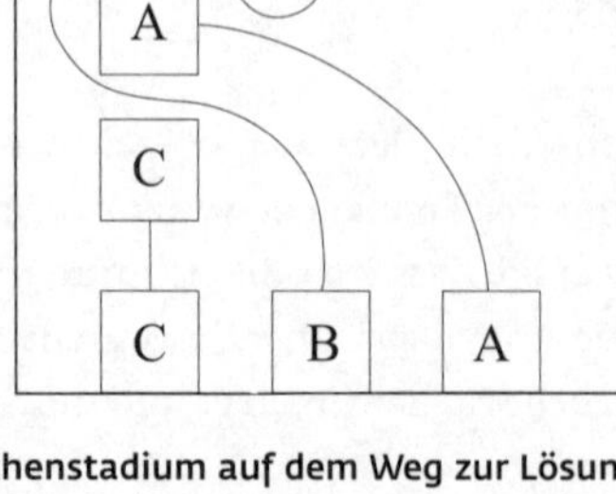

Abbildung 77: Zwischenstadium auf dem Weg zur Lösung

Gut, das hat geklappt. Spielten wir Schach, könnten wir jetzt ein einzügiges Matt des Problems ankündigen. Denn nur noch die Kiste C muss zurückgeschoben werden, und siehe da, das geht auch.

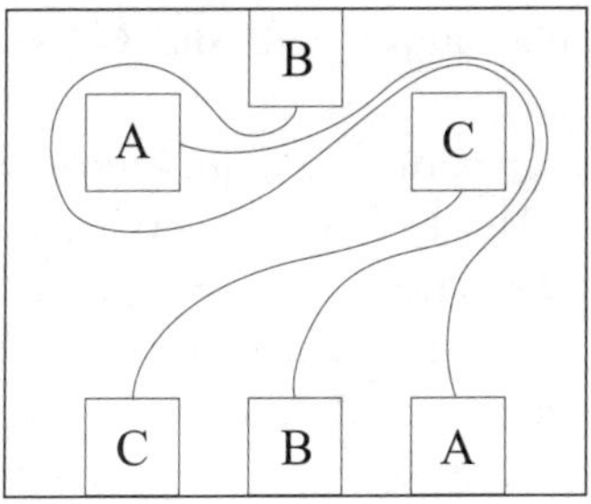

Abbildung 78: Lösung des Ausgangsproblems

Damit ist das Problem gelöst. Und überraschend einfach noch dazu!

120. *Mathematische Einparkformel*

Wer geübt ist, hat es im Blut. Ein bisschen kurbeln aus dem Handgelenk, ein bisschen zurück, ein bisschen vor, und schon ist man drin. Es geht um das Rückwärts-Einparken. Für Ungeübte ist es einer der schwierigsten Vorgänge in der Fahrschule. Doch auch dabei kann uns die Mathematik hilfreich sein. Der Mathematiker Norbert Herrmann von der Universität Hannover hat eine Formel für optimales Einparken entwickelt.

Auch eine Episode von Herrn K

Über den Parkplatzmangel in Hamburg ärgerte sich der 37-jährige Franz K. so sehr, dass er zu einem Eisenwarengeschäft fuhr, sich eine Säge kaufte und einen jungen, 10 cm starken Baum absägte. Als der resolute Autofahrer seinen neu geschaffenen Parkplatz noch sauber roden wollte, kam die Polizei und erstattete Anzeige.

Nach Alexander Tropf: *Niederlagen, die das Leben selber schrieb*

Die nach der Herrmann'schen Formel beim perfekten, S-förmigen Rückwärts-Parallel-Parkmanöver, wie es in der Fachsprache heißt, zu bedenkenden Bedingungen sind die richtige Startposition, die korrekte Handhabung der Steuerung innerhalb des verfügbaren Einschlagraumes und die Größe der verfügbaren Parklücke.

Das Bestreben liegt natürlich darin, Einparkvorgänge dahingehend zu optimieren, dass die benötigte Parklückengröße so klein wie möglich ist. Die mathematische Analyse zeigt, dass das gängige Fahrschulwissen in mancher Hinsicht dafür suboptimal ist und teils sogar revidiert werden muss. Zum einen lernen Fahrschüler, man solle das Spielchen damit beginnen, dass man Stoßstange an Stoßstange mit dem vor der Lücke stehenden Fahrzeug steht.

Nach der neuen Einparkformel ist es aber besser, wenn die Hinterachse des eigenen Autos parallel zur Stoßstange des rechten Autos steht. Außerdem soll man so nah am rechten Auto stehen wie möglich, durchaus nahezu bis auf Tuchfühlung von etwa 5–10 cm Abstand. Drittens sollte man im Gegensatz zur Fahrschulfolklore nicht nur eine Umdrehung mit dem Lenkrad ausführen, bevor man losfährt, sondern das Lenkrad vollständig einschlagen. Auf diese Weise kann man den kleinstmöglichen Kreisbogen fahren. Dasselbe – nur in entgegengesetzter Richtung – gilt für den zweiten Teil des Einparkmanövers. Dann durchfährt man beide Male einen Kreisbogen mit demselben Winkel α. Wenn man dieses Rezept befolgt, kommt man bei den meisten Fahrzeugen mit einer Lücke um die 5 Meter Länge aus. Konkret lautet die Formel für die Größe g der benötigten Parklücke folgendermaßen:

$$g \geq \sqrt{2rw + f^2} + b$$

Ferner wissen wir, dass der Winkel des bestmöglichen Kreisbogens bei $\alpha = \arccos (2r - w)/2r$ liegt.

In diesen Formeln ist

w die Breite unseres Autos;

f der Abstand von der Hinterachse zur Front bei unserem Auto;

b der Abstand von der Hinterachse bis zum Autoende bei unserem Auto;

r der Radius des kleinsten Kreises, den der Automittelpunkt beschreiben kann.

Den Wenderadius r findet man in den Fahrzeugpapieren.

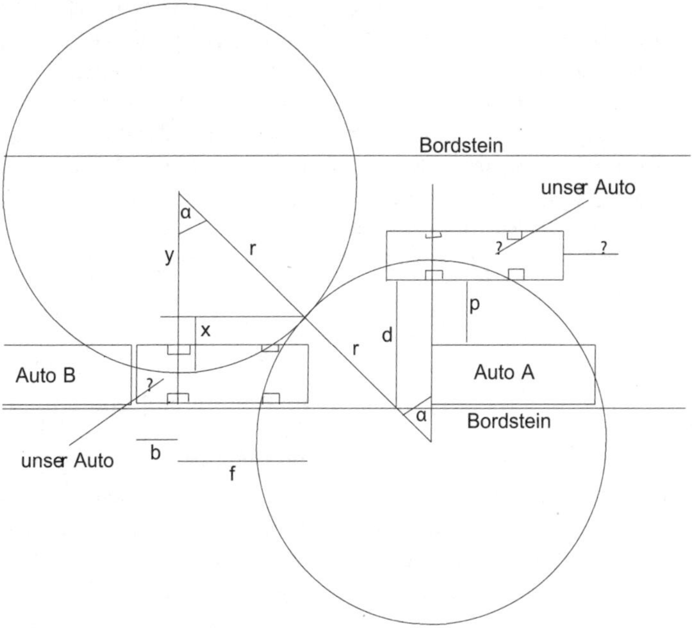

Abbildung 79*: Zur Berechnung der Größe der mindestens benötigten Parklücke

Zur Herleitung der Formel verwendete Herrmann den Trick, das Ausparken, nicht das Einparken zu betrachten. Der Einparkvorgang ist ja reversibel. Die veränderte Sichtweise hat aber den Vorteil, von der festen Position unseres Fahrzeugs direkt am hinteren Fahrzeug B starten zu können. Die Einparkformel ist dann eine leichte Anwendung von schultrigonometrischem Wissen.

* Reproduziert aus Herrmann (2003).

Parabel vom Parken

Nach erledigtem Einkauf kam in Florida eine betagte ältere Dame zu ihrem Auto zurück und sah, dass sich vier seltsame junge Männer darin zu schaffen machten. Ängstlich öffnete sie ihre Handtasche und griff zu einer Pistole. Nach ihren Worten: «Verschwinden Sie oder ich schieße!» liefen die Männer Hals über Kopf davon. Als die ältere Dame am Steuer Platz genommen hatte, stellte sie fest, dass der Autoschlüssel nicht passte. Erst dann bemerkte sie, dass sie einer Täuschung erlegen war und dass ihr eigener Wagen – derselbe Fahrzeugtyp, dieselbe Farbe – zwei Parkplätze weiter friedlich auf sie wartete. Sie fuhr zur Polizei und erzählte, was passiert war. Der diensthabende Polizist konnte sich vor Lachen nicht halten, denn kurz zuvor hatten vier junge Männer Anzeige erstattet wegen, wie es im Polizeibericht hieß, «hijacking of a car by a mean old lady».

Barbara und David Mikkelson, _AOL-Journal_

Mit der Einparkformel und den dafür benötigten Fahrzeugdaten lässt sich für jede Automarke der optimale Winkel α und die Größe der mindestens benötigten Parklücke leicht berechnen. Beim VW 4er-Golf ist der optimale Winkel $\alpha = 42°$ und die benötigte Lücke ist 5,50 m breit. Die Fahrzeuge der Mercedes-C-Klasse haben $\alpha = 43°$ und benötigen eine 5,88 m große Lücke, der Smart bei $\alpha = 42°$ nur eine 4,00-m-Lücke. Der VW Passat wird ebenfalls mit $\alpha = 42°$ optimiert und die Lücke sollte 6,08 m sein.

Einige Autos haben neuerdings vollautomatische Einparkhilfen. Manche modernen Bordcomputer analysieren mittlerweile auf Basis der Herrmann'schen Formel eigenständig, ob die Größe einer bestehenden Parklücke ausreichend ist, und berechnen dann den optimalen Winkel und den bestmöglichen Kurvenverlauf für eine s-förmige Bewegung in sie hinein.

Auch hier gilt für die Mathematik: Gut, sie zu haben!

Und zum Schluss dieser Miniatur noch ein Parkplatz-Stillleben.

Abbildung 80: Pkw-Mikado. Damit keine Missverständnisse aufkommen: Vorausgegangen war ein Hochwasser

121. *Prognosen – stochastisch, praktisch, klug**

In seiner Parabel *Der Garten der sich gabelnden Wege* befasst sich der Schriftsteller Jorge Luis Borges mit dem Verhältnis von Vergangenheit, Gegenwart und Zukunft. Das Vergangene ist in Fakten aufbewahrt, die Zukunft entwickelt sich als dynamischer Prozess, wobei von der Gegenwart - in welcher Weise auch immer - jeweils eine der logisch möglichen Verlaufsformen ausgewählt wird. Nach der modernen Quantenmechanik, die eine Wahrscheinlichkeitstheorie ist, hat das Universum auf fundamentaler Ebene zufallsbestimmten, also stochastischen Charakter.

Der Prototyp eines Zufallsmechanismus ist der Münzwurf. Andererseits: Weiß man, mit welcher Geschwindigkeit die Münze geworfen wird, kennt man ihre Rotationsfrequenz, ihr Gewicht, die

* Am 20. 3. 2009 berichtete das Wissenschaftsmagazin *nano* (3sat) über die wissenschaftliche Arbeit des Autors zur Aktienkursdynamik. Der folgende Beitrag basiert teilweise auf dieser Sendung.

Windverhältnisse, kurz die gesamte Physik des Vorgangs, so ist der Ausgang *Kopf* oder *Zahl* festgelegt und eben nicht mehr zufällig. Aber ohne diese Informationen ist es nützlich, die unbekannten Einflüsse zu Zufallseinflüssen zusammenzufassen.

Derselbe Ansatz kann auch bei anderen an sich determinierten Vorgängen sinnvoll sein, etwa bei Aktienkursen. Diese werden vom Prinzip Ursache (d. h. Transaktionen von Käufern und Verkäufern) und Wirkung (d. h. Kursänderungen aufgrund dieser Transaktionen) bestimmt. Konkret: Die Börsenmakler nehmen zunächst alle Kauf- und Verkaufswünsche entgegen und errechnen anschließend, bei welchem Kurs der größte Umsatz an Aktien zustande kommt. So entsteht aus den gegensätzlichen Interessen der Anbieter und der Nachfrager ein Marktpreis.

Aktien steigen oder fallen natürlich nicht nach dem Zufallsprinzip, sondern aufgrund von Kauf- und Verkaufsentscheidungen der Marktakteure. Aber der Vorgang ist so sprunghaft unregelmäßig und voller Fluktuationen, dass man auf Aktienkurse die Gesetze des Zufallsgeschehens anwenden kann. So wie beim Münzwurf. Beim Börsengeschehen ist es die große Zahl einzelner Transaktionen, die sich zu fluktuierenden Zufallseinflüssen bündeln lassen. Dies bedeutet nicht, dass der Zufall an der Börse regiert, sondern nur, dass sich die Kurse so verhalten, als wenn dies der Fall wäre, und deshalb auf sie die Gesetze der Wahrscheinlichkeitstheorie angewendet werden können.

Wie kann man bei dieser stochastischen Weltsicht Prognose betreiben?

Die Basis einer jeden sinnvollen Prognose bilden relevante Fakten, oft in Form von Daten. Bei Aktienkursen ist der verfügbare Informationspool sehr reichhaltig. Abermillionen von Datenpunkten, Kurse im Sekundentakt für jeden Handelstag an jeder Börse über Jahrzehnte und einiges mehr stehen zur Verfügung. Wie kann man vorgehen, um daraus etwas über Aktienkurse zu prognostizieren?

Meine Sicht der Kursdynamik einer Aktie ist ein Zufallsfraktal auf zufallsbehaftet variierender Zeitskala. Was ist damit gemeint? Fraktale sind Objekte, die einen hohen Grad von Selbstähnlichkeit aufweisen. Selbstähnlichkeit bedeutet dabei, dass Vergrößerungen von kleinen Teilen des Objekts in etwa so aussehen wie das Objekt selbst. Die russische Holzpuppe Matroschka ist dafür eine gute Veranschaulichung. Die äußere Puppe birgt viele kleine und ähnliche Puppen, die jeweils um einen konstanten Faktor geschrumpft sind.

Bei Zufallsfraktalen liegt keine exakte, sondern eine statistische Selbstähnlichkeit vor. Die kleineren Teile der Struktur sind nur im statistischen Mittel den größeren ähnlich und variieren in ihrer Form um dieses Mittel. Man kann auch sagen: Vergrößerungen von kleineren Teilen haben dieselbe Zufallsverteilung wie die größeren.

Bei Aktienkursen sind es die zur Modellbildung eingesetzten Zufallsdynamiken, welche die Eigenschaft der Selbstähnlichkeit besitzen. Sie lässt sich folgendermaßen plausibel machen:

Aktienkursänderungen kann man über verschieden lange Zeitintervalle betrachten: von einem Tag auf den nächsten, über eine Woche, einen Monat hinweg usw. Da die Kursänderungen sich ergeben als gesamtheitliche Wirkung einer großen Zahl einzelner Transaktionen und sich unterschiedlich lange Intervalle nur durch die Anzahl der darin getätigten Transaktionen unterscheiden, kann man aus mathematischen Gründen die statistische Strukturähnlichkeit von Kursänderungen über unterschiedliche Zeitintervalle rechtfertigen.

Das deckt sich mit dem gefühlten Wissen, dass alle Darstellungen des Kursverlaufes einer Aktie in gewisser Weise ähnlich aussehen. Bei vorgelegtem Diagramm ohne Beschriftung kann man aus der Kurve des Kursverlaufes allein nicht angeben, ob sie einen Tag, eine Woche oder einen Monat abdeckt.

Ferner zeigt eine Inspektion realer Kursverläufe einen Wechsel zwischen Phasen starker und schwacher Fluktuation. Diese entsprechen oft Perioden stärkerer oder schwächerer Handelsintensität der Aktie. Um die Eigenschaft der Selbstähnlichkeit auch unter diesen Umständen mathematisch zu rechtfertigen, kann man die verstreichende Zeit je nach Handelsaktivität beschleunigen oder verzögern, und zwar in kontrollierter Weise gerade so, dass auf dieser modifizierten, variablen und selbst auch zufallsbeeinflussten Zeitskala die Fraktaleigenschaft erhalten bleibt. Gelingt dies für eine Aktie, kann der resultierende fraktale Zufallsprozess verwendet werden, um durch Vorausschau mit ihm Wahrscheinlichkeitsprognosen zu erstellen, etwa: Mit einer Wahrscheinlichkeit von 75 % ist der morgige

Schlusskurs im Vergleich zum heutigen zwischen x % und y % höher. Diese Art von Information ist nützlich für Banken und Investoren großer Geldvolumina, um risiko-optimierte Portfolios zu bilden, aber praktisch bedeutungslos für Normalaktionäre.

Vorbildlich irren. Eine ganz ohne intellektuelle Anstrengung generierbare Prognose ist im Gegensatz dazu die *Persistenzprognose*: «Es bleibt alles, wie es ist.» Manchmal ist auch sie nicht schlecht. Beim Wettergeschehen beispielsweise – «Morgen wird's so wie heute» – ist sie in Mitteleuropa zu 60–70 % zutreffend, während selbst die mit komplizierten mathematischen Modellen erstellten 24-h-Prognosen auch nur Sicherheiten von 80–90 % erreichen. Für Vorgänge, die Zufallsirrfahrten in Reinkultur sind, kann man sogar beweisen, dass keine noch so raffinierte Methode im langfristigen Mittel eine bessere Erfolgsbilanz aufweist als die Persistenzprognose. Wenn schon irren, dann bestmöglich, und das garantiert die Persistenzprognose angesichts des reinen Zufalls.

Wie steht es bei Aktienkursen? Kurse sind keine reinen Zufallsirrfahrten, mit ihren Zacken nach oben und nach unten verhalten sie sich nicht so, als wären sie durch eine Serie von Münzwürfen ausgeworfen worden. Zwar so ähnlich, aber nicht ganz so. Vielmehr handelt es sich bei ihnen um Zufallsirrfahrten mit vertrackten geringfügigen Spurenelementen von Struktur. Durch Einsatz eines raffinierten stochastischen Apparates kann man die eigene langfristige prognostische Bilanz relativ zur Persistenzprognose – «Der Schlusskurs von morgen ist gleich dem Schlusskurs von heute» – geringfügig zu eigenen Gunsten verschieben. Damit müssen wir uns bescheiden.

Warte, warte nur ein Weilchen …

Alles, was erfunden werden kann, ist bereits erfunden.

Charles H. Duell, Leiter des US-amerikanischen Patentamtes, zur Begründung seines Rücktritts 1899 von diesem Amt

Würde Mister Duell diesen Satz heute immer noch wagen?

8. Menschen, Tiere, Sensationen

122. *Schwarmintelligenz*

Unter dem Titel *Wer wird Millionär?* gibt es eine Quizshow im deutschen Fernsehen, die seit 1999 ausgestrahlt wird. Der Kandidat muss dabei zunehmend komplizierter werdende Multiple-Choice-Fragen beantworten. Der besondere Dreh der Show liegt darin, dass der Befragte auch Hilfe einholen kann, z. B. kann er mit einem von ihm vor der Sendung ausgewählten Experten telefonieren oder das Studiopublikum abstimmen lassen, das sein Votum sofort durch Tastendruck abgibt.

Untersuchungen haben jetzt gezeigt, dass das Studiopublikum in 91 % der Fälle mehrheitlich die richtige Antwort gab und damit noch wesentlich nützlicher war als die telefonisch hinzugezogenen Experten, die immerhin zu 65 % richtig lagen. Selbst bei schwierigen Fragen wie «Wer gehört nicht zu Dorothys Begleitern in *Der Zauberer von Oz*?» lag das Publikum richtig. Dies ist ein Beispiel für die Intelligenz von Gruppen, ein Phänomen, dem die Wissenschaft schon seit geraumer Zeit nachgeht.

Die Soziologin Kate Gordon hatte in Studien zur kollektiven Intelligenz 200 Studenten gebeten, Objekte nach Gewicht zu reihen. Es ergab sich, dass der gemittelte «Schätzwert» der Gruppe 94 % der Objekte korrekt reihte – ein Wert, der nur von 5 der 200 individuellen Schätzer übertroffen wurde. Der Wirtschaftswissenschaftler Jack Treynor ließ seine Studenten die Zahl der Bohnen in einem Glas schätzen, das genau 850 Bohnen enthielt. Das Gruppenmittel war 871. Nur einer von 65 Studenten lag mit seiner Schätzung näher an der Wahrheit als dieser Gruppenwert.

Noch früher, nämlich schon 1906, hatte der Statistiker Francis Galton beim Besuch eines Volksfestes eine ganz ähnliche Erfahrung gemacht. Anlässlich des Festes gab es auch einen Wettbewerb, bei dem das Gewicht eines Ochsen geschätzt werden sollte. Galtons Meinung war bis dato gewesen, dass die Kompetenz der Menschheit als Ganzer in allen Fragen von nur wenigen fähigen Individuen bestimmt werde. Zu seiner großen Überraschung gab der Durchschnittswert der Einzelschätzungen das Gewicht des Ochsen ziemlich genau an und besser, als alle anwesenden Experten es geschätzt hatten, darunter einige Metzger. Die Beispiele signalisieren, dass es Probleme und kognitive Aufgaben gibt, die Menschenmassen präziser und besser lösen können, als selbst Experten es vermögen. Es ist eine andere Art von Gesetz der großen Zahlen, ein Kompetenzvorteilsprinzip der Vielen gegenüber den Einzelnen.

Diesem Phänomen der Intelligenz der Masse begegnet man auch im Tierreich, ganz ausgeprägt bei Ameisen. Ameisen finden leicht den kürzesten Weg zu einer Futterquelle. Das funktioniert mit den von ihnen hinterlassenen Duftstoffen, mit denen jede Ameise ihren Weg kennzeichnet. Andere Ameisen orientieren sich an den Duftstoffen ihrer Vorgängerinnen. Auch Hindernisse sind kein Problem. Die ersten Ameisen wählen zunächst mehr oder weniger zufällig ihren Weg, links oder rechts um ein Hindernis herum, das sich auf ihrem Weg zur Futterquelle befindet. Spätere Ameisen registrieren den Duft und bevorzugen stärker ausgeprägte Duftspuren. Dies sind die Duftspuren auf dem kürzeren Weg. Auf diese Weise entsteht ein sich selbst verstärkender Prozess, der relativ schnell dazu führt, dass alle späteren Ameisen den kürzesten Weg zum Futter um das Hindernis herum einschlagen und nicht den längeren.

Eine einzelne Ameise findet den kürzesten Weg nur durch Zufall. Aber ein ganzes Ameisenensemble bewältigt Dinge, die selbst in den kühnsten Träumen einzelner Ameisen nicht auftauchen. Auch in der Informatik werden neuerdings heuristische Suchverfahren angewendet – so genannte Ameisensysteme –, deren Vorgehensweise sich an dieser Strategie von Ameisenkolonien bei der Futtersuche orientiert. Die moderne Informatik, naturcool.

Schlaue Mengen. Auch für Prognosen lässt sich dieses Verfahren einsetzen. Im Mai 1968 sank die USS Scorpion. Die Suche schien hoffnungslos, kam doch ein riesiges Areal von mehreren Hundert See-

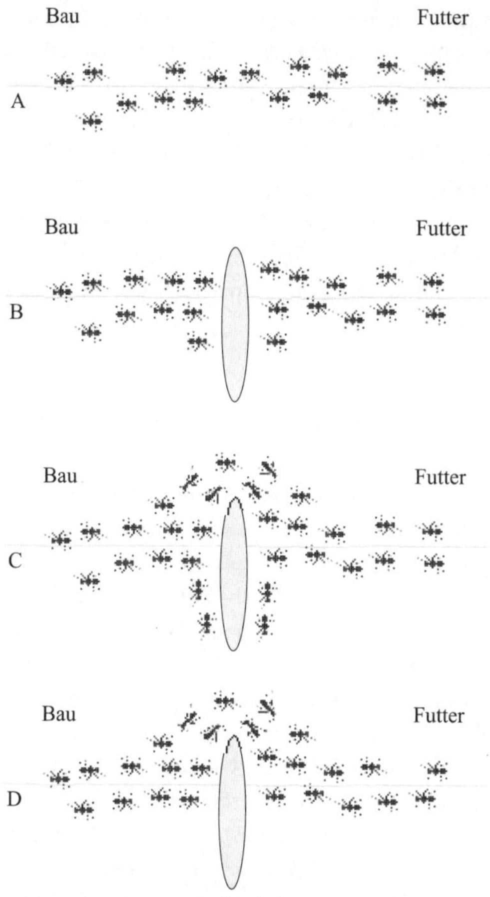

Abbildung 81:* Ameisen zwischen Bau und Futter

- **A: Ameisen auf einem hindernisfreien Weg zum Futter**
- **B: Weg mit Hindernis. Jede Ameise wählt zunächst rein zufällig einen Weg links bzw. rechts um das Hindernis herum und hinterlässt dabei Duftstoffe**
- **C: Auf dem kürzeren Weg ist die Konzentration der Duftstoffe größer**
- **D: Spätere Ameisen bevorzugen den Weg mit der höheren Konzentration der Duftstoffe**

* Nach Dorigo und Gambardella (1997).

meilen Ausdehnung für die Lage des U-Bootes in Frage. Dann hatte der Offizier John Craven eine originelle Idee. Er versorgte eine große Zahl von Experten und Wissenschaftlern mit den zur Verfügung stehenden Daten und ließ sie unabhängig voneinander auf den Ort wetten, an dem das U-Boot sich befinden könnte. Anschließend errechnete er den Mittelwert aller abgegebenen Tipps und führte dort eine Suche durch. Die Scorpion wurde nur 200 m entfernt von den Koordinaten des Mittelwerts gefunden. Der Mittelwert war näher am letztendlichen Fundort als jeder Einzeltipp. Die Masse ist ein oft verkanntes Genie.

123. *GPS-Koordinaten Homezone: 49° 29' 10" Nord, 8° 28' 54" Ost*

Ameisen sind soziale Tierchen, die ihr ganzes Leistungsspektrum erst in der Masse entfalten. Doch auch die einzelne Ameise ist talentierter, als man denkt. Und wenn man ihre Fähigkeiten untersucht, kann man dabei mitten in der Mathematik landen.

Die Wüstenameise *Cataglyphis fortis* hat ein eingebautes ausgeklügeltes Navigationssystem, mit dem sie punktgenau zu ihrem Nest zurückfinden kann. Es ist die tierische Seinsform vom modernen GPS. Wenn eine dieser Ameisen sich auf Nahrungssuche begibt, entfernt sie sich auf einem windungsreichen und mit abrupten Richtungsänderungen gespickten, erratisch anmutenden Beutesuchlauf oft bis zu 500 m über strukturloses Wüstenterrain von ihrem heimischen Nest. Wenn sich die Ameise irgendwann dazu entschließt umzukehren, läuft sie geradlinig auf kürzestem Wege zum Ausgangspunkt zurück und verfehlt ihr Nest nur um wenige Zentimeter. Jetzt denken Sie, ich hätte das erfunden oder Sie hätten sich verlesen? Nein! Diese Fähigkeit ist außerordentlich erstaunlich, besonders wenn man ihr den Sachverhalt entgegenhält, dass es sich bei Ameisen um wirbellose Insekten mit höchstens einigen Hunderttausend Gehirnzellen in einem Gehirn von 0,1mg Gewicht handelt.

Wissenschaftler haben herausgefunden, dass die Ameisen navigieren, indem sie ständig die einzelnen Vektoren ihrer Bewegung messen und den jeweils nächsten nach dem Prinzip der Vektorsumma-

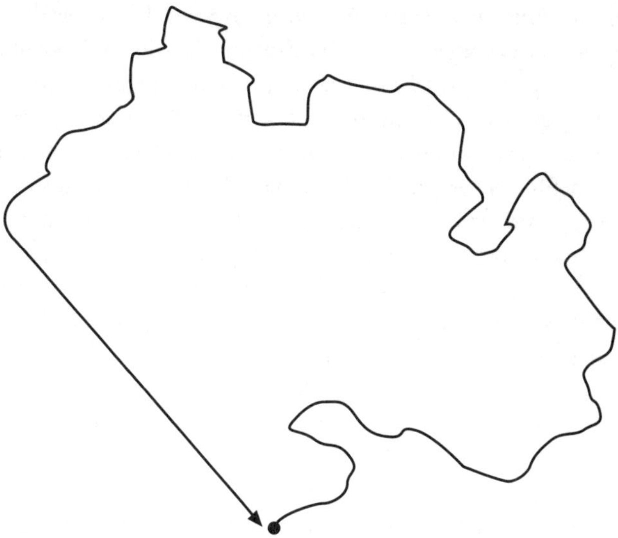

Abbildung 82: Beutesuche einer Ameise und geradlinige Rückkehr zum Nest ●

tion den früheren hinzuaddieren, wobei sie immer den resultierenden Heim-Vektor, der sie direkt zu ihrem Nest zurückführt, im Gedächtnis behalten. Was die Winkelkomponente der Navigation betrifft, so orientieren sich die Ameisen an der Sonne. Das Licht der Sonne wird auf seinem Weg durch unsere Atmosphäre polarisiert: Wenn es auf der Erde auftrifft, schwingt es bevorzugt in einer bestimmten Richtung. Mit spezialisierten Sehzellen am oberen Rand ihrer Augen können Ameisen die Winkelabweichung ihres eingeschlagenen Weges von der Polarisierungsrichtung des Sonnenlichtes ermitteln. Die so genannten Kompassneuronen im Ameisenhirn verrechnen diese Information dann.

Neben der Richtung können die Ameisen aber auch die Länge einer gelaufenen Strecke messen. Dies bewerkstelligen sie mit Hilfe einer Wegintegration durch «Zählung» der Anzahl ihrer Schritte mit einem körpereigenen Schrittzähler. Wissenschaftler der Universitäten Ulm und Zürich haben dies mit einem genialen Experiment nachgewiesen. Sie klebten einigen Ameisen Schweineborsten an die Beine, um deren Länge und so auch deren Schrittlänge zu vergrößern. Bei anderen Ameisen wurden die Beine gekürzt. Bevor diese Veränderungen vorgenommen wurden, mussten die Tiere von ihrem Nest zu einer 10 m entfernt liegenden Futterquelle laufen. Auf dem Rückweg zum Nest schossen anschließend die Ameisen mit den durch Stelzen verlängerten Beinen, die jetzt größere Schritte machten, etwa fünf Meter über das Ziel hinaus, bevor sie ihr Nest suchten. Die beingekürzten Ameisen dagegen hielten bereits etwa 5 Meter vor dem Ziel in Erwartung ihres Nestes Ausschau danach. In einem weiteren Versuch mussten die Tiere mit den veränderten Beinlängen vom Nest zur Futterquelle und zurück laufen. In diesem Fall schätzten sie den Rückweg wie gewohnt fast richtig ein.

Die Ameisen verfügen in ihrem Cockpit über mehr als einen schlichten Kompass und Entfernungsmesser. Sie gehören zu den beeindruckendsten Navigationskünstlern in der gesamten Tierwelt. Umgedeutet auf unsere menschlichen Maßstäbe ließe sich diese außerordentliche Geschicklichkeit der Ameisen bei präziser Richtungsfindung in strukturlosem Gelände nur durch mathematisch hochkomplexe Navigationsgeräte wie Globale Positionierungs-Systeme realisieren. Und es ist nur eine der Überraschungen, die Ameisen für uns in petto haben. Der Name ihrer Spezies findet sich über einigen kognitiv-vorbildlichen Glanzleistungen. Daher rührt ihr großer Erfolg in allen Regionen unseres Planeten. Wer Aufgaben besser löst und Schwierigkeiten schneller meistert als andere, wird seinen Erfolg auf Dauer kaum verhindern können.

Das Ameisen-GPS ist nur ein Beispiel von vielen: Wenn man wie wir mit der Mathematik-Brille im Tierreich unterwegs ist, trifft man auf Schritt und Tritt auf das Wunderbare.

124. *Meine Ameise ist Situationist*

Wissenschaftler von der Universität Bath in England haben herausgefunden, dass auch Tiere den Buffon'schen Nadelalgorithmus verwenden, den wir in Miniatur 104 erwähnt haben. Eamonn Mallon und Nigel Franks haben nachgewiesen, dass manche Ameisenarten mit diesem Smart Tool die Größe von Flächen vermessen, die viel größer als ihre Sensorreichweiten sind.

Versetzen Sie sich doch einmal in diese Situation. Angenommen, Sie sind allein in einer Höhle. Sie sollen die Größe der Grundfläche dieser Höhle bestimmen, ohne Echolot, Maßband und im Dunkeln. Selbst erfahrene Ingenieure sind mit einer derartigen Problemstellung wahrscheinlich überfordert. Doch die Natur hat die Ameisen der Art *Leptothorax albipennis* mit einer Ausstattung versehen, mit der sie diesen mathematischen Klimmzug jedes Mal ausführen können, wenn sie umziehen.

Ameisenkolonien dieser Art wohnen in niedrigen Höhlen zwischen Felsspalten. Ist eine Kolonie – die aus einer Königin, ihrer Brut und 50 bis 100 Arbeitern besteht – gezwungen umzuziehen, etwa weil ihr Nest zerstört wurde, so schickt die Kolonie zunächst einmal Späher aus, um eine geeignete neue Höhle zu finden. Wenn die Ameisen die Wahl haben, so bevorzugen sie Nester einer gewissen Standardgröße bezogen auf die Größe der Kolonie. Die Späher müssen also die Nester vermessen, die sie prüfen. Aber wie? Für die Kleinhirne der Ameisen sind das Großproblemata, die sie aber bravourös macromanagen. Sind wir überrascht? Nein! Allein, wie machen sie es?

Mallon und Franks fanden heraus, dass die Späher etwa 2 Minuten in einer jeden Höhle willkürlich hin und her hasten. Außerdem besuchen die Späher eine in Frage kommende Höhle zweimal, bevor sie der Kolonie ihre Ergebnisse verkünden. Beim ersten Besuch hinterlässt der Späher eine Pheromon-Duftspur während seiner Zufallswanderung in der Höhle. Beim zweiten Besuch wählt er einen anderen Zufallsweg im Inneren der Höhle, der wiederholt den ersten Weg kreuzt. Wenn dies geschieht, bleiben die Späher für einen Moment stehen, als machten sie eine kleine mentale Notiz von diesem Ereignis. Mallon und Franks haben empirisch die Hypothese belegt, dass ein Späher eine Schätzung der Grundfläche der Höhle aus der Anzahl der Kreuzungen der beiden Zufallswege vornehmen kann. In der Tat ist die geschätzte Grundfläche G einer Höhle umgekehrt proportional zur Anzahl der Überschneidungen N zwischen zwei Mengen von Linien der Gesamtlängen K und L, die zufällig über den Boden geworfen werden:

$$G = \frac{2KL}{\pi N}$$

Diese Formel zeigt, dass die Anzahl der Überschneidungen zwischen zwei Kollektiven von Streckenzügen als einfache Faustregel für Flächenschätzungen verwendet werden kann. Darüber hinaus ist diese Art von Buffon'schem Nadelalgorithmus relativ unempfindlich gegenüber der speziellen Gestalt der Fläche, die vermessen werden soll, und auch gegenüber dem exakten Muster der Spuren, die hinterlassen werden, solange diese nicht in nur einer Region konzentriert sind. Auch funktioniert die Methode sogar im Dunkeln und ist relativ präzise: Nester, die halb so groß sind wie andere, ergeben etwa doppelt so große Kreuzungshäufigkeiten.

Interessanterweise wurden von den Ameisen dann zu große Nester bezogen, wenn die Experimentatoren die Hälfte der ersten Duftspuren entfernte. In diesem Fall überschätzten die Ameisen die Größe ziemlich genau um das Doppelte. «Unsere Forschungsergebnisse, dass einzelne Ameisen recht akkurate Einschätzungen von Nestbereichen auf der Grundlage einer quantitativen Faustregel vornehmen können, zeigt, wie manche Tiere robuste Algorithmen zur Informationsgewinnung einsetzen, um wohl-informierte quantitative Entscheidungen zu treffen», so Mallon und Franks. Mit solch smartem Tool im Aktionsmodul lässt sich selbst in versierten Ingenieurszirkeln Ehre einlegen und Jubel auslösen.

125. *Tierische Arithmetiker*

Aus zahlreichen Studien ist bekannt, dass manche Tierarten Grundformen einer Zahlenkompetenz besitzen und in begrenztem Ausmaß tatsächlich zählen können. Einige können sogar noch mehr. So haben japanische Wissenschaftler kürzlich herausgefunden, dass Elefanten addieren können. Gaben die Biologen vor den Augen eines Elefanten in einen Korb zunächst 3 und anschließend noch einmal 4 Äpfel, so entschied sich das Tier lieber für diesen Korb als für einen, in den erst ein Apfel, dann weitere 5 Äpfel gegeben worden waren.

Schwieriger als die Addition ist die Subtraktion. Doch auch Subtrahierer findet man im Tierreich. So berichtet schon Tobias Dantzig 1930 in seinem Buch *Number, the language of Science* von einem Schlossbesitzer, der einen Raben fangen wollte, der sein Nest in einem der

Wachtürme des Schlosses angelegt hatte. Immer wenn sich der Schlossherr näherte, flog der Vogel aus und wartete auf einem nahe gelegenen Baum, bis die Luft wieder rein war. Der Schlossbesitzer versuchte daraufhin den Raben zu überlisten. Er ließ zwei seiner Mitarbeiter in den Turm ein, nach einer Weile zog sich der eine zurück und der andere blieb im Turm. Der Rabe konnte aber 1 von 2 subtrahieren und wartete auch das Verschwinden des anderen Helfers ab, bevor er wieder zu seinem Nest zurückflog. Das nächste Mal versuchte man es mit 3 Männern, die in den Turm gingen, von denen sich 2 alsbald zurückzogen, aber auch hiervon ließ sich der Vogel nicht irritieren. Er wartete, bis auch der dritte Mann verschwunden war. Auch die 4-Männer-Variante des Experiments blieb ohne Erfolg. Erst mit 5 Männern gelang die Unternehmung. Der Rabe war nicht mehr in der Lage, 4 von 5 zu subtrahieren und so festzustellen, dass noch ein Mann im Turm auf ihn wartete.

Elefanten und Raben sind recht hoch entwickelte Tierarten. Insofern ist die bei ihnen ausgeprägte Zahlenkompetenz nicht weiter überraschend. Geradezu sensationell muten dagegen neuere Ergebnisse von Würzburger Wissenschaftlern an, die einen Zahlensinn auch bei wirbellosen Tieren festgestellt haben, nämlich bei Bienen. Sie bauten vor den Tieren zwei optisch verschieden gestaltete Tafeln auf, die eine zeigte zwei Objekte, die andere nur eines. Außerdem hatte jede Tafel ein kleines Loch und hinter der Tafel mit zwei Objekten wartete auf die Bienen als Delikatesse eine Schale mit Zuckerwasser.

Die Bienen hatten schnell heraus, hinter welcher Tafel sich das Zuckerwasser befand. Auch wenn der Versuchsaufbau variiert wurde, flogen die Bienen konsistent nur zur Tafel mit den zwei Objekten. Ganz gleich, ob die Tafel links oder rechts stand, ob es sich bei den Objekten um rote Äpfel oder gelbe Punkte handelte, ob sie groß oder klein waren. Ganz egal, solange es eben zwei waren. Anschließend wiederholten die Wissenschaftler das Experiment zuerst mit 2 und 3, dann sogar mit 3 und 4 Objekten. Auch dies war für die Tiere kein Problem. Erst ab Tafelpaaren mit 4 und 5 Objekten schwächelten die Bienen und zeigten sich überfordert. Bienen zählen bis 4.

126. *Primzahlen, biozertifiziert*

In der Natur treten viele Zahlen auf und manche Zahlen treten in der Natur deshalb auf, weil sie Primzahlen sind. Ein erstaunliches Beispiel dafür ist der Lebenslauf der Dreizehnjahr-Zikade *(Magicicada tredecim)*. Zikaden sind heuschreckenähnliche Insekten, die in vielen Mittelmeerländern und in Nordamerika verbreitet sind. Sie treten periodisch auf und haben lange Entwicklungszeiten: Diese Zikaden verbringen genau 13 Jahre als Larven, die sich von Wurzelsaft ernähren und nahezu reglos wartend unter der Erde liegen, um dann als ganzer Schwarm gleichzeitig innerhalb von nur wenigen Tagen zu schlüpfen.

Sie fallen anschließend über eine ganze Gegend her wie eine Naturgewalt von biblischem Ausmaß. Dann ist wieder ein Zikadenjahr. Rund 40 000 Zikaden können unter einem einzigen Baum hervorschlüpfen. An der Oberfläche angekommen, leben sie dann so, als wollten sie alles in den letzten 13 Jahren Versäumte nachholen, mit Sex and Drugs and Rock 'n' Roll. Singzikaden als Schwarm verbreiten einen Lärm von annähernd 100 Dezibel Lautstärke. Jeder, der schon einmal in Mittelmeerländern seinen Urlaub verbracht hat, kennt das typische Zirpgeräusch. Dies ist ihr Lockruf für potentielle Partner. Hat der sich gefunden, kommt es zu Paarung, Eiablage und Tod in schneller Abfolge. Innerhalb von nur 4 Wochen ist der ganze Spuk vorbei. Abermals für genau 13 Jahre, in denen die neue Generation wieder im Erdboden schlummert, bis ihr nimmermüder Monat beginnt.

Bei den Zikaden scheint es übrigens ein evolutionäres Wettrennen darum zu geben, welche Art die größte Primzahl in der eigenen Biographie unterbringen kann. Derzeitiger Rekordhalter in dieser Disziplin ist die Siebzehnjahr-Zikade *(Magicicada septendecim)*, die genauso lebt wie ihre Kollegin, aber mit 17-jähriger Ruhepause zwischen zwei Hyperaktivitätsschüben.

Bei Zikaden zählen Zahlen. Die Wahl von Primzahlintervallen für ihr periodisches Auftreten lässt sich als subtile Überlebensstrategie erklären. Die Zikaden müssen sich gegen ihre natürlichen Feinde behaupten. Dies sind bestimmte Parasitenarten, die ihre eigenen Zyklenlängen haben und je nach Art alle 2, 3, 4 oder 6 Jahre aktiv auftreten.

Wäre die Zyklenlänge der Zikaden beispielsweise 12 Jahre, so könnten sich die Räuber auf die Zikaden synchronisieren, und viele Zikaden würden diesen synchronisierten Räubern zum Opfer fallen, was zur Auslöschung einer gesamten Generation führen könnte. Durch die Wahl einer Primzahl erschwert die Zikade ihren natürlichen Feinden, sich auf sie einzustellen, denn ein Primzahlzyklus verunmöglicht jede kleinzahlige Synchronisation. Dadurch ist die Zikade im evolutionären Überlebenskampf weitaus besser geschützt.

Man weiß heute, dass eine Kombination von Witterungsfaktoren und Bodentemperatur das zeitgleiche Schlüpfen aller Zikaden auslöst. Diese Bedingungen ergeben sich aber jedes Jahr aufs Neue. Doch woher wissen die Larven, wann wieder 17 Jahre verstrichen sind? Irgendwie zählen sie bis 17! Kein Mensch weiß, wie.

127. *Zufallszählen*

Manchmal möchte man die Anzahl von Individuen in einer bestimmten, nur schwer abzählbaren Population ermitteln. Für diese Zwecke kann ein Verfahren verwendet werden, das auf der Kunst basiert, in geschickter Weise den Zufall ins Spiel zu bringen. Wir nennen es die Methode des stochastischen Zählens und demonstrieren sie an einem instruktiven Beispiel.

Wie viele Fische befinden sich in einem Teich?

Praktisch ist es nahezu unmöglich, jedenfalls aber außerordentlich aufwendig, alle Fische aus dem Teich zu fangen, sie zu zählen und sie anschließend zurückzuwerfen. Und selbst in diesem Fall ist mit Ergebnisverzerrungen zu rechnen, kann man doch keineswegs sicher sein, alle Fische erwischt zu haben.

Wir gehen effizienter vor. Nehmen wir an, die uns unbekannte Anzahl der Fische im Teich ist N. Von diesen werden nun M Fische gefangen und in irgendeiner Weise markiert. Dann werden sie in den Teich zurückgeworfen. Nach einer kurzen Zeitspanne, die lang genug ist, um die abermalige zufällige Durchmischung aller Fische im Teich zu gewährleisten, werden nochmals einige Fische gefangen, und zwar diesmal insgesamt n Stück. Sind unter diesen n Fischen m farblich markiert, wie kann man dann mit dieser ausgesprochen spärlichen Information etwas über N in Erfahrung bringen? Nun, man kann den plausiblen Ansatz machen, dass die beim zweiten Mal gezogene Fischpopulation der n Fische hinsichtlich Markierung und Nicht-Markierung der Fische repräsentativ ist für alle Fische im Teich. Damit kann man den Anteil der markierten Fische im Teich, also M/N, gleich dem Anteil der markierten Fische in der zweiten Stichprobe, also m/n, setzen. Daraus erhält man durch elementares Umformen die Beziehung

$$\frac{nM}{m} \approx N,$$

was als Approximation für N dient.

Es gibt viele Anwendungen dieser Methode des stochastischen Zählens, für tierische und auch für menschliche Populationen. Neil McKeganey schätzte mit ihr im Rahmen seiner Studie über Aids die Anzahl der Prostituierten in Glasgow.

Immer wenn präzises Zählen unmöglich oder stark fehlerbehaftet ist, kann man zu Zufallszählweisen greifen.

128. *Musterbildung*

In diesem Beitrag wollen wir uns mit einem faszinierenden Beispiel für Selbstorganisation in der Natur befassen, und zwar mit der Ausbildung von Fellmustern bei Tieren. Haben Sie sich je gefragt, warum manche Tiere einfarbig sind, andere ein Fell mit Punkten und wieder andere ein Fell mit Streifen haben? Zur Beantwortung dieser Frage haben Mathematiker ein Modell entwickelt, dessen erste Ansätze auf Alan Turing (1912–1954) zurückgehen.

Ein optisch besonders eindrucksvolles Beispiel ist das Zebra mit seinen Streifen. Diese werden von Generation zu Generation vererbt. Sie müssen also in der DNA der Spezies verankert sein. Überlegen wir einmal, wie wir selbst die Fellzeichnung der Tiere im Erbgut codieren würden. Modern gesprochen, könnte man das Muster in einem biochemischen Analogon einer Grafikdatei unterbringen. Bis auf geringfügige Variationen würden dann alle Zebras identisch erscheinen. In der Realität unterscheiden sich die Fellzeichnungen der Tiere aber so stark voneinander, dass man ganz ähnlich wie bei Fingerabdrücken die Individuen anhand ihrer Streifen identifizieren kann. Bei der Musterbildung des Zebrafells muss also auch eine Zufallskomponente, die eine gewisse Variation hervorruft, eine Rolle spielen. Andererseits sind die Streifen der Zebras ganz erheblich verschieden und eindeutig unterscheidbar von den Streifen der Tiger und anderer Tiere. Der Mechanismus der Musterbildung muss also artspezifisch operieren und somit von Spezies zu Spezies verschieden sein.

Der Mustermacher. Die Mathematiker haben in der Tat ein Verfahren gefunden, das dies alles zu leisten vermag, den Turing-Mechanismus. Sein Grundgedanke ist, dass zwei biochemische Stoffe durch den Körper des Tierembryos diffundieren, sich also aufgrund der thermischen Eigenbewegung ihrer Moleküle ausbreiten. Er basiert auf einem Wechselspiel zwischen Diffusion und Kinetik und erklärt, wie räumliche Muster in chemischen Konzentrationen entstehen können. Der Keim der Fellzeichnung wird nämlich bekanntermaßen schon in der embryonalen Phase gelegt. Einer der beiden Stoffe ist ein Aktivator, der die Bildung von Melanin anregt, jenes Pigments, das ab einer bestimmten Aktivatorkonzentration gebildet wird und für dunkles Fell sorgt.

Der andere Stoff ist ein Inhibitor, der die Produktion von Melanin verhindert. Tritt er an einer Stelle in Erscheinung, bleibt das Fell an dieser Stelle hell. Die Konzentration der an einem Haarfollikel des Fells befindlichen Stoffe entscheidet also darüber, ob dort helles oder dunkles Fell entsteht. Der Aktivator ist dabei stärker fördernd, als der Inhibitor hemmend ist: Damit eine Stelle hell wird, muss an ihr mindestens einige Male so viel Inhibitor zu finden sein wie Aktivator, andernfalls wird die Stelle dunkel. Der Inhibitor dagegen, obwohl schwächer, diffundiert mit größerer Geschwindigkeit durch den Körper als der Aktivator. Da dies so ist, verringert sich in einem gegebenen Bereich der Inhibitor schneller, und eine Insel mit höherer Konzentration des Aktivators kann entstehen: Phänomenologisch wird es ein Flecken oder ein Streifen.

Man kann das Ausbreitungsverhalten der Stoffe und ihre Interaktion durch 2 gekoppelte Gleichungen darstellen, eine für den Aktivator, die andere für den Inhibitor. Mathematisch etwas präziser ausgedrückt, handelt es sich um partielle Differentialgleichungen. Man spricht von Reaktions-Diffusions-Gleichungen. Eine wichtige Stellschraube in den Gleichungen ist eine Zahl, die von Größe und Gestalt der zu bemusternden Fellfläche abhängt. Variiert man diesen Parameter in den Differentialgleichungen, so ergeben sich je nach Fall Flecken, Streifen oder Einfarbigkeit als optische Erscheinungsformen ihrer Lösungen.

Für Mathematiker ist dies nicht weiter verblüffend. Ihnen ist seit langem und in vielen Spielformen bekannt, wie sehr die Lösungen von Differentialgleichungen von den Randbedingungen abhängen. Ein anderes, aber in vieler Hinsicht ähnliches Beispiel bilden die Schwingungen diverser Trommeln. Mit denselben Materialien, nur durch Veränderung von Größe und Geometrie entstehen ganz verschiedene Tonhöhen und Klangfarben.

Auch bei Tieren hängt das konkrete Färbungsmuster entscheidend von Größe und Geometrie ihres Fells ab. Ein anderer Aspekt kommt aber noch hinzu: Wichtig ist zudem das Stadium der Embryonalentwicklung der Tiere, in welcher der Aktivator-Inhibitor-Prozess in Gang gesetzt wird. Simulationen der angesprochenen Reaktions-Diffusions-Gleichungen zeigen, dass kleine Tiere mit kurzen Tragzeiten einheitlich gefärbt sein sollten. Und in der Tat sind sie das in aller Regel auch. Die Maus ist dafür ein Paradebeispiel. Ist bei Aktivierung des Prozesses der Embryo aber bereits etwas größer, wird das ausgewachsene Tier teils schwarz, teils weiß sein. So verhält es sich bei der Walliser Ziege. Dann nimmt die Komplexität der Muster mit zunehmender Fellfläche zunächst zu. Dalmatiner, Raubkatzen und Kühe haben meist viele Flecken.

Bei den Schwänzen von Tieren wie etwa dem Gepard gehen die Flecken in Streifen über, was man durch die Verringerung der Fläche erklären kann. Wenn in der embryonalen Phase der Musterbildungsprozess einsetzt, gleicht der Schwanz des Geparden ungefähr einem Kegelstumpf, der sich zur Schwanzspitze hin verjüngt. Die Lösungen der Reaktions-Diffusions-Gleichungen sind in größeren Gebieten meist Wellen. Dies führt zum Wechsel von Bändern stärkerer und schwächerer Aktivatorkonzentration und somit zum Wechsel von dunklen und hellen Streifen. In kleinen Gebieten kann sich in Querrichtung keine ganze Welle ausbilden, im Gegensatz zum Gebiet des dickeren Schwanzansatzes. In Längsrichtung hat somit das Schwanzmuster den typischen Schwarz-Weiß-Wechsel, in Querrichtung allerdings wegen dessen Dicke nur am Anfang des Schwanzes.

Weiterhin sind auch die Flecken der Tiere je nach Fellgröße und embryonaler Aktivierungsphase deutlich unterschiedlich. Zum Beispiel wird bei einer Giraffe der Musterbildungsprozess in der embryonalen Phase vergleichsweise früh initiiert. Da aber die Giraffe von diesem Stadium bis zur letztendlichen Größe noch erheblich wächst, wachsen die Flecken entsprechend mit, werden stark verzerrt und sind am Ende recht groß. Bei Dalmatinern ist das anders. Die Ausbildung ihrer Muster findet erst relativ spät in der embryonalen Phase statt und danach wachsen die Tiere weit weniger ausgeprägt, als es Giraffen tun. Dalmatinerflecken bleiben deshalb klein.

Tiere mit einer sehr großen Fellfläche wie etwa Elefanten haben wiederum eine einfarbige Fellfärbung. Bei dieser Fellfläche liefern die Reaktions-Diffusions-Gleichungen ein so feines Muster, dass es selbst aus geringer Entfernung nur als einfarbig grau erkennbar ist.

Zwei grundsätzliche Ergebnisse wollen wir abschließend noch als handliche Merksätze festhalten: 1. Schlangen haben, wenn überhaupt eine Zeichnung, dann Streifen, aber keine Punkte. 2. Tiere mit gestreiftem Körper und gepunktetem Schwanz gibt es nicht.

129. *Die Wissenschaft der Kissenschlacht: Mathematik des Paarungsverhaltens**

Selbst wenn Sie bis hierher nur jedes zehnte Stück gelesen hätten, so kämen Sie doch auf eine Leselänge, die Ihnen in jedem postmodernen Roman, der was auf sich hält, eine gepflegte Portion Erotik bescheren würde. Also dann:

Während des Zweiten Weltkrieges und danach waren einige Hunderttausend amerikanische Soldaten in Großbritannien stationiert.

* Unter Verwendung von Informationen aus Watzlawick (2003).

Es war ein einzigartiges Bio- und Soziotop der Durchdringung einer Kultur mit einer anderen Kultur, auch eine Art von kleinem Clash of Civilizations. Dies zeigte sich in vielen Bereichen interkultureller Kommunikation. Ein besonders lehrreicher Fall war das nationalitätenübergreifende Paarungsverhalten. Ein Aspekt war besonders paradox: So sagten sowohl die amerikanischen Soldaten wie auch die englischen Mädchen überraschenderweise vom jeweiligen Partner, er sei übertrieben stürmisch.

Eine Gruppe von Wissenschaftlern, unter anderem auch die bekannte Völkerkundlerin Margaret Mead in Zusammenarbeit mit Psychologen, Soziologen und Mathematiker, konnte den darin impliziten Widerspruch schließlich durch ein Stufenmodell des Paarungsverhaltens aufklären: Die Crew der Wissenschaftler modellierte das Paarungsverhalten in beiden Kulturen, vom ersten Blickkontakt bis zum Geschlechtsverkehr, durch eine Folge von 30 für sich bestehenden Stufen. Das Paarungsverhalten weist in beiden Kulturen dieselben Verhaltensweisen auf, die aber – so fanden die Forscher – in den Kulturkreisen eine unterschiedliche Abfolge haben. So steht das Küssen im amerikanischen Paarungsverhalten relativ weit vorn, etwa auf Stufe 5, gilt also als recht harmlos. Im englischen Paarungsverhalten stellt es aber schon etwas relativ Intimes dar und nimmt ungefähr den Rangplatz 25 ein.

Abbildung 83: Cartoon von Sidney Harris: Erstes Date mit einem Logiker. «Diese Venn-Diagramme werden uns viel Zeit sparen. Schauen wir mal, wo Sie liegen, wo ich liege und ob es Überlappungen gibt.»

Zuspätromantik. Irritationen des Timings ergeben sich daraus zwar nicht zwingend, aber zwanglos. Wenn nämlich der amerikanische Soldat glaubte, der Augenblick für einen Kuss sei bereits gekommen und entsprechend agierte, fand sich das englische Mädchen nach diesem schnellen Gambit mit einer Verhaltensweise konfrontiert, die für sie keineswegs in dieses frühe Beziehungsstadium passte. Es war natürlich, dass sie es als überbeschleunigt und stürmisch deuten würde.

Einerseits fühlte sie sich um all die anregenden Zwischenstufen des Kennenlernens (Stufe 6 bis 24) gebracht, andererseits musste sie sich nun, ihrer unbewussten kulturellen Regel folgend, bereits fragen, ob sie die Beziehung an dieser Stelle abbrechen oder sich ihrem Partner bald sexuell hingeben sollte. Im letzteren Fall sah sich dann der Soldat mit einer Situation konfrontiert, die nach seinen kulturinternen Verhaltensformen nicht in das Frühstadium einer Beziehung passte und als ausgesprochen freizügig interpretiert werden konnte. Auch er würde das Verhalten gleichermaßen als stürmisch interpretieren. Die kulturbedingte Reihenfolge der Abläufe bei der Paarung ist natürlich bei den meisten Menschen eher unbewusst, das entstehende Gefühl in der beschriebenen Situation erzeugt aber bei beiden Partnern den Eindruck, dass der andere sich irgendwie unpassend verhält.

Markenflops

Interkulturelle Kommunikation hat generell ihre Tücken, nicht nur bei der Paarung. Ein anderes Beispiel ist die Produktwerbung. Jedes Jahr werden weltweit ungefähr 30 000 neue Produkte eingeführt. Drei Viertel davon sind Flops und überstehen nicht das erste Jahr auf dem Markt. Manchmal liegt es einfach daran, dass Werbeslogans falsch gewählt sind. Der Bierproduzent *Coors* erlebte ein Desaster auf dem spanischen Markt, weil er den englischen Spruch «Turn it loose!» (etwa: Mach dich locker!) auf eine Art ins Spanische übertrug, dass er im dortigen Slang so viel bedeutete wie: «Lass deinem Durchfall freien Lauf!»

Als der Füllfederhersteller *Parker Pens* einen tropffreien Stift einführte, wurde die Markteinführung im englischsprachigen Raum ➡

begleitet von der Verheißung «It won't stain in your pocket and embarrass you». In Mexiko muss das Produkt manchen Menschen einen gehörigen Schrecken eingejagt haben, wurde der Slogan doch in die Landessprache übersetzt als «No manchará tu bolsillo, ni te embarazará.» Das Englische embarrass (in Verlegenheit bringen) wurde zu embarazará (schwängern). Kurzum: «Er wird nicht in Ihrer Tasche auslaufen und Sie schwängern.» Auch gut.

130. *Im Homo-sapiens-Gehege*

Geschlechtsverkehrsreport. In einer umfangreichen Studie* aus dem Jahr 1994 über *The Social Organization of Sexuality,* durchgeführt von einem Wissenschaftlerteam der Universität von Chicago auf der Grundlage von immerhin 3432 befragten Amerikanern zwischen 18 und 59 Jahren, ergab sich als Ergebnis, dass Männer im Mittel 74% mehr verschiedene gegengeschlechtliche Partner haben als Frauen. Ein interessantes Forschungsergebnis, sicher. Doch, so fragt der Skeptiker in mir, kann es stimmen? Kann dieses Forschungsergebnis stimmen, wenn man aufgrund von statistischen Daten weiß, dass es im Jahr 1994 3,5% mehr Frauen als Männer in der Bevölkerung der USA gab?

Was hat diese letzte Information denn überhaupt mit der Studie und ihrer Fragestellung zu tun, werden Sie vielleicht denken? Wir werden es sehen!

Die verfolgte Absicht einer kritischen Einschätzung der Studie scheint indes hoffnungslos zu sein, zumal aus dem Stand heraus. Wie kann man auch nur einen halbwegs erfolgversprechenden Ansatz finden, ohne im Besitz der tatsächlichen Daten zu sein? Wie soll man ohne Dateninspektion das Ergebnis seriös hinterfragen können?

Die Mathematik findet einen Ausweg!

* Untersuchung von Laumann et al. (1994).

Abbildung 84: Cartoon von Joseph Farris: averbal mental

Wir suchen zunächst eine übersichtliche Darstellung der beschriebenen Situation. Dazu werden Personen durch Punkte dargestellt, jeder Amerikaner durch einen Punkt. Diese Punktmenge enthält die Teilmenge der Männer M und die der Frauen F, und wir sortieren die Punkte so, dass z. B. die Männer links stehen und die Frauen rechts.

Abbildung 85: Männer und Frauen als Punktmenge

Ohne nun allzu sehr in die Details zu gehen: Im Hinblick auf die in der Studie untersuchte Frage gibt es zwischen einigen dieser Punkte (Knoten genannt) Verbindungsstrecken (Kanten genannt).

> ***Mögliche Themen für* Das (n)e(u)rotische Wörterbuch der Mathematik:**
>
> abhängig, beschränkt, exzentrisch, Exzess, Glied, irrational, Körpererweiterung, orientierungslos, Potenz, unberechenbar, Unterkörper, Verhältnis

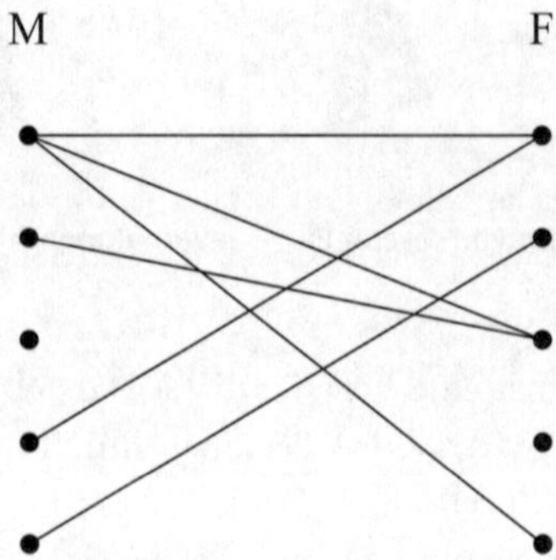

Abbildung 86: Der Graph der sexuellen Beziehungen

Um ein bisschen Terminologie einzuführen: Die Gesamtheit von Knoten und Kanten nennen wir *Graph* und die Anzahl der Kanten, die von einem gegebenen Knoten zu Knoten der Gegenseite ausgehen, den *Grad* dieses Knotens. Der männliche Knoten 1 etwa hat den Grad 3 und der weibliche Knoten 2 den Grad 1.

> ***Entselbstverständlichung***
>
> Kürzlich hörte ich eine hochinteressante Statistik. Ein Wissenschaftler präsentierte das Ergebnis seiner aufwendigen Studie: «Je mehr Jungen es in einer Familie gibt, desto größer ist die Wahrscheinlichkeit, dass einer davon zum Homosexuellen wird.» ➡

Warum schon damit aufhören? Viel umfassender kann man schlussfolgern, dass eine größere Zahl von Jungen in einer Familie auch die Wahrscheinlichkeit erhöht, dass einer irgendwann Präsident wird oder Autohändler oder von einem Meteoriten getroffen wird oder im Lotto gewinnt oder an Syphilis erkrankt oder eine Bank ausraubt oder beim Angeln ums Leben kommt oder …

Scott Hancock

Das erwähnte Ergebnis der Studie bezieht sich nur auf Beziehungen zwischen Partnern verschiedenen Geschlechts, deshalb sind eventuelle Kanten zwischen den männlichen bzw. weiblichen Knoten untereinander hier nicht relevant. Jede Kante verbindet deshalb einen Punkt auf der einen Seite und einen Punkt auf der anderen Seite. Wenn man also die einzelnen Grade aller Knoten auf der linken Seite addiert, also die Summe der Anzahlen verschiedener weiblicher Sexualpartner aller Männer bildet, so muss das Ergebnis zwingend gleich der Summe der Grade aller Knoten auf der rechten Seite sein, also gleich der Summe der Anzahlen verschiedener männlicher Sexualpartner aller Frauen. Dafür braucht man keine Studie. Das ist einfach logisch. Schreibt man M_1, M_2, ... für die insgesamt M Männer und F_1, F_2, ... für die insgesamt F Frauen, so bekommen wir in selbsterklärender Bezeichnungsweise:

$$\mathrm{Grad}(M_1) + \mathrm{Grad}(M_2) + \ldots + \mathrm{Grad}(M_M) =$$
$$\mathrm{Grad}(F_1) + \mathrm{Grad}(F_2) + \ldots + \mathrm{Grad}(F_F)$$

Dividiert man diese Gleichung durch das Produkt $F \cdot M$, so stellt sich die Beziehung

$$[\mathrm{Grad}(M_1) + \mathrm{Grad}(M_2) + \ldots + \mathrm{Grad}(M_M)]/(F \cdot M) =$$
$$[\mathrm{Grad}(F_1)+\mathrm{Grad}(F_2) + \ldots + \mathrm{Grad}(F_F)]/(F \cdot M)$$

ein, was etwas umsortiert, so aussieht:

$$[\mathrm{Grad}(M_1) + \mathrm{Grad}(M_2) + \ldots + \mathrm{Grad}(M_M)]/M =$$
$$[\mathrm{Grad}(F_1) + \mathrm{Grad}(F_2) + \ldots + \mathrm{Grad}(F_F)]/F \cdot (F/M)$$

Jede Gleichung erzählt eine Geschichte. Auch diese. Die Quotienten links und rechts des Gleichheitszeichens sind einfach die durchschnittlichen Anzahlen M* und F* der Sexualpartner des anderen Geschlechts, für Männer und für Frauen. Wir haben also allein mit gesundem Menschenverstand, ohne eine Studie bemühen zu müssen, die folgende Beziehung ermittelt:

$$M^* = F^* \cdot (F/M)$$

Die auf der rechten Seite noch auftretende Konstante ist der Quotient aus der Gesamtzahl der Frauen F und der Gesamtzahl der Männer M in der Bevölkerung. Dieser Quotient kann aus den vorhandenen Informationen ermittelt werden, denn laut Auskunft der Statistiken gab es zur Zeit der Studie 3,5% mehr Frauen in den USA als Männer. Aha, also hier benötigen wir die Information. Wenn es also insgesamt M Männer gab, dann gab es $F = 1{,}035 \cdot M$ Frauen, und es ist

$$F/M = 1{,}035 \cdot M/M = 1{,}035.$$

Damit haben wir uns klargemacht, dass die durchschnittliche Anzahl verschiedener weiblicher Sexualpartner der Männer landesweit lediglich um den Faktor 1,035 größer ist (also um 3,5%) als der entsprechende Durchschnitt für die Frauen. Noch dazu ist dieses Ergebnis völlig unabhängig von Unterschieden im Sexualverhalten zwischen Frauen und Männern. Dies bedeutet, dass das Wissenschaftlerteam der Universität Chicago ein Datenfiasko erlebt hat – verzerrte Auskünfte –, möglicherweise zum Teil deshalb, weil Männer nach den Ergebnissen anderer, in diesem Fall psychologischer Studien eher dazu neigen, die Zahl der verschiedenen Sexualpartnerinnen in ihrer Biographie zu vergrößern, während bei Frauen eher die gegenteilige Neigung besteht. So liefert die Studie immerhin einen Beleg dafür. Abgesehen davon ist die Untersuchung aber ein Denkfiasko. Man hätte die Antwort auf ihr Thema: «Wie viele verschiedene gegengeschlechtliche Sexualpartner haben Männer im Durchschnitt mehr als Frauen?» ohne eine mühevolle Befragung von 3432 Personen einfach auf der Rückseite seines Briefumschlages ermitteln können, noch dazu völlig unverzerrt durch psychologische Umfrageeffekte.

Borisbeckerisieren im Gleis-Dreieck

Sex auf U-Bahn-Gleisen: Vom Triebwagen überrollt.

Überschrift aus der Berliner Tageszeitung BZ

Die Fallstudie zeigt eindrucksvoll, wie sich methodisches Denken als Instrument der Skepsis gegenüber Daten und Statistiken einsetzen lässt. So viel zum Drum und Dran dieses Datendramas.

Statistiker haben jeden Zweig der Wissenschaft mit einem Tempo überrannt, das lediglich mit dem von Attila dem Hunnen verglichen werden kann.

Gigerenzer, Swijtink, Porter, Daston, Beatty & Krueger: *Das Reich des Zufalls*

131. *Rundumhumanismus: Zufall ist unser Leben*

Die Welt ist alles, was der Fall ist. Der Alltag von 7 Milliarden Menschen auf unserem Planeten ist voll von ganz normalem Wahnsinn und unglaublichen Zufällen. Jedem von uns ist wohl schon einmal ein seltsames Zusammentreffen von Ereignissen widerfahren. Ein Beispiel: Man denkt gerade an einen Freund, das Telefon klingelt und – nein, nicht der Freund, sondern die Mutter ist am Apparat. Interessant wird es aber dann, wenn tatsächlich der Freund am Apparat ist. Ein anderes Beispiel ist das, was Marcel Reich-Ranicki in seinem Buch *Mein Leben* beschreibt: eine Zufallsbegegnung mit dem Geiger Yehudi Menuhin am anderen Ende der Welt als Spaziergänger auf einer Straße irgendwo in Peking. Doch diesen und ähnlichen Ereignissen des zufälligen Zusammentreffens sollte man keine mystische Bedeutung beimessen, denn sie lassen sich mit Wahrscheinlichkeitstheorie erklären. Zwar ist es nicht ungewöhnlich, dass manche Menschen in diesen und anderen unglaublichen Zufällen je nach religiöser Glaubensrichtung, esoterischer Orientierung oder psychologischer Spielart das Wirken höherer Mächte sehen, doch man muss nicht gleich das Transzendente bemühen. Wir nähern uns einer Erklärung auf mathematische Weise.

Mathematik des Zufalls. Bezeichnen wir einmal hilfsweise ein Ereignis, das eine Wahrscheinlichkeit von weniger als 1 : 1 Million hat, als *Wun-der*. Dann besagt *Littlewoods Gesetz der Wunder*, dass jeder normale Mensch im ganz normalen Alltag im Durchschnitt etwa 1 Wunder pro Monat erlebt.

Die Begründung besteht aus einer kleinen Überschlagsrechnung: Im Wachzustand, wenn wir aktiv unser Leben leben, sagen wir rund 12 Stunden am Tag, erleben wir Ereignisse mit einer Rate von etwa 1 Ereignis pro Sekunde, d. h., irgendetwas passiert im Mittel jede Sekunde. Also gibt es 60 · 60 · 12, also ca. 40 000 Ereignisse pro Tag, was sich zu etwa 1 Million Ereignissen pro Monat addiert. Mit wenigen Ausnahmen ist die überwältigende Mehrheit dieser Ereignisse nicht weiter nennenswert. Doch ab und an gibt es wirklich ein Ereignis, das einen stutzig macht und nach unserer Definition ein Wunder ist. Bei rund einer Million Ereignissen im Monat kann man etwa ein Wunder im Monat erwarten.

Dieses Gesetz wurde vom Mathematiker und Cambridge-Professor John E. Littlewood (1885–1977) in *A Mathematician's Miscellany* veröffentlicht. Man kann es auch so wenden: Es gibt etwas, das man bisweilen als Prinzip der wahrhaft großen Zahlen bezeichnet: In einer hinreichend großen Stichprobe können die aberwitzigsten Dinge passieren. Und 7 Milliarden Menschen, die jede Sekunde ein Ereignis erleben, sind dafür wahrlich groß genug. Kein Wunder: «Denn Wunder gibt es immer wieder.»

Mit etwas mehr Mathematik kann man eine präzisere und tiefer liegende Erklärung geben: Ein Ereignis habe eine Wahrscheinlichkeit von 1: 1 Million bei einem Ausfall. Die Wahrscheinlichkeit, dass dieses Ereignis in, sagen wir, 1 Million Ausfällen *nie* eintritt, ist $(1-1/1\text{Million})^{1\ \text{Million}} = 0{,}368$ oder 36,8 %. Also ist es wahrscheinlicher, dass dieses extrem unwahrscheinliche Ereignis irgendwann in der langen Serie von Ausfällen eintritt. Ergo: Ereignisse können sehr unwahrscheinlich sein, doch dass das sehr viel

wahrscheinlichere Gegenereignis *immerzu* eintritt, ist noch unwahrscheinlicher.
Ein paar Geschichten von Wundern des Glücks und Unglücks sollen abschließend vergegenwärtigen, was die Welt für uns parat hält.

Wunder in Aktion (1): Der Fall der finnischen Zwillinge Lauri und Elmer Impola

Am Morgen des 5. März 2001 fuhr Lauri mit seinem Fahrrad in Raahe los, einer Stadt ca. 600 km nördlich von Helsinki, um Erledigungen zu machen. Er fuhr die Küstenstraße 8 Richtung Pattijoki. Es kam ein Schneesturm auf. Um 9:29 Uhr wurde Lauri auf einer Kreuzung von einem Laster erfasst. Der Tod trat sofort ein. Knapp zwei Stunden später und etwa eineinhalb Kilometer entfernt von jener Stelle, an welcher Lauri umkam, starb auch sein Bruder Elmer, als er – ohne vom Tod seines Bruders zu wissen – ebenfalls auf der Küstenstraße 8 unterwegs war. Auch er wurde von einem Laster erfasst. «Dies ist ein historischer Zufall. Obwohl die Straße viel befahren ist, sind Unfälle auf ihr nicht alltäglich», sagte die Polizistin Marja-Leena Huhtala der Nachrichtenagentur Reuters. «Meine Haare standen zu Berge, als ich hörte, dass die beiden Brüder waren, eineiige Zwillinge noch dazu. Der Gedanke, dass jemand von ganz oben seine Hand im Spiel hatte, ging mir durch den Kopf. Identische Zwillinge, identische Unfälle, identische Todesfälle.»

Focus Online, 19. 4. 2004

Wunder in Aktion (2): Vor einem Jahr ging Straßenkehrer Joseph Figlock in Detroit seiner Arbeit nach, als ein Baby aus dem vierten Stock eines Hauses fiel, ihn an Kopf und Schultern traf, sich dabei leicht verletzte, aber ansonsten unversehrt blieb. Vor zwei Wochen, als Joseph Figlock eine andere Straße kehrte, fiel der zweijährige David Thomas aus einem hochgelegenen Fenster, landete ebenfalls auf dem allgegenwärtigen Mr. Figlock mit demselben Ergebnis wie im früheren Fall. *Time Magazine,* 17. 10. 1938

Wunder in Aktion (3): Traurige Woche der Brüderlichkeit. Im Jahr 1973 starb der 17-jährige Neville Ebin in Hamilton, Bermuda, als ein Taxi unglücklich mit seinem Moped kollidierte. Exakt in der gleichen Woche ein Jahr später fuhr sein Bruder Erskine dasselbe, nun reparierte Moped in Hamilton und starb nach einer Kollision mit einem Taxi. Es war dasselbe Taxi mit demselben Fahrgast.

British Expats, 27. 7. 2007

Wunder in Aktion (4): Auch der Psychoanalytiker C. G. Jung hat sich mit unglaublichen Zufällen beschäftigt. Das berühmteste Beispiel aus seiner Praxis hat er folgendermaßen festgehalten: «Eine junge Patientin hatte in einem entscheidenden Moment ihrer Behandlung einen Traum, in welchem sie einen goldenen Skarabäus zum Geschenk erhielt. Ich saß, während sie mir den Traum erzählte, mit dem Rücken gegen das geschlossene Fenster. Plötzlich hörte ich hinter mir ein Geräusch, wie wenn etwas leise an das Fenster klopfte. Ich drehte mich um und sah, dass ein fliegendes Insekt von außen gegen das Fenster stieß. Ich öffnete das Fenster und fing das Tier im Flug. Es war die nächste Analogie zu einem goldenen Skarabäus, welche unsere Breiten aufzubringen vermochten, nämlich ein Scarabaeide, *Cetonia aurata,* der gemeine Rosenkäfer, der sich offenbar veranlasst gefühlt hatte, entgegen seinen sonstigen Gewohnheiten in ein dunkles Zimmer gerade in diesem Moment einzudringen.»

Aus: C. G. Jung, *Gesammelte Werke,* Band 8

Große Anfrage

Warum geschieht es immer wieder, dass Leute an alte Schulfreunde denken und am gleichen Tag deren Todesanzeige in der Zeitung lesen?

Luis Alvarez, Nobelpreisträger für Physik

Unsere Antwort jetzt: Die Wahrscheinlichkeit eines derartigen Ereignisses ist sehr klein für jeden einzelnen Menschen. Aber in einem großen Land wie der Bundesrepublik oder den USA geschieht es jeden Tag irgendjemandem irgendwo mit irgendeinem seiner Bekannten.

132. *Chefsachen*

Aufgrund einer Wette mit seinem Chef, bei der es darum ging, die Zahlen von 1 bis 40 im Kopf ohne Hilfsmittel zu multiplizieren, (...) begann William Lawson am nächsten Morgen um 7 Uhr mit dieser Aufgabe (...) und beendete sie um 6 Uhr abends, verkündete seinem Chef das Produkt, das dieser notierte - eine Zahlenkolonne mit 48 Ziffern - und für korrekt befand. Als die Rechenoperation beendet war, konnte Lawson seine Blutgefäße pochen hören, wie ein Mensch im Nervenfieber. Die nächsten drei Nächte träumte er unablässig von Zahlen, und oft erwähnte er in nächster Zeit, dass ihn nichts, aber auch gar nichts auf der Welt zu einer ähnlichen Wette würde veranlassen können. *Chamber's Journal*, 27. 9. 1856

Ein Mann betritt eine Tierhandlung, um einen Papagei zu kaufen. Der Inhaber zeigt die drei vorrätigen Exemplare. Der Erste ist bildschön. Der Kunde fragt nach dem Preis: «1000 Euro! Aber dafür spricht er auch vier Sprachen, rezitiert Goethes Faust, schreibt Balladen und setzt sie in Hexameter.» Der Kunde ist beeindruckt.

Der zweite Papagei ist noch farbenprächtiger als der Erste. «Dieser kostet 2000 Euro», sagt der Verkäufer. «Er komponiert moderne Opern, berechnet π auf 1000 Stellen, integriert Winkelfunktionen und löst partielle Differentialgleichungen.» – «Das ist ja fantastisch», meint der Kunde und lässt sich auch den dritten Papagei noch zeigen. Dieser ist grau und sitzt nahezu regungslos auf der Stange. Der Verkäufer nennt den Preis: «3000 Euro.» – «Und was kann der?», fragt der Kunde gespannt. «Hab ich noch nicht herausgefunden», erwidert der Verkäufer, «aber die anderen beiden sagen Chef zu ihm.»

133. *Tierisch-Satierisches: Meine Katze, mein Koautor*

Der Physiker und Mathematiker Jack H. Hetherington hatte in den 1970er Jahren, also vor Erfindung der modernen Textverarbeitung, sein Manuskript fertig getippt, als er in den stilistischen Anweisungen der Zeitschrift *Physical Review Letters* den Passus fand, dass in Artikeln von nur einem Autor nicht das Pronomen *wir* für diesen verwendet werden sollte. Da Hetherington nicht die ganze Arbeit neu tippen, sie aber andererseits unbedingt bei der renommierten Zeitschrift einreichen wollte, setzte er kurzerhand seine Siamkatze Willard als Koautor ein: F. D. C. Willard für *Felix domesticus* (so wird in der zoologischen Literatur die gemeine Hauskatze bezeichnet) Chester Willard. Willard ist wahrscheinlich die einzige Katze mit einer hochkalibrigen wissenschaftlichen Publikation im Lebenslauf: Hetherington, J. H. and Willard, F. D. C. (1975): Phys. Rev. Lett. 35, 1442–1444.

> ***Gleichheit vor dem Gesetz***
>
> §1 Hundesteuergesetz:
>
> Hunde im Sinne dieses Gesetzes sind auch Katzen.

Das Tier und sein Mensch. Willard wurde sogar noch zweisprachig und publizierte seinen nächsten Artikel 1980 auf Französisch in dem Wissenschaftsjournal *La Recherche*, diesmal in alleiniger Autorschaft. Man munkelte, dass es zu Meinungsverschiedenheiten zwischen Hetherington und Willard gekommen sei, die ursprünglich den Artikel gemeinsam zur Publikation eingereicht hatten, woraufhin Hetherington seinen Namen zurückgezogen habe.

Irgendwann musste die Katze aus dem Sack gelassen werden, da Willard plötzlich Einladungen zu Vorträgen erhielt und andere Wissenschaftler mit ihm Kontakt aufnehmen wollten. Manchmal sieht man in der wissenschaftlichen Literatur aber noch die Angabe: «F. D. C. Willard, private communication.» Willard ist heute bekannter als Hetherington.

9. Kunst, Kultur, Kommunikation

134. *Eine Art von Nobelpreis*

Haben Sie schon einmal bei einem Familienereignis die Kamera bedient und ein Gruppenfoto geschossen? Selbst wenn alle ruhig stehen – einer blinzelt immer gerade dann mit den Augen, wenn der Auslöser betätigt wird. Das ist unschön. Deshalb macht man noch ein Foto. Dann blinzelt ein anderer. Wie viele Fotos muss man schießen, um fast sicher sein zu können, mindestens eines ohne jedwedes Blinzeln im Kasten zu haben?

Schmunzeln Sie nicht! Das ist die ernst gemeinte und ernst genommene Frage, die sich der australische Physiker Piers Barnes und die Fotografin Nic Svenson 2006 in einer interdisziplinären Kooperation gestellt haben.Und natürlich kann man auch diese Fragestellung mit Mathematik bedenken.

Ein bisschen Empirie braucht man dafür. Menschen blinzeln im Mittel 10-mal pro Minute. Jedes Blinzeln dauert rund 250 Millisekunden. Bei normalen Lichtverhältnissen bleibt der Auslöser einer Kamera etwa 8 Millisekunden geöffnet. Blinzeln findet zufällig statt, und die Blinzelzeitpunkte verschiedener Personen können als unabhängig voneinander angenommen werden.

Piers Barnes berechnete die Wahrscheinlichkeit, dass keine von n Personen ein Bild durch Blinzeln verdirbt als $(1 - xt)^n$. Dabei ist t die Länge des Zeitintervalls, in der das Foto verdorben werden könnte und x die erwartete Anzahl von Blinzlern pro Person in einem Zeitintervall dieser Länge. Schießt man also rund $(1-xt)^{-n}$ Fotos, so kann man ein blinzelfreies Foto erwarten. Auch eine Faustregel leiten Barnes und Svenson daraus für die Anzahl der zu schießenden Fotos ab: Für Gruppengrößen von 20 oder weniger teile man die Personenzahl durch 3, falls dieLichtverhältnisse gut sind, und durch 2 bei schlechten Lichtverhältnissen.

Abbildung 87: Nur nicht blinzeln!

Eine amüsante Ergänzung zur Arbeit von Svenson und Barnes sei noch hinzugefügt. An der Harvard University werden einmal im Jahr die so genannten IgNobel-Preise verliehen für an sich ernst gemeinte Forschungsarbeiten und andere Aktivitäten, die sich aber durch ultimative Skurrilität auszeichnen. Bereits seit dem Jahr 1991 durchforstet eine Jury von Wissenschaftlern, Wissenschaftsjournalisten und Persönlichkeiten aus Sport und Literatur die Medien nach Publikationen und Vorkommnissen, die aufgrund ihres hohen Grades an Kuriosität zunächst zum Lachen, dann zum Denken anregen. Höhepunkt ist jedes Jahr die feierliche Übergabe der Preise an der Harvard-Universität, eine Veranstaltung, die eine Mischung aus Oscar-Verleihung, Varieté und Spektakel ist, zu der auch die Preisträger in aller Regel erscheinen. Svenson und Barnes erhielten im Jahr 2006 mit der Blitzlichtarbeit den Preis für Mathematik zugesprochen. Damit befinden sie sich in hervorragender Gesellschaft.

Meine Lieblingspreisträger der letzten Jahre sind die beiden folgenden, die auch einen guten Eindruck davon geben, wie viel unbeabsichtigte inhaltliche Verschrobenheit man anbieten muss, um in den illustren Kreis der Preisträger zu gelangen:

Sehnsucht nach besserem Krieg

Preisträger für Frieden im Jahr 2000: die britische Marine für eine nachahmenswerte Modifikation von militärischen Einsätzen. Um Geld zu sparen, ließ die Royal Navy bei Manövern die Variante testen, statt die Kanoniere wie sonst üblich mit Platzpatronen und Platzgranaten auszurüsten, sie nach dem Zielen einfach nur vollmundig «Peng» brüllen zu lassen. Die Maßnahme spart mehr als 1 Million Pfund im Jahr. In Interviews zeigten sich jedoch viele Matrosen deprimiert, da ihr Dienst so zur Lachnummer werde.

Rent a Country

Preisträger für Wirtschaftswissenschaften im Jahr 2003: Karl Schwärzler und das Fürstentum Liechtenstein für die Schaffung der Möglichkeit, den gesamten Staat zur Ausrichtung von Hochzeiten, Tagungen, Tauffeiern und sonstigen Veranstaltungen zu mieten. Nach der Schlüsselübergabe kann die Nationalflagge gegen ein Firmenemblem oder Familienwappen ausgetauscht werden, und der Mieter darf sich für die Dauer des Mietverhältnisses Regent nennen.

Suche Sponsor, biete an: Wissenschaftliches Konzept, das zum Nobelpreis führt. Es war kein Urknall, sondern eine Implosion.

Anfragen unter MGP 02141004.

Aus der *Westdeutschen Zeitung*, Dezember 1985

135. *Künstliche Intelligenz bis Künstlicher Humor*

Seit vielen Jahren versuchen Mathematiker und Computerwissenschaftler auf einigen eng umgrenzten Gebieten menschenähnliche Kreativität nachzubilden. Dies geschieht durch die Entwicklung von Algorithmen, die Aufgaben ausführen sollen, für welche ein Mensch Intelligenz benötigt. Darin sind die Programme teils ausgesprochen erfolgreich. Ein Paradebeispiel ist das Schachspiel. Nach mehreren Wettkämpfen im letzten Jahrzehnt zwischen den weltbesten menschlichen Schachspielern und den weltbesten Schach spielenden Computern kann man heute den Schluss ziehen, dass in diesem Bereich die künstliche Intelligenz der naturbelassenen Intelligenz auf Wettkampfniveau überlegen ist.

Mathematik, Version 2.1.2

Neue Features in diesem Update

- π gleich 3 gesetzt
- Neue Beweismethode jetzt zulässig: Beweis durch Mehrheitsentscheid
- Möbius-Band repariert und zweiseitig gemacht
- Fraktale am Rand zwecks Verbesserung der Wiedergabe geglättet
- Fehler beseitigt, der Großen Fermat'schen Satz für n = 1 und n = 2 bisher ungültig machte
- Division durch null jetzt erlaubt
- Lange Beweise von Theoremen gekürzt für bessere Tauglichkeit als Kurzkommentar auf Rändern von Büchern
- Zufallszahlen jetzt standardisiert auf bewiesene Zufallszahl 17
- Klarheitsaxiom eingeführt. Besagt: Wenn Person A Person B einen Beweis 5 Minuten erklärt und B versteht ihn nicht, dann kann B auf Klarheitsaxiom zurückgreifen, um geltend zu machen, dass Beweis von A ungültig ist.

Auch im Bereich von Kunst und Literatur gibt es beeindruckende Leistungen der KI-Entwickler. In der Musik ist schon seit einiger Zeit

Software in Gebrauch, die den Künstler mit dem automatischen Einfügen von Basslinien und Melodiesequenzen unterstützt. In der jüngsten Vergangenheit kamen Programme hinzu, die Musikstücke ganz selbständig ohne Zutun eines Menschen erzeugen, also letztlich eigenständig komponieren können, und zwar so versiert, dass häufig die Endprodukte dieses Schaffens nicht von dem eines menschlichen Komponisten zu unterscheiden sind.

Noch komplexer als die Musik, die sehr stark mathematisierbar ist und deren Schöpfungen von quantitativen Prinzipien geleitet werden – auch jene, bei denen Kreativität eine Rolle spielt –, erweist sich für die Künstliche Intelligenzia die Literatur. Programmen in diesem Bereich fällt es erheblich schwerer, das Verhalten von menschlichen Experten täuschend echt nachzubilden. Ein Beispiel aus dem Bereich Lyrik ist das Programm *Cybernetic Poet*. Er analysiert die ihm eingegebenen Gedichte und kann anschließend eigene, gänzlich neue Gedichte anhand des erkannten Stils generieren. Das folgende Poem wurde vom Cybernetic Poet geschrieben, nachdem er Gedichte im Haiku-Stil von seinem Schöpfer Ray Kurzweil gelesen hatte:

> I am thinking of water
> and the girl, she sits
> dancing by the sun.

Der virtuelle Schriftsteller *Cyberito* geht emotional noch einige Schritte weiter und schreibt für Sie Liebesbriefe, wenn Ihnen selbst die Worte fehlen.

Mit zu den größten Herausforderungen auf dem Gebiet der künstlichen Intelligenz gehört die Erzeugung von Humor. Humor funktioniert auf außerordentlich subtile Weise und entzieht sich bis heute einem umfassenden Verständnis.

Auch Sigmund Freud hat sich mit dem Humor befasst. Laut seiner psychoanalytischen Theorie, die er in seinem bahnbrechenden Werk *Der Witz und seine Beziehung zum Unbewussten* formuliert hat, kann ein Witz lediglich zwei Funktionen haben. Entweder ist es ein bösartiger Witz, der aggressive Funktionen erfüllt, oder es ist ein obszöner Witz, der bloßstellen soll. Ich persönlich betrachte diese

Sichtweise, Humor auf seine aggressiven oder sexuellen Untertöne zu reduzieren, als etwas zu eng und dementsprechend als nicht ausreichend, um alle Formen des Humors zu erfassen. Ganz gewiss wird sie manchen Arten von Humor, die mir gefallen, nicht gerecht.

Auf mich wirkt die Unvereinbarkeitstheorie des Humors überzeugender. Sie ist sogar noch älter als Freuds Sicht und geht zurück auf den schottischen Dichter und Essayisten James Beatty, der 1776 schrieb: «Lachen entsteht durch den Anblick zweier widersprüchlicher, unpassender oder unvereinbarer Teile oder Umstände, die als ein Gesamtobjekt oder als zusammengehörig gesehen werden.»

Diese Sichtweise wird von dem zeitgenössischen Anthropologen Elliott Oring geteilt, einem Professor an der California State University in Los Angeles. In seinem Buch *Jokes and Their Relation* notiert er: «Das Begreifen von Humor hängt vom Erkennen einer bemerkenswerten Unvereinbarkeit ab – das heißt von der Wahrnehmung einer spürbaren Wechselbeziehung zweier Elemente aus Bereichen, die allgemein als unvereinbar betrachtet werden.» Mit anderen Worten gibt es bei einem Witz immer Elemente, die scheinbar inkongruent sind. Oring hat mit *The Jokes of Sigmund Freud* auch ein Buch über Freuds Humor geschrieben, in dem er behauptet, dass Freuds Repertoire an Witzen und seine Theorie des Humors mehr über Freud selbst aussagen als über Humor im Allgemeinen.

Computergenerierter Humor ist auch weiterhin meistens recht dünn. Eines der bekannteren Programme ist JAPE, das *Joke Analysis and Production System*, eine von den Wissenschaftlern Kim Binsted und Graeme Ritchie entwickelte Software, die Witze eigenständig produzieren soll. Hier nun ein Beispiel von JAPE in versuchter deutscher Übersetzung:

> Wie nennt man einen Mörder mit Ballaststoffen?
> Einen Zerealien-Killer!

Der Witz beruht im Englischen auf der lautlichen Ähnlichkeit von serial (Serien) und cereal (Zerealien).

Ganz putzig! Aber lustig? Jedenfalls scheinen mir die künstlichen Humoristen noch weit davon entfernt, den besten menschlichen Humorfachkräften auf Augenhöhe zu begegnen.

136. *Zahlensprechweisen der Länder**

Das indisch-arabische Stellenwertsystem für die Schreibweise von Zahlen hat sich weltweit durchgesetzt, doch die Art und Weise, wie diese Zahlen gesprochen werden, zeigt in vielen Sprachen bemerkenswerte Besonderheiten.

Für die Franzosen ist die Zahl 90 quatre-vingt-dix, also vier zwanzig zehn ($4 \cdot 20 + 10$), während die Belgier nonante sagen. Die Waliser benennen die Zahl 18 mit zweimal 9, die Bretonen mit dreimal 6, im Alamblak, gesprochen auf Papua-Neuguinea, wird sie verbal als fünfmal 2 + 1 plus 1 + 2 konstruiert. Ganz außergewöhnlich kombiniert die afrikanische Sprache Nimbia, die bei der Zahlwortkonstruktion ein Zwölfersystem einsetzt. Die 144 ist darin schlicht *wo*. Im Yoruba, gesprochen in Nigeria, wird die 25 als –5 plus 30 gebildet.

Doch das sind eigentlich nur punktuelle Ungereimtheiten. Im Deutschen dagegen ist der Unterschied zwischen Schreib- und Sprechweise ganz planmäßig. Das Deutsche ist eine von ganz wenigen Sprachen in der Welt, bei denen zwar die Zahlen von links nach rechts geschrieben, aber in ganz anderer Weise gesprochen werden. Bei den Zahlen zwischen 13 und 99 – ohne die vollen Zehnerzahlen – ist es noch leicht, findet doch einfach eine Umkehrung statt. Die Zahl 21 wird nicht als zwanzigeins gelesen, sondern als einundzwanzig. Bei größeren Zahlen wird es dann geradewegs kurios. Liest man die Zahl 98 765, so hat man die Ziffern in der Reihenfolge 8, 9, 7, 5, 6 abzuarbeiten. Trifft man also beim Lesen auf diese Zahl und ist bei der 9 angelangt, muss man diese zunächst überspringen und mit der 8 beginnen, bevor man rückwärts zur 9 geht. Dann überspringt man die 8, um zur 7 zu kommen, überspringt die 6, um die 5 zu lesen, und geht rückwärts zur 6. Schließlich überspringt man die 5, um mit dem Lesen des Textes fortzufahren. Insgesamt sind bei der leserischen Bearbeitung dieser Zahl 4 Sprünge und 2 Rückwärtsbewegungen zu vollziehen. Ein komplexer Algorithmus ist es noch dazu, und man mag erstaunt sein, dass er doch mehrheitlich leidlich beherrscht wird. Unkompli-

* Unter Verwendung von Zitaten und Informationen aus Drösser (2004 a,b).

zierter wäre eindeutig die unverdrehte Sprechweise in der Form neunzig-acht-tausend-sieben-hundert-sechzig-fünf. Jedoch sprechen wir Zahlen eben immer noch indogermanisch aus statt systematisch.

Die Gepflogenheit, die Zahlen zwischen 13 und 99 anders zu sprechen, geht nämlich zum Teil mehr als 4000 Jahre auf das damals gesprochene Indogermanische zurück. Damals wurde für jeden Einer ein Strich gesetzt, bei einem Zehner wurde ein Kreuz gemacht und diese standen hinter den Strichen: IIIIX war unsere heutige Zahl 14. Sie wurde von links nach rechts und folgerichtig als vier-zehn ausgesprochen. Als die indisch-arabischen Zahlzeichen nach Europa kamen, setzte sich dann auch im indogermanischen Sprachraum alsbald die umgekehrte Schreibweise durch, nun standen die Zehner vorn: 14 – aber die frühere Sprechweise wurde seltsamerweise nicht angetastet, sondern unverändert beibehalten.

Nach der mönschwärdung Christi Jesu unnsers säligmachers gezallt thusennt ſunnſfhundert zwentzigk unnd ſunnſf jar.

Jahreszahl auf einer Quittung von 1525 aus einer Kanzlei der schweizerischen Stadt Zofingen. Aus: *Das Stadtrecht von Zofingen*, bearbeitet von Walther Merz, 1914

Eine weitere Chance der Anpassung gab es mit Martin Luthers Bibelübersetzung. Doch auch diese wurde nicht genutzt. Im Lateinischen wird die 43 tatsächlich als vierzigdrei gesprochen. Doch Luthers Ziel war es, so zu übersetzen, wie die Leute sprechen. Die Leute aber sagten immer noch dreiundvierzig. Und so hat es Luther dann übersetzt.

Die Auswirkungen des deutschen Zahlensalats sind eklatant: Zahlendreher in allen Lebenslagen, falsch notierte Telefonnummern, Probleme beim Simultandolmetschen und in Gesprächen mit Ausländern. Hörfehler, Denkfehler, Sprechfehler, Schreibfehler, Lesefehler. Der Unternehmensberater Günter Lößlein schätzt, dass durch die Zahlensprechweise verursachte Fehler ein Schaden von 300–500 Millionen Euro jährlich in Deutschland entsteht.

Am wichtigsten jedoch: Nachweislich haben es deutschsprachige Kinder in der Grundschule weitaus schwerer als nötig, das fehlerlose

Hantieren mit Zehnern und Einern zu lernen. Ihren noch nicht durch Gewöhnung imprägnierten Sinnen fehlt anfangs der intuitive Umgang beim Zahlen-Handling. Studien mit deutschsprachigen Zweitklässlern haben gezeigt, dass deren Zahlenkompetenz im internationalen Vergleich weit unterdurchschnittlich war, in der Nähe der Fähigkeiten einer Vergleichsstichprobe aus der Unterschicht Brasilens.

Sogar handfeste Unfälle kann man der deutschen Zahlendreherei anlasten. So berichtet Prof. Waldemar Reinecke, dass im Zweiten Weltkrieg der Artilleriebefehl: «Ganze Batterie feuern, Entfernung 7400» (gesprochen: vierundsiebzig hundert) vom völlig übermüdeten Nachrichtenmann als 4700 an die Geschütze weitergegeben und sofort ausgeführt wurde. Elf Soldaten der eigenen Truppe starben durch das resultierende *friendly fire*. «Wäre damals in der deutschen Sprache die Sprechweise nicht vierundsiebzig, sondern siebzigvier gewesen, wäre dieses Unglück nicht passiert», meint Reinecke.

Nachrichtliches

Abrissunternehmen zertrümmert Haus Nr. 415 statt 451

Es war ein Fall von Verwechslung. Ein Zahlendreher in der Adresse führte zu einem Bulldozerfehler. Gemäß amtlicher Verfügung sollte am Dienstag das Haus in 451 Fuller Avenue abgerissen werden. Doch als sich der Staub gelegt hatte, stand die Nummer 451 unberührt. Stattdessen waren etwas oberhalb in derselben Straße vom Haus mit der Nr. 415 nur noch die Fundamente vorhanden.

***The Grand Rapids Press*, 5. 12. 1990**

Interessehalber gefragt: War der Mann an der Abrissbirne ein Germane?

Fast alle Sprachen haben im Laufe der Zeit ihre Zahlensprechweise an die Schreibweise angepasst. Die Engländer taten dies schon um 1600 bei den Zahlen ab 20. Das heutige thirty-six war zuvor six-and-thirty gewesen. Die Waliser gingen 1850 noch einen Schritt weiter. Bei ihnen beginnt die Systematik schon bei der 11, undeg un, was man mit einszehn eins übersetzen kann. In Deutschland ist 36 immer noch sechsunddreißig. Bedeutsam in diesem Zusammenhang ist auch, dass manche an Dyskalkulie, einer Form von Rechenschwäche, leidende deutsche Schüler im Deutschen nicht kopfrechnen können, im Englischen dagegen schon. Der Jugendpsychologe Jochen Donczik hat mehr als 100 Dyskalkulierer gründlich untersucht und setzt sich für eine Vereinfachung der deutschen Zahlensprechweise ein. Viele Kinder irritiert es zum Beispiel, dass zwar fünftausend eben 5000 ist und fünfhundert die Zahl 500, aber fünfzehn nicht etwa 50 meint, sondern 15.

Die Norweger waren bisher die Letzten, die ihre Sprechweise geändert haben. Sie taten es 1951 mit einer einstimmigen Abstimmung im Parlament. Sogar im norwegischen Gesetz ist seither verankert: «Zehner werden vor den Einern ausgesprochen.» Tre-og-forti (43) ist nun forti-tre. Der Hauptgrund für die Reform wurde auch explizit gemacht: Sie war als pädagogische Hilfeleistung für die Schulanfänger gedacht.

Übrigens, schon 1520 hatte der deutsche Rechenmeister Jakob Köbel sich in seinem Rechenbuch dafür starkgemacht, die Zahlen unverdreht auszusprechen. Dass sein Vorschlag sich nach 500 Jahren immer noch nicht durchsetzen konnte, deutet auf starken und ununterbrochenen Widerstand gegen diese an sich gute Idee.

Zahlensprech-Export

Obwohl Adam Riese das Buch von Jakob Köbel sehr schätzt, übernimmt er nicht die von Köbel vorgeschlagene Zahlensprechweise, sondern schlägt eine noch radikalere Variante vor: 9876 sollte gesprochen werden als neuntausendachthundertsiebenzehnsechseins. Diese Form setzte sich in Deutschland nicht durch, wohl aber in einigen anderen Ländern wie etwa Japan und China.

137. *Mate`ma:tiʃɛs tsʊm `hø:rən, ♪♫♪♪**

In diesem Abschnitt findet Erstklassiges zueinander und bildet einen Wissensverbund: *Musik und Mathematik*. Das Eine hat in nicht geringem Ausmaß mit dem Anderen zu tun.

Ein Zweiklang besteht aus zwei gleichzeitig erklingenden Tönen. Physikalisch gesehen lassen sich diesen beiden Tönen Frequenzen

* Unter Verwendung von Informationen aus Brefeld (2010) und Koepf (2010).

und Wellenlängen zuordnen. Ein höherer Ton hat dabei die größere Frequenz, aber die kleinere Wellenlänge. Beispielsweise besitzt der Kammerton A die Frequenz 440 Hz. Das Verhältnis der Frequenzen zweier Töne, eines ersten Tons oder Grundtons und eines weiteren Tons oder Zieltons, der zusammen mit dem Grundton gehört wird, nennen wir ein musikalisches Intervall. Ein Frequenzverhältnis der Töne ist dann mathematisch nichts anderes als ein Zahlenverhältnis. Und schon sind wir mit der Musik bei der Mathematik.

Erklingen zwei Töne zusammen, so wird dies vom menschlichen Gehör dann als angenehm empfunden, wenn ihre Frequenzen in kleinen ganzzahligen Verhältnissen zueinander stehen. Tonabstände werden vom menschlichen Ohr dann als gleich groß empfunden, wenn sie dasselbe Frequenzverhältnis haben, nicht, wenn sie denselben Frequenzabstand haben. Unser Ohr hört demnach logarithmisch. Das elementarste Intervall ist die Prim, in der ein Grundton mit sich selbst verglichen wird. Ihr entspricht also das Zahlenverhältnis 1 : 1. Bei der als sehr harmonisch empfundenen Oktave beträgt das Frequenzverhältnis 2 : 1, ein Verhältnis von 3 : 2 nennt man Quinte, ein Verhältnis von 4 : 3 heißt Quarte.

Eine auf- oder absteigende Folge von Tönen, die in einem musikalischen Zusammenhang stehen, nennt man Tonleiter. Als älteste Tonleiter gilt die pythagoreische Tonleiter. Welche Probleme löst sie, welche erzeugt sie, und wo liegt ihre Achillesferse? Diese Fragen beschäftigen uns jetzt.

Die pythagoreische Tonleiter beruht auf der Kombination von zwei einfachen Leitmotiven: Wenn zwei Töne erklingen, die sich um eine Oktave unterscheiden, so nimmt das menschliche Ohr sie als identisch wahr. Sie verschmelzen dann zu einem einzigen Ton mit charakteristischer Klangfarbe. Um Oktaven verschobene Töne gelten deshalb als harmonisch gleich. Anders ausgedrückt: Zwei Töne gelten dann als gleich, wenn die Frequenz des höheren durch fortgesetztes Verdoppeln aus der Frequenz des niedrigeren Tons gewonnen werden kann. Daraus entsteht die mathematische Übereinkunft: Ein musikalisches Intervall ändert sich nicht, wenn man es mit 2 multipliziert, d. h. den zweiten (höheren) Ton um eine Oktave höher spielt bzw. den ersten (tieferen) Ton um eine Oktave tiefer spielt. Ein musikalisches Intervall ändert sich ebenfalls nicht, wenn man es durch 2 dividiert, d. h. den zweiten Ton um eine Oktave tiefer spielt bzw. den ersten Ton um eine Oktave höher spielt.

Der zweite Grundsatz der pythagoreischen Tonleiter besagt, dass nur solche Töne aufgenommen werden, deren Schwingungszahlen in einem einfachen ganzzahligen Verhältnis zueinander stehen.

Der griechische Mathematiker Pythagoras von Samos führte diese Grundsätze einer Tonlehre um 500 v. Chr. ein und konstruierte damit eine Tonleiter nach folgendem Verfahren: Man beginne mit einer schwingenden Saite (einem so genannten Monochord) der Länge 1. Sie erzeugt einen Ton, den wir Grundton nennen. Dann verkürze man die Saite um 1/3 ihrer Gesamtlänge. Das Monochord mit der Länge 2/3 produziert einen anderen Ton. Er harmoniert gut mit dem Grundton. Diese Vorgehensweise wird fortgesetzt: Der neue Ton wird als neuer Ausgangston zur Konstruktion eines weiteren Tons verwendet. Wenn dabei das Monochord kürzer als 1/2 wird, verdopple man die erhaltene Länge. So verlässt man nie die Oktave des Grundtons. Dieses Verfahren setzt man so lange fort, bis die Saitenlänge des gerade erhaltenen neuen Tones nur so wenig von der Saitenlänge des Grundtones abweicht, dass der Unterschied nicht mehr hörbar ist. Das tritt beim 12ten Ton nach dem Grundton erstmals auf. Mit ihm ist dann die pythagoreische Tonleiter vollständig.

Die Pythagoräer

Sie saßen weltverloren
vor straff gespannter Saite
und trauten ihren Ohren.
O Monochord!

Sie horchten auf, als wären
es Töne aus der Weite
kristallner Himmelssphären.
O Monochord!

Sei nur kein Instrument,
das den Gesang begleite –

sei Schwingung, die erkennt!
O Monochord!

Verhältnis ganzer Zahlen
erweist die Welt als Ort
des ewig Rationalen.
O Monochord!

Tief dachten sie – und wussten,
dass sie sich irren mussten.
Sei du mein letztes Wort,
o Monochord!

Frieda Breschler, aus: *Lob des Fünfecks*,
hrsg. von Alfred Schreiber

Rechnen mit Tönen. Die pythagoreische Tonleiter beruht also, anders gesagt, auf der Übereinanderschichtung von 12 Quinten. Leider beinhaltet sie störende Unreinheiten, da das «His» der 12. Quinte geringfügig höher angesiedelt ist als das C von sieben übereinandergeschichteten Oktaven. Zwölf Quinten ergeben nämlich ein Frequenzverhältnis von genau 531 441 : 4 096 = 129,746 : 1, während sieben Oktaven das Frequenzverhältnis 128 : 1 haben.

Ton	Quinte	Frequenzverhältnis
C	0	1:1
G	1	2:3
D	2	4:9
A	3	8:27
E	4	16:81
H	5	32:243
Fis	6	64 :729
Cis	7	128:2187
Gis	8	256:6561
Dis	9	512 :19683
Ais	10	1024:59049
Eis	11	2048:177147
His ≈ C	12	4096:531441

Ton	Oktave	Frequenzverhältnis
C	0	1 : 1
C	1	1 : 2
C	2	1 : 4
C	3	1 : 8
C	4	1 : 16
C	5	1 : 32
C	6	1 : 64
C	7	1 : 128

Diese Tonleiter beruht auf der mathematischen Besonderheit, dass $(3/2)^{12}$ ungefähr gleich 2^7 ist. Der Unterschied zwischen den beiden Tönen, dem His der 12. Quinte und dem C der 7. Oktave, ist ein Frequenzverhältnis von genau $4096 \cdot 128/531\,441 = 2^7/(3/2)^{12} = 2^{19}/3^{12} = 524\,288/531\,441 = 128/129{,}746 = 1/1{,}01\,364$. Das Intervall mit diesem Verhältnis wird in der Musiktheorie als pythagoreisches Komma bezeichnet.

In der Praxis versucht man beim Stimmen von Musikinstrumenten, das pythagoreische Komma, also diese kleine, wenn auch spürbare Abweichung, möglichst sinnvoll auf alle Töne zu verteilen. Damit sich in gleichstufig-temperierter Stimmung die Quintenspirale nach sieben Oktaven zum Quintenzirkel exakt schließt, muss das pythagoreische Komma beim Stimmen über die zwölf Quinten ausgebreitet werden. Die Wirkung dieser kleinen Interventionen liegt unterhalb des vom menschlichen Ohr Hörbaren.

Musikalisches Ahaha-Erlebnis

Sartori ist ein Begriff aus dem Zen-Buddhismus und bezeichnet dort eine kleine Erleuchtung, die in der Regel von Lachen begleitet wird. Meinen Favoriten unter den musikalischen Sartoris habe ich von Harry Rowohlt gelernt: Wenn man eine Flasche Rotwein zügig einschenkt, hört man dabei ein Glucksen nach den Noten:

➡

Das ist exakt der Anfangsteil des Liedes *Fuchs, du hast die Gans gestohlen*. Probieren Sie's doch mal aus. Am besten mit gutem Rotwein in guter Gesellschaft.
Warum nicht ein kleines akustisches Forschungsprojekt daraus machen, mit dem Weinkeller als Tonstudio: Kann man einen Wein an Melodie und Klangfarbe erkennen?

Von elementarer Wichtigkeit ist bei Tonsystemen die Darstellbarkeit von Oktaven. Seit dem 19. Jahrhundert haben sich deshalb in der Musikwelt Tonleitern durchgesetzt, bei denen das Frequenzverhältnis zweier benachbarter Töne stets gleich ist. Diese werden als gleichstufige Tonleitern bezeichnet. In diesen Tonleitern tauchen Probleme dann auf, wenn auch noch andere Intervalle als die Oktave mit Tönen der Tonleiter gebildet werden sollen, etwa die Quinte mit ihrem Frequenzverhältnis von 3:2. Das ist jener Zweiklang mit der nach Prim und Oktave nächstbesten Konsonanz für das menschliche Ohr.

Mathematisch bedeutet es, wenn in einem Tonsystem mit n Tönen pro Oktave eine Quinte durch 2 Töne im Abstand von k Tonschritten dargestellt werden soll, dass die n-te Wurzel von 2 zur k-ten Potenz erhoben gleich 3/2 sein muss: $2^{k/n} = 3/2$. Die Beziehung ist exakt nicht erfüllbar, weil $2^{k/n}$ für jedes $k = 1, 2, ..., n - 1$ keine rationale Zahl ist, 3/2 klarerweise aber doch. Es lässt sich lediglich eine Annäherung der beiden Ausdrücke erreichen. Die meisten Menschen können mit dem unausgerüsteten Ohr Töne nicht mehr trennen, die um 0,4 % oder weniger in ihren Frequenzen differieren. Wählt man etwa $n = 12$, so umfasst die Quinte 7 Tonschritte, und es ist $2^{7/12} = 1{,}4983 \approx 1{,}5 = 3/2$. Die Abweichung von der reinen Quinte beträgt bei dieser Wahl nur ganze – 0,113 %.

Dieses Zwölftonsystem ist übrigens das einfachste System, bei dem für die meisten Menschen kein akustischer Unterschied besteht zwischen der darin realisierten Quinte und einer reinen Quinte. Tonsysteme, die noch mehr als 12 Töne enthalten, sind naturgemäß aufwendiger. Sie bieten aber bei der Darstellung von Quinten keine wesentlichen Vorteile mehr. Auch die große Terz mit ihrem Frequenzverhältnis von 5 : 4 wird vom Zwölftonsystem noch ganz annehmbar abgebildet. Sie umfasst 4 Tonschritte im Zwölftonsystem, und es ist $2^{4/12} = 1{,}2599 \approx 5/4$ mit einer Abweichung von nur 0,792 %. Ein Großteil der abendländischen Musik basiert auf diesem Zwölftonsystem. Oder, wenn Sie so wollen, auf dem kleinen mathematischen Zufall, dass die zwölfte Wurzel aus zwei hoch sieben recht genau gleich anderthalb ist.

138. *Das Beste aus meinem Kino*

Mathematische Argumente und cinematographische Werke, also Beweise und Filme, sind Endprodukte sehr verschiedener, schwer kompatibler Formen der künstlerisch-kreativen Betätigung. Dies zu denken ist üblich, doch nicht zwingend. Warum nicht einmal beides zusammenbringen, zu einem Beweis des Satzes von Pythagoras als Kurzkolossalfilm? Ein Stummfilm ist es zwar nur, aber dennoch: großes Kino!! Hier ist der Peak-Preview. Film ab!

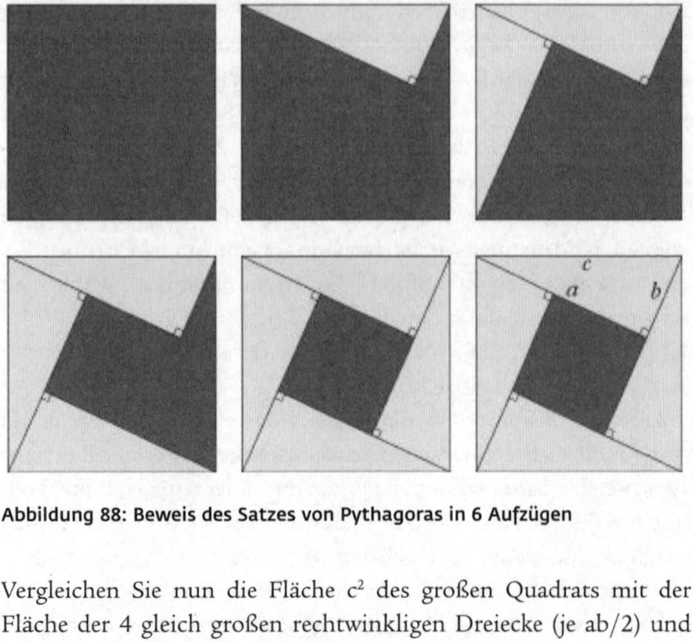

Abbildung 88: Beweis des Satzes von Pythagoras in 6 Aufzügen

Vergleichen Sie nun die Fläche c^2 des großen Quadrats mit der Fläche der 4 gleich großen rechtwinkligen Dreiecke (je $ab/2$) und der Fläche $(a - b)^2$ des kleinen Quadrats. Alles klar? Das ist der Beweis!

Sechs Stillleben, viel Inhalt, ein Novum noch dazu: Würden in diesem Buch Bilder bonbonbunt und nicht schwarz-weiß gedruckt, wäre dies die Premiere meiner Produktidee des Beweises als Stummfilm in Farbe.

Hacke, Spitze, Tor, Pythagoras

Fußball erfordert Intelligenz, es kann beim Torschuss nicht schaden, den Satz des Pythagoras zu kennen.

Fußball-Bundesligaspieler und Mathematik-Fernstudent Marco Bode in einem Interview des *Tagesspiegels* am 29. 1. 2003

139. *Wer ist eigentlich …?*

Tom Lehrer (geb. 1928) ist ein US-amerikanischer Sänger, Liedermacher, Satiriker und Mathematiklehrer. Sein gesangliches Repertoire umfasst auch zahlreiche Songs über Mathematik. Er war in den 1960er Jahren außerordentlich erfolgreich damit. Er ging sogar auf Welttournee, füllte riesige Säle. Kaum zu glauben heute, dass seine Lieder 19 Wochen in England und 17 Wochen in den USA ganz vorne auf den Hitlisten mit dabei waren und sich millionenfach verkauften. Lieder wie *There's a delta for every epsilon,* in dem er eine gefühlsbetontere Form der Differential- und Integralrechnung fordert, oder der neuere Song *That's Mathematics* zur Melodie von *That's Entertainment,* geschrieben für das Fermat-Fest 1993 in San Francisco, um Andrew Wiles und dessen damals noch lückenlos erscheinenden Beweis der Fermat'schen Vermutung zu feiern. In diesem Song heißt es:

Andrew Wiles gently smiles
Does his thing, and voila!
Q. E. D., we agree,

And we all shout hurrah!
As he confirms what Fermat jotted down in that margin
Which could have used some enlargin'.

Tom Lehrer ist der lebende Beweis, dass man mit akustisch aufbereiteten Mathematik-Themen Menschenmassen gut unterhalten kann. Er war ein Star. Inzwischen hat er sich weit zurückgezogen von dort, wo er leicht sichtbar wäre. Möge das Geschick ihm mit Glimpf und Glück gewogen sein.

140. *Musikalisches Intermezzo*

Liedermaching von Informatikern: ein Schlager der Gruppe Ingsteph & Co. aus Erfurt

Informatiker
Ich hab 'ne Brille mit dickem Rost,
meine Religion ist Tiefkühlkost,
Star Trek find' ich wunderschön,
doch woll'n Frauen niemals mit mir geh'n.

Ja ich bin Informatiker,
mein Leben ist so schön binär,
ich fänd' es auch phänomenal,
wär' es hexadezimal.

Die Welt ist ein Computerspiel,
ohne Fehler 's mir mehr gefiel.
Würd' gern cheaten oder patchen
auch so manches hübsche Mädschen.

AVI und BMP
URL und TXT
CPU ist AMD
und bei Windows format C
http und SQL

ftp und html
UDMA und C++

Poesieballung der besonderen Art? Oder nur eine dünne Hymne? Der Lackmustest: Kann man dieses Können lehren lernen wollen?

141. *Was wäre, wenn … man nur «alles, was man wissen muss», wissen würde?*

Irgendwann ging das Buch *Bildung – alles, was man wissen muss* von Herrn Professor Schwanitz über meinen Nachttisch. Ein ununterhaltsames Buch ist es beileibe nicht, aber leider auch ein Buch, das forciert hinter seinem eigenen Titel zurückbleibt. Es dezimiert sich selbst durch ein intellektuelles Großmissverständnis, oder anders gesagt: Es klafft in ihm eine grandiose Lücke. Mathematisches, «was man wissen muss», ist darin nahezu nicht enthalten. Dabei gibt es zigdutzend derartige Dinge, die es hätte enthalten müssen: Prozentrechnung, Bruchrechnung …

> ***Was man auch wissen muss***
>
> Achtung: Das Tragen dieses Kleidungsstücks ermöglicht es Ihnen nicht, zu fliegen!
>
> **Produktwarnung auf einem Superman-Halloweenkostüm**

Countdown zum Schlusskapitel: 4, π, e, $\sqrt{2}$, $0.\overline{9}$, 0, i^2.

10. Alles Mögliche

142. *Denkfarbenspiele*

Große Einstiegsanfrage: Können 250 Ziegel der Maße 4×1×1 in eine Kiste der Maße 10×10×10 gepackt werden?

Mit Farben hat diese Angelegenheit zunächst einmal nichts zu tun. Doch wir werden sie durch Einfärben lösen und so unserem Farbenspieltrieb frönen.

> ***Ungekünstelt***
>
> In Berkeley, Kalifornien, stellte der Künstler Yakamura seine Werke unter dem Titel *Farben und Formen* aus. Es handelte sich um farbintensive, kuriose, abstrakte Gebilde, die schnell ihre Liebhaber fanden. Einige erzielten Preise bis zu 1500 Euro. Besonders gespannt war man auf den Künstler, der sich für den Abend der Vernissage angesagt hatte. Es handelte sich um den Schimpansen Gerhard aus einem Zirkus, der gerade in Berkeley gastierte.
>
> **Alexander Tropf: Niederlagen, die das Leben selber schrieb**

In einem ersten Anlauf kann man ganz farblos so überlegen: Ein Ziegel hat ein Volumen von 4 · 1 · 1 = 4 Kästchen, 250 Ziegel haben demnach ein Volumen von 250 · 4 = 1000 Kästchen. Die Kiste hat ein Fassungsvermögen von 10 · 10 · 10 = 1000 Kästchen. Das Gesamtvolumen der Ziegel entspricht dem Fassungsvermögen der Kiste. Ergo passen die Ziegel in die Kiste.

Das Theorem des Ziegellegers. Ein alter Ziegelleger behauptet jedoch, dass er es in seinem langen Berufsleben nie geschafft hat, 250 dieser Ziegel in eine solche Kiste zu packen, ohne einen der Ziegel zu zersägen. Er meint, es sei unmöglich.

Ist es möglich? Ist es unmöglich? Die Wahrheit ist irgendwo da draußen. Wir haben uns ja eben überzeugt, dass es volumentechnisch kein Problem ist, die Ziegel in der Kiste unterzubringen. Auf den ersten Blick kommt auch kein anderer Grund in Sicht, der dem entgegenstehen sollte. Bei genauerem Nachdenken mag sich das diffuse Gefühl einstellen, dass die quaderförmige Geometrie der Ziegel es irgendwie verhindern könnte, 250 davon zu einem Würfel zu konfigurieren. Doch wie kann man auch nur ansatzweise versuchen, diesem Gefühl mathematisch präzise nachzugehen?

Der Ziegelleger hat übrigens recht und es ist in der Tat unmachbar. Am einfachsten ist ein Färbungsargument. Was ist das? Wie geht das? Was kann das?

Es ist ein raffinierter Einsatz von Farben, mit denen wir den Würfel einfärben und uns so für einen Kurzbeweis der Unmöglichkeit in Form bringen. Auch Ideen haben einen Bereich, in welchem sie «leben, weben und sind».

Man denke sich den 10×10×10-Würfel aus 1000 würfelförmigen Zellen mit Volumen 1 zusammengesetzt und gebe den Zellen Koordinaten (x, y, z) von (1, 1, 1) bis (10, 10, 10). Dann färbe man alle diese Kleinwürfel mit einer von vier Farben ein, die wir hier mit Grautönen darstellen und mit den Ziffern 0, 1, 2, 3 bezeichnen. Konkret geschieht die Einfärbung auf eine solche Weise, dass die Zelle mit den Koordinaten (x, y, z) die Farbe i erhält, wenn beim Teilen von x + y + z durch 4 der Rest i bleibt. Das scheint eine recht vertrackte Art des Einfärbens zu sein, doch sie leistet für uns alles Gewünschte.

1	2	3	0	1	2	3	0	1	2
0	1	2	3	0	1	2	3	0	1
3	0	1	2	3	0	1	2	3	0
2	3	0	1	2	3	0	1	2	3
1	2	3	0	1	2	3	0	1	2
0	1	2	3	0	1	2	3	0	1
3	0	1	2	3	0	1	2	3	0
2	3	0	1	2	3	0	1	2	3
1	2	3	0	1	2	3	0	1	2
0	1	2	3	0	1	2	3	0	1

Abbildung 89: Die unterste Schicht des eingefärbten 10x10x10-Volumens

Was kann man aus dem so kolorierten Würfelvolumen folgern?

Walter Benjamin schrieb Denkbilder, Günter Anders Denkfabeln, unser Leitmotiv hier sind Denkfarben. Ein Ding ist vollkommen, wenn es seinen Zweck voll erfüllt, auch ein Denk-Ding. In der farbigen Face-to-Face-Situation mit dem Problem wird mühelos klar: Ganz gleich wo und wie ein Ziegel in der Kiste liegt, er überdeckt immer 4 unterschiedlich eingefärbte Zellen. Das ist eine Überlegung, die im heideggerschen Sinne etwas zusammenhanglos dahingeworfen wirkt. Es ist aber ein gutes Stück Arbeit im Dienst des perfekten Beweismoments. Es ist sogar der zentrale Gedanke, der hier gedacht werden muss. Hat man ihn gedacht, so schaffen den Rest die in seinem Gefolge eintrudelnden Tatsachen fast ohne uns: Wäre das Einpacken aller Ziegel nämlich möglich, so würden diese das Volumen so ausfüllen, dass jede der 4 Farben von genau 250 Kleinwürfeln überdeckt würde. Das mündet aber in einen Widerspruch, da nach unserem Einfärben des Würfelvolumens exakt 251 Zellen die Farbe 0 besitzen.

Das muss man eigentlich nur abzählen. Nach Abbildung 89 besteht die unterste Schicht des eingefärbten Würfelvolumens aus 26, 25, 24, 25 Zellen mit den Farben 0, 1, 2, 3. Die Färbung der jeweils nächsten Schicht ergibt dieselben Anzahlen, aber für die vier Farben so umgeordnet, dass gegenüber der unmittelbar darunterliegenden Schicht die erste Farbe an die letzte Stelle tritt, weil eine Koordinate in der nächsthöheren Schicht immer um 1 größer ist. Das bedeutet, wir haben die Anzahlen 26, 25, 24, 25 der Farben 1, 2, 3, 0 in der zweiten Würfelschicht von unten, die Anzahlen 26, 25, 24, 25 der Farben 2, 3, 0, 1 in der dritten Schicht von unten usw. Demnach gibt es $(26 + 25 + 24 + 25) \cdot 2 + 26 + 25 = 251$ Zellen der Farbe 0.

Dieser Widerspruch kann nur durch die damit als irrig erkannte Annahme entstanden sein, dass die Ziegel alle in die Kiste passen. Es geht also nicht, aber aus Gründen der Konfigurierung, nicht aus volumetrischen Gründen.

Dieser schon ältere Coup ist ein wunderbares Muster für die Übung, Farben als Denkhilfsmittel einzusetzen. Ganz schmuck ist er zudem noch, mit ausgesprochen hohem Lehrwert. Wieder zeigt sich die Mathematik reich an jenen Wegen, die das Schöne geht.

143. *Kurzer Ausflug ins Automobilistische*

Sie sind wahrscheinlich Mathematiker, wenn ...

Abbildung 90: Mazda 3, ungefähr

.... Sie Ihren *Mazda 3* auf *Mazda π* hochgetuned haben.

> ***Elchtest***
>
> Einfaches Gasgeben genügt, und das Auto nimmt die dynamische Verhaltensweise eines aus dem Verdauungsschlaf erwachten Elches an, von dem man eben noch glaubte, er sei ein tief verschneiter Baum.
>
> **Aus einem Autotest der *Frankfurter Allgemeinen Zeitung*, 17. 6. 1991**

144. *Episodisches zur Kreiszahl π*

Die Kreiszahl π transzendiert ihre nur mathematische Bedeutung bei Weitem. Sie ist die faszinierendste Zahl der Welt und tritt in ihr an allen Ecken und Enden auf. Eine umfangreiche Folklore von extrem nützlichen bis extrem nutzlosen Tatsachen umgibt sie. Mein eigener Geburtstag 02081960 beispielsweise, um an Letzterem anzuknüpfen, tritt in π beginnend mit der 35 658 179ten Nachkommastelle erstmals auf:

$$\pi = 3{,}14159 \ldots 69577\mathbf{02081960}64213 \ldots$$

Pi and I. Irgendetwas sollte ich doch mit dieser hart erkämpften Tatsache anfangen können. Aber was?

Vielleicht können Sie etwas anfangen mit folgenden weniger hart erkämpften Tatsachen:

- Die Bibel beschreibt in 1. Könige 7:23–26, wie König Salomo ein großes Becken für rituelle Waschungen baut. «Es wurde aus Bronze gegossen und maß 10 Ellen von einem Rand zum anderen. Es war völlig rund und 5 Ellen hoch. Eine Schnur von 30 Ellen konnte es rings umspannen.»
  Daraus ergibt sich für π der Näherungswert π = Umfang/Durchmesser = 30 Ellen/10 Ellen = 3. Das ist die Kreiszahl immerhin auf eine Stelle korrekt angegeben. Ganzzahlig gerundet gewissermaßen. Heute kennen wir mehr als zwei Billionen Stellen von π, wären sie alle schon in der Bibel, wäre sie um einiges dicker geworden. Aber immerhin, π = 3 ist in der Bibel, $E = mc^2$ nicht. Dabei hätte ein Satz wie «Und sehet, Eure Energie ist Eure Masse, zweimal multipliziert mit der Schnelligkeit des Lichts» auch noch gut hineingepasst.

- Auch Politiker haben sich mit dem Wert von π befasst. In das Parlament des Bundesstaates Indiana wurde am 18. Januar 1897 vom Parlamentarier Taylor I. Record die Gesetzesinitiative Nr. 246 eingebracht. Einer der Wähler, die er repräsentierte, war der Arzt und Denkweltwüterich Edwin J. Goodwin, der sich auch an der Mathematik versuchte. Bei diesen Versuchen glaubte er auf eine neue π-Wahrheit gestoßen zu sein und konnte sogar seinen Abgeordneten davon überzeugen, diese als Gesetzesinitiative einzubringen. Die Vorlage enthält abstruse Aussagen. Sie widersprechen nicht nur bekannten geometrischen Tatsachen, sondern sind auch in sich widersprüchlich. Eine darin geäußerte Bemerkung in Bezug auf Kreise lässt aufhorchen: «Der Quotient aus Durchmesser und Umfang verhält sich wie fünf Viertel zu Vier.» Der sich daraus ergebende Wert der Kreiszahl ist $\pi = 4/(5/4) = 16/5 = 3{,}2$. Der Gesetzentwurf hatte bereits das Abgeordnetenhaus passiert. Ein am Vorabend der Abstimmung im Senat zufällig anwesender Profimathematiker konnte gerade noch verhindern, dass die Initiative auch noch in diesem Gremium die nötige Mehrheit erhielt und damit Gesetz geworden wäre. Es hätte den US-Bundesstaat Indiana in Bezug auf die Kreiszahl hinter die Mesopotamier zurückgeworfen. Deren Gelehrte hatten schon etwa 1900 vor Christus die Näherung $25/8 = 3{,}125$ berechnet.

Behördisch für Beginner, hier: Tätig sein und sein lassen

1. Hauptsatz allen Tuns

Jede Aufgabe ist daraufhin zu prüfen, ob sie verzichtbar ist.

§ 2 Abs. 2, Satz 1 Verwaltungsmodernisierungsgrundsätzegesetz

Sie schmunzeln vielleicht über die Parlamentarier von Indiana, doch im Wirklichkeitsbezirk, den die Zahl π besetzt, und drum herum liegen viele Fußangeln. Mit einem kurzen Teach-in versuche ich, Sie zu überzeugen, dass π eigentlich sogar gleich 2 ist. Was, wenn nicht das, soll man nämlich dem folgenden Diagramm entnehmen?

Der große Kreis habe den Radius 1, alle kleineren Kreise entstehen durch fortgesetzte Halbierung. Was resultiert daraus? Zunächst und vor allem, dass der obere Halbkreisbogen des großen Kreises die Länge $2\pi r \cdot ½$ für $r = 1$ hat. Das ist π.

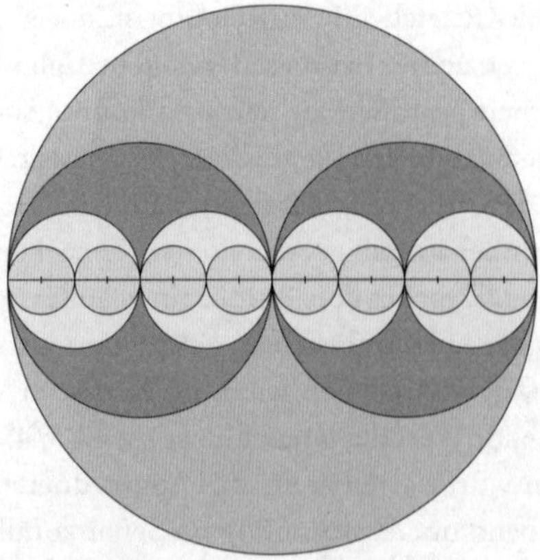

Abbildung 91: Ein optisches Argument für π = 2

Andererseits ist π auch die Summe der Längen der beiden oberen Kreisbögen der dunklen Kreise, der vier oberen Kreisbögen der nächstkleineren Kreise usw. Doch die Länge der Kreisbögen nähert sich mehr und mehr dem Durchmesser des größten Kreises, konvergiert also gegen eine Strecke der Länge 2. Folglich muss $\pi = 2$ sein. Sollte ich den für mich zuständigen parlamentarischen Abgeordneten darüber informieren?

Limericking zwischen Reimreinheit und Reimweh

A conjecture both deep and profound
Is whether the circle is round.
In a paper of Erdös,
Written in Kurdish,
A counterexample is found.

Gereimtes von Leo Moser über die Neigung des berühmten Mathematikers Paul Erdös, wichtige Resultate in obskuren wissenschaftlichen Zeitschriften zu veröffentlichen. Nachdem Erdös diesen Limerick gehört hatte, versuchte er, in einer kurdischen Mathematikzeitschrift zu publizieren, doch er fand keine.

- Sudokus sind Zahlenrätsel. Sie wurden Ende der 1980er Jahre in Japan populär und haben in ihrer Ausstrahlung etwas von Zen, Sumo, Yoga und Tai-Chi. Inzwischen begeistern sie weltweit viele Millionen Menschen. Sudokus sind der Rubiks Cube unserer Zeit. Sie sind denkbar einfach im Aufbau, von nahezu kristalliner Klarheit und Übersichtlichkeit. Ein paar Zahlen, ein paar Kästchen, nach Zeilen und Spalten sortiert. Mehr als einen Bleistift braucht man nicht. Irgendwie macht es süchtig. Sie haben ihre eigene Magie. Wenn man ein Sudoku gelöst hat, verschafft das eine tiefe Befriedigung, die groß genug ist, um beizeiten das nächste anfangen zu wollen.

Hier ist ein π-Sudoku als Braintertainment zur Feier des π-Tages am 14. März, 3/14 nach angelsächsischer Schreibweise. In jedem abgegrenzten Bereich von 12 Feldern sind die Ziffern von 1 bis 9 einzufügen sowie drei Buchstaben π. Jede der neun Ziffern muss in jeder Zeile und jeder Spalte genau einmal vertreten sein. Das ist die vollständige Gebrauchsanweisung.

4	9	7	π	5							
	π		8			9	6	1	5	2	
	8		1				π		7		
							π		4		
5	3	9	6								
9	4		π	π	π	7					
					6	2	5	π		7	4
								π	π	3	8
	7	8	4	6	9						
		3		π			4	7	1	6	9
		4		1				6		π	
								4		5	

Abbildung 92: Ein Sudoku der nicht herkömmlichen Art: Der Samurai unter den Rätseln

- Das reguläre 17-Eck ist mit Zirkel und Lineal konstruierbar. Auch diese Erkenntnis ist ein Präzisionserzeugnis aus der Werkstatt von Carl Friedrich Gauß, er in Bestform.
- Die Funktion $f(n) = n^2 + n + 17$ ist eine *Primzahlfabrik*. Für $n = 0$ bis $n = 15$ und einige andere Werte ergeben sich als Funktionswerte jeweils Primzahlen.
- In den nördlichen Ländern wird der 17. Tag des Jahres als *Herz des Winters* bezeichnet.
- In Frankreich wählt man die 17, um im Notfall telefonisch die Polizei zu erreichen.
- Eine noch unbewiesene Vermutung besagt, dass 17 die minimale Zahl von Hinweisen beim klassischen Sudoku ist, die noch zu einer eindeutigen Lösung führt. Jedenfalls ist gegenwärtig kein Beispiel eines Sudokus bekannt, bei dem 16 Hinweise für eine eindeutige Lösung ausreichen.
- 17 wird manchmal als Fellerzahl bezeichnet, nach dem berühmten Wahrscheinlichkeitstheoretiker William Feller. Feller sagte einst bei einer Diskussion über einen unbewiesenen mathematischen Satz: Wenn man ihn für $n = 17$ beweisen könne, dann könne man den Satz auch für alle natürlichen Zahlen beweisen.
- 17 gilt als «beliebigste» Zahl. Teils ist dies so wegen der Ergebnisse einer Studie, bei der die Teilnehmer gebeten wurden, irgendeine Zahl zwischen 1 und 20 zu wählen. Die 17 war die mehrheitliche Wahl. Auch gibt es eine unbewiesene Vermutung, dass 17 die meistgewählte Zahl ist, wenn im journalistischen Bereich eine beliebige Zahl benötigt wird.
- In Italien gilt die 17 als Pechzahl, da sie in römischen Zahlzeichen als XVII geschrieben wird, was ein Anagramm von VIXI ist, was so viel heißt wie «Ich lebte», d. h., «Ich bin tot». In Italien haben Hochhäuser kein 17tes Stockwerk, Hotels kein Zimmer Nr. 17 und Alitalia- Flugzeuge keinen Sitz Nr. 17.
- Den Pythagoreern war die 17 verhasst, da sie die 16 von ihrer Epogdoon-Zahl trennt. In der Musiktheorie bezeichnet dieser Begriff das Ganztonintervall bei der pythagoreischen Stim-

mung, also das Verhältnis 9 zu 8. Das Epogdoon der 16 ist die 18.
- *Number seventeen* ist ein Thriller von Alfred Hitchcock, dessen Titel sich auf eine Hausnummer bezieht.

Zahlen haben, so viel dürfte deutlich geworden sein, ein richtiges Zahlenleben. Und das Erwähnte ist nur ein Bruchteil dessen, was man über die Zahl 17 berichten könnte. Sie ist alles andere als eine Zahl ohne Eigenschaften.

> ***It's a numbers world***
>
> Längst gibt es auf diesem Planeten mehr Zahlen als Buchstaben. Globale Finanzströme, Produktionsprozesse und Konstruktionen aller Art werden von gigantischen Zahlenkolonnen gesteuert und sogar der Surroundklang kristallisiert zur *musique numérique*. Mag im Anfang das Wort gewesen sein. Heute ist alles Zahl.
>
> **Norbert Lossau**

146. *Gedankensplitter aus meinem Tractatus-Comedo-Mathematicus*

Ist jede ungerade Zahl eine Primzahl?

Ausgewählte Antworten:
- Der Mathematiker: 9 ist keine Primzahl. Gegenbeispiel! Die Behauptung ist falsch.
- Verwirrter Erstsemester: Sei p irgendeine Primzahl größer als 2. Dann ist p nicht durch 2 teilbar, also ist p ungerade. Quod erat demonstrandum.
- Der Experimentalphysiker: 1 ist Primzahl, 3 ist Primzahl, 5 ist Primzahl, 7 ist Primzahl, 9 ist Messfehler, 11 ist Primzahl, 13 ist Primzahl. Die Behauptung ist richtig.
- Der Informatiker schreibt zum Prüfen ein Programm, das dann Folgendes ausgibt:

1 Primzahl, 3 Primzahl, 5 Primzahl, 7 Primzahl, 9 Primzahl, 9 Primzahl, 9 Primzahl, ... STACK OVERFLOW.
- Der Politiker: 1 ist Primzahl, 3 ist Primzahl, 5 ist Primzahl, 7 ist Primzahl, 9 wird nächstes Jahr Primzahl ...
- Der Psychologe: 1 ist Primzahl, 3 ist Primzahl, 5 ist Primzahl, 7 ist Primzahl, 9 ist Primzahl, aber verdrängt es ...
- Der Soziologe: 1 ist eine Zahl, 1 ist eine Primzahl. Ergo: Alle Zahlen sind Primzahlen.
- Der Jurist: 1 ist Primzahl ... aha, da haben wir unseren Präzedenzfall.
- Der Betriebswirt: 1 ist Primzahl, 3 ist Primzahl, 5 ist Primzahl, 7 ist Primzahl, 9 ist Primzahl, 11 ist Primzahl, 13 ist Primzahl.
- Der Theologe: 3 ist eine Primzahl und das reicht für mich.
- Der Philosoph: Wenn wir alle ungeraden Zahlen Primzahlen und alle Primzahlen ungerade nennen, dann sind alle ungeraden Zahlen Primzahlen.
- Der Statistiker: 100 Prozent der Stichprobe mit 7, 19, 31, 73 sind prim. Wir akzeptieren die Nullhypothese, dass alle ungeraden Zahlen Primzahlen sind.
- Der Multikulturist: Pfui! Wer bist du, dass du Zahlen in Gruppen einteilst?

147. *Rekursive Rezeptur für ein Schwarzes Loch im Zahlenkosmos*

Ein Schwarzes Loch ist ein Objekt im physikalischen Kosmos, dessen Schwerkraft so stark wirkt, dass nichts dieses Objekt verlassen kann, selbst das Licht nicht. Schwarze Löcher entstehen nach Supernovas. Das sind die titanischen Explosionen am Ende des Lebens großer Sterne. Schwarze Löcher saugen Materie aus ihrer Nachbarschaft ein, verschlucken sie und werden dadurch immer schwerer.

Auch im Zahlenkosmos gibt es kosmische Objekte mit ganz analogen Eigenschaften. Ich nenne sie mathematische Schwarze Löcher. Das sind Zahlen, zu denen unter Einwirkung eines mathematischen Prozesses andere Zahlen hingezogen werden und, dort angekommen, verbleiben. Natürlich ist die zahlenanziehende und verschluckende Zahl der Star der Veranstaltung, doch das Publikum ist umso mehr begeistert, je attraktiver und ausgefallener der mathematische Prozess ist.

Als Beispiel wollen wir gemeinsam das folgende Rezept bearbeiten:

1. Man nehme eine vierstellige Zahl, z. B. 3727.
2. Man arrangiere deren Ziffern zur größten und kleinsten sich daraus ergebenden Zahl:

größte Zahl: 7732, kleinste Zahl: 2377.

3. Man subtrahiere die kleinere der beiden Zahlen von der größeren:

$$7732 - 2377 = 5355.$$

4. Man wiederhole den Vorgang in Punkt 3, wende auf die Summe anschließend die Schritte 2 und 3 an, und so fort mit jeder unter Punkt 3 entstehenden Zahl:

$$5553 - 3555 = 1998$$
$$9981 - 1899 = 8082$$
$$8820 - 0288 = 8532$$
$$8532 - 2358 = 6174$$
$$7641 - 1467 = 6174.$$

Ist die Zahl 6174 erreicht, tritt der Prozess auf der Stelle. Diese Zahl ergibt bei Anwendung des Rezeptes wiederum sie selbst.

Schon das ist erstaunlich. Doch die wirkliche Überraschung kommt jetzt. Nehmen Sie eine beliebige andere vierstellige Zahl, deren Ziffern nicht alle identisch sind. Auch dann endet der obige Prozess, und zwar mathematisch beweisbar in höchstens 7 Schritten. Und er endet immer (!) bei ein und derselben Zahl. Er endet bei der Zahl 6174. Diese Zahl heißt *Kaprekar-Konstante*. Sie ist ein veritables Schwarzes Loch im Zahlenuniversum mit einer so großen Gravitation, dass das Orbit einer jeden angezogenen Zahl nicht länger als 7 Schritte ist.

Wenn dieses Phänomen nicht schon einladend genug ist, so möchte ich Sie noch zusätzlich einladen, sich etwas mit diesem Naturschauspiel im Zahlenland zu beschäftigen. Was passiert, wenn man dreistellige Zahlen betrachtet oder fünfstellige? Mysteriöserweise treten dann sowohl gleiche als auch ähnliche, als auch ganz andere Sensationen auf. Um im Bild zu bleiben: nicht nur Schwarze Löcher, sondern auch Bunte Löcher, nicht nur Löcher, sondern auch Loopings.

148. *Kubik und Wurzeln*

Es gibt ein gefälliges Verfahren, um Kubikwurzeln von Zahlen zwischen 1000 und 1 000 000 zu ziehen, das Sie kennen sollten. Man kann es im Kopf ablaufen lassen, wenn man nur die folgenden Zahlen dem Gedächtnis anvertraut:

$1^3 = 1$	$2^3 = 8$	$3^3 = 27$
$4^3 = 64$	$5^3 = 125$	$6^3 = 216$
$7^3 = 343$	$8^3 = 512$	$9^3 = 729$

Ein Beispiel soll die Prozedur erläutern: Was ist die Kubikwurzel von 50 653?

1. Schritt: Man stelle die Zahl 6-stellig dar, nötigenfalls durch Hinzufügen von Nullen am Anfang. Das ergibt hier 050 653. Man betrachte die ersten drei Ziffern (050) und vergleiche diese Zahl mit den obigen Kubikzahlen. Finde die größte Kubikzahl, die kleiner als diese Zahl 050 ist, und schreibe deren Basis auf. Das ist hier 3, da $3^3 = 27 < 50$ ist. Damit haben wir die 3 als erste Ziffer der Lösung gefunden.
2. Schritt: Vergleiche die letzte Ziffer der Zahl 50 653 (also 3) mit den obigen Kubikzahlen. Welche Kubikzahl hat dieselbe letzte Stelle? Es ist $7^3 = 343$. Notiere die Basis dieser Kubikzahl. Hier ist es 7. Das ist die zweite Ziffer der Lösung. Das war's! Antwort: 37. Schneller fertig als die 5-Minuten-Terrine.

Eine kurze Kontrolle liefert $37 \cdot 37 = 1369$, und tatsächlich ist $1369 \cdot 37 = 50\,653$, wie es sein soll.

Wurzelbehandlung für Fortgeschrittene

Die Aufgabe lautet: Ziehen Sie die 13te Wurzel aus der Zahl 7066.437 381.674 2 86.102 234.008 830.240 157.375 704.233 170.702 632.731 269.721 516.000 395.709 0 65.419 973.141 914.549 389.684111.

In 11,80 Sekunden berechnet der zweifache Doktor (Psychologie und Pädagogik) Gert Mittring (38) am 25.11. 2004 im Gießener Mathematikum die 13te Wurzel aus dieser zufällig ausgewählten 100-stelligen Zahl, und zwar im Kopf ohne irgendwelche Hilfsmittel. Das ist ein neuer Weltrekord gegenüber der bisherigen Bestmarke des Franzosen Alexis Lemaire von 13,55 Sekunden. Mittring gab die Antwort 47 941 071. Volltreffer. Im Mathematik-Abitur schrieb er übrigens nur eine 5. Was ist die 13te Wurzel daraus?

149. *Déformations professionnels*

Die meistgestellten Fragen.
Mathematiker: Kann man das verallgemeinern?
Ingenieur: Wie geht das?
Ökonom: Wie teuer wird das?
Jurist: Mit welchem Recht?
Philosoph: Möchten Sie Ketchup dazu?

Apropos, da wir gerade beim Thema sind: meine Kandidatin für die meistgestellte Frage aller Zeiten. Es muss wohl diese sein:

Chicken or Beef?

Eine Frage, die von Flugbegleitern täglich wohl einige Millionen Male rund um den Erdball gestellt wird. Rolf Dobelli meint, diese Frage müsste einem extraterrestrischen Beobachter unseres Zusammenlebens als zentrale Frage der Menschheit erscheinen, weit öfter gestellt und beantwortet als die Frage nach dem Sinn des Lebens.

150. *Erlebnispartikel aus dem Leben eines handwerkenden Mathematikers*

Ein Mathematiker will seinen neuesten Beweis als Bild aufhängen. Nachdem er alle Utensilien – Wand, Bild, Hammer, Nagel, Leiter – zusammengetragen hat, klettert er mit Hammer und Nagel ausgerüstet auf die Leiter, um den Nagel für das Bild in die Wand zu schlagen. Als er ausholt, stutzt er und stellt fest, dass der Nagel mit dem Kopf zur Wand und mit der Spitze in den Raum zeigt. Er sinniert darüber. Nach 2 Minuten hat er sich das Phänomen erklärt: Das ist ein Nagel für die gegenüberliegende Wand!!

Ende alles Vorhergehenden. Ganze 150 Anfänge suchen einen Abschluss, mit dem sich selbst in Literatenkreisen etwas hermachen ließe. Als Versuch eines derartigen Finales, so kurz und prägnant, wie ein Zeichner Striche zieht, mögen einige Sätze dienen, die darauf hoffen, dass man ihnen das Prädikat höllisch gut nicht verweigern kann.

151. *None of the above*

Als Seinsort gesehen ist dieses Buch ein Punkt auf der Grenzlinie zwischen Mathematik und dem Rest der Welt, als Seinsform ein Grenzgänger zwischen diesen beiden Lebensweltlichkeiten. Man kann es auch als Fremdenführer verstehen für eine Entdeckungsreise in die Wunderwelt des Denkens mit Strukturen. Es tritt mit nichts weniger an als dem Anspruch, mal eben so zackoflex die Welt auf diesem Gebiet zu verbessern. Ein paar weltverbesserungsmathematische Satzfassungen sollen zum Abschluss diesen Anspruch noch unterstützen:

Mathematik macht müde Geister munter!
Mathematik sprüht vor Ideen!
Mathematik ist anders als alles andere!
Mathematik – das Schönheitsinstitut für Ihren Kopf!

Mathematik – Freude an allen Tagen!
Mathematik sorgt für den Durchblick!
Mathematik – die Ideenwerkstatt!

Fast wär' ich der Kästner Erich. Aber nur fast, denn die Sätze sind nicht von mir, sondern konfektioniert. Es sind sieben automatisch generierte Slogans der Software *Sloganizer* bei Eingabe des Titels «Mathematik».

So weit die letzte Meldung, bis auf dieses
allerletzte
P. S. Neu-Listernohlisieren*. Bei allem, was Software heute kann, bei allem intellektuellen Outsourcing und Offshoring, das der Mensch mit gezieltem Einsatz von Software als Intelligenz- und Kreativitätsverstärker zu betreiben vermag, kann man an dieser Stelle nicht einmal mehr sicher sein, dass nicht auch dieses ganze Buch von einer Software *Bookanizer* bei Eingabe des Titels «Warum Mathematik glücklich macht» komponiert und arrangiert worden ist. Mit diesem Zweifel lasse ich Sie nun hier allein. Ende (m)einer Dienstleistung. Abgang und Abspann.

* Neuwortkreation des im sauerländischen Neu-Listernohl anfangsgeprägten und lange zwischengelagerten Autors, mit der intendierten Bedeutung von «jemand anderen in ernsthaftes Grübeln darüber versetzen, ob das Gesagte 1:1 möglich sein kann, sein sollte und ist». Ein Beitrag der Neuen Neu-Listernohler Schule. Wobei es eine *old school* nie gab. Die *good old days* waren auch hier selten wirklich solche.

Abspann

a. Quasi-Verbenachwortung

Als Nachwort getarntes Vorwort:

Alle Dinge sind leicht. Schwer ist nur die Kunst, dahin zu gelangen, wo sie es werden.

Der Schriftsteller A. Muschg, in: *Goethe light*

b. Verwendete und weiterführende Literatur

Abramowitz, M. & Stegun, I. (1964): Handbook of Mathematical Functions with Formulas, Graphs, and Mathematical Tables. New York, Dover Publications.

Achenlohe, A. (2010): Goethes Farbenlehre. Actoid. http://www.actoid.com/webdesign/farblichtsehen/Farbgoethe.htm

Acheson, D. (2004): 1089 and all that. New York, Oxford University Press.

Allen, W. (1994): Mr. Big. In Das Woody Allen Buch. Hamburg/Frankfurt a. M., Rogner und Bernhard.

Appleton, T. (2001): Brigitte Bardot als Hypotenuse. Telepolis, 9. 4. 2001.

Bagni, G. T., Perelli d'Argenzio, M. P. & Luchini, S. R. (1999): Ancient Zara game and teaching of probability: an experimental research in Italian high school. Proceedings of MCOTS-2, Department of Mathematics, University of Wisconsin, 25.-27. 6. 1999.

Bartens, W. (2009): Die Fakten und die Toten. Süddeutsche Zeitung, 26/27. 9. 2009.

Baumé, A. (2004): Science Wars. Von der akademischen zur postakademischen Wissenschaft. Frankfurt a. M., Campus.

Beaumont, B. (1954): Hegel and the seven planets. Mind, 63, 246–248.

Beck, C. (2008): Mustermacher der Natur, ff. Sinexx, Max-Planck-Forschung, 19. 9. 2008.

Beck, C. (2010): Zahlenspiele – Illusion der Gewissheit. Max-Planck-Gesellschaft. http://www.max-wissen.de/Reportagen/liste

Behrends, E. (2008 a): Fünf Minuten Mathematik, Braunschweig/Wiesbaden, Vieweg und Teubner.

Behrends, E. (2008 b): Mathematik, die man hören kann. Präsentation der DFG zum Jahr der Mathematik.

Bell, E. T. (1951): Mathematics: Queen and Servant of Science. New York, McGraw-Hill.

Bender, E. A. (1987): Sherlock Holmes and the bicycle tracks. http://math.ucsd.edu/~ebender/87/bicycle.pdf

Bennett, J. O., Briggs, W. L. & Triola, M. F. (2002): Statistical Reasoning for Everyday Life. 2. Auflage. Boston, Addison Wesley.

Biermann, M. & Blum, W. (2002): Realitätsbezogenes Beweisen. Der Schorle-Beweis und andere Beispiele. Mathematik lehren, 110, 19–22.

Blum, W. (2001): Chaos hilf! Zeit Online Wissen, 03/2001. http://www.zeit.de/2001/03/Chaos_hilf-

Böhme, G. (1980): Ist Goethes Farbenlehre Wissenschaft? In G. Böhme, Alternativen der Wissenschaft. Frankfurt a. M., Suhrkamp.

Börgens, M. (2010): http://www.fh-friedberg.de/users/boergens/main.htm

Bogomolny, A. (2010): Interactive Mathematics Miscellany and Puzzles. http//www.cut-the-knot.org/

Bornemann, R. (2003): Wie sicher ist der HIV-Test? HIV Aids Infos Online, 22,8.http://praxis-psychosoziale-beratung.de/hiv-22.htm#wiesicheristderHIV-Test

Brainfreeze Puzzles (2009): http://www.brainfreezepuzzles.com/main/piday2009.html

Brefeld, W. (2010): Mathematik-Hintergründe im täglichen Leben. http://www.brefeld.homepage.t-online.de

Brown, P. F., Cocke, J., Della Pietra, S. A., Della Pietra, V. J., Jelinek, F., Lafferty, J. D., Mercer, R. L. & Roosin, P. S. (1990): A statistical approach to machine translation. Computational Linguistics, 16, 79–85.

Brown, P. F., Della Pietra, S. A., Della Pietra, V. J. & Mercer, R. L. (1993): The mathematics of statistical machine translation: Parameter estimation. Computational Linguistics, 19, 263–311.

Buckley, B. (2001): Winning with Losing Games. Honors Thesis, Kentucky University.

Cajori, F. (1928): A History of Mathematical Notations. London, The Open Court Company.

D'Agapeyeff, A. (1939): Codes and Ciphers. London, Oxford University Press.

Dambeck, H. (2010): Numerator-Kolumnen. http://www.spiegel.de/thema/numerator/

Dantzig, T. (1930): Number: The Language of Science. New York, Macmillan.

Davis, P. J. & Hersh, R. (1981): The Mathematical Experience. Boston, Birkhäuser.

De Pillis, J. (2002): 777 Mathematical Conversation Starters. Washington, D. C., The Mathematical Association of America.

Devlin, K. & Lorden, G. (2007): The Numbers Behind NUMB3RS: Solving Crime with Mathematics. New York, Plume.

Dewdney, A. K. (1996): 200% of Nothing. New York, John Wiley & Sons.

Dobelli, R. (2007): Turbulenzen. 777 bodenlose Gedanken. Zürich, Diogenes.

Dorigo, M., Maniezzo, V. & Colorni, A. (1996): The ant system: optimization by a colony of cooperating agents. IEEE Transactions on Systems, Man and Cybernetics, Part B, 26, 1, 1–13.

Dorigo, M. & Gambardella, L. M. (1997): Ant colonies for the Travelling Salesman Problem. BioSystems, 43, 73–81.

Drösser, C. (2004a): Nie wieder Zahlendreher. Die Zeit, 22. 1. 2004.

Drösser, C. (2004b): Zwanzigeins in Ost und West. Die Zeit, 16. 9. 2004.

Eastaway, R. & Wyndham, J. (1998): Why do Buses Come in Threes? New York, John Wiley & Sons.

Du Sautoy, M. (2004): Die Musik der Primzahlen: Auf den Spuren des größten Rätsels der Mathematik. München, C.H.Beck.

Efron, B. & Thisted, R. (1976): Estimating the number of unknown species: How many words did Shakespeare know? Biometrika, 63, 3, 435–437.
Ekhad, S. B. & Zeilberger, D. (2000): Remarks on the Parrondo Paradox. Personal Journal of Ekhad and Zeilberger, Temple University. http://www.math.rutgers.edu/~zeilberger/pj.html
Engel, A. (1973): Wahrscheinlichkeitsrechnung und Statistik, 1. Stuttgart, Klett.
Engel, A. (1976): Wahrscheinlichkeitstheorie und Statistik, 2. Stuttgart, Klett.
Engel, A. (1988): Streifzüge durch die Statistik. Didaktik der Mathematik 1, 1–18.
Engel, A. (1999): Problem-Solving Strategies. Berlin, Springer.
Engel, A. (2000): Stochastik. Stuttgart, Klett.
Fiedler, A. (2009): Formel für das Rückwärts-Einparken. Suite 101. http://automobiltechnik.suite101.de/article.cfm/formel_fuer_das_rueckwaertseinparken
Fiske, E. B. (1981): Pyramids of test question 44 open a Pandora's box. The New York Times, 14. 4. 1981.
Gardner, M. (2004): Mathematische Zaubereien. Köln, Dumont.
Gergonne, J. D. (1813–14): Recréations Mathématiques: recherche sur un tour de cartes. Annales de Mathématiques Pures et Appliquées, IV, 276–283.
Gernhard, R. (2009): Reim und Zeit. Gedichte. Stuttgart, Reclam.
Gigerenzer, G. (2002): Das Einmaleins der Skepsis: Über den richtigen Umgang mit Zahlen und Risiken. Berlin, Berlin Verlag.
Gigerenzer, G. (2003/04): Wie kommuniziert man Risiken. In Bundesärztekammer (Hrsg.), Fortschritt und Fortbildung in der Medizin, 26, 13–22, Köln, Deutscher Ärzte-Verlag.
Gigerenzer, G. (2007): Bauchentscheidungen. München, Bertelsmann.
Gigerenzer, G., Swijtink, J., Porter, T., Daston, L. J., Beatty, J. & Krueger, L. (1989): The Empire of Chance: How Probability Changed Science and Everyday Life. Cambridge, Cambridge University Press.
Gigerenzer, G., Todd, P. M. & The ABC Research Group (Hrsg.) (1999): Simple Heuristics that Make Us Smart. New York, Oxford University Press.
Gnuosphere, Wissenschaftsblog. http://gnuosphere.blogspot.com/2007/04/mobius-chess.html
Goldstein, D. G. & Gigerenzer, G. (1999): The recognition heuristic: How ignorance makes us smart. In G. Gigerenzer et al. (Hrsg.): Simple Heuristics that Make us Smart, 37–58, New York, Oxford University Press.
Goldstein, D. G. & Gigerenzer, G. (2002): Models of ecological rationality: The recognition heuristic. Psychological Review, 109, 75–90.
Goldt, M. (1989 ff.): Kolumnen in der Zeitschrift Titanic. Frankfurt a. M., Titanic Verlag.
Groß, J. (1985): Notizbuch. Stuttgart, DVA.
Guinnessbuch der Rekorde (1980): 1. deutschsprachige Ausgabe.
Haefs, H. (1994): Das dritte Handbuch des nutzlosen Wissens. München, Deutscher Taschenbuch Verlag.
Haig, M. (2004): Die 100 größten Markenflops. Frankfurt a. M.,Verlag Moderne Industrie.
Hanschke, Th. (2009): http://www.stochastik.tu-clausthal.de/Presse

Hardy, G. H. (1940): A Mathematician's Apology. Cambridge, Cambridge University Press.

Harmer, G. P. & Abbott, D. (1999): Losing strategies can win by Parrondo's paradox. Nature, 402, 864.

Hartl, B. (2008): Mathematik: Schneller warten. P. M. Magazin 06/2008.
http://www.pm-magazin.de/de/heftartikel/artikel_id2828.htm

Hegel, G. W. F. (1970): Enzyklopädie der philosophischen Wissenschaften, Bd. 1–3. Frankfurt a. M., Suhrkamp.

Hegel, G. W. F. (1972): Grundlinien der Philosophie des Rechts. Naturrecht und Staatswissenschaft. Frankfurt a. M., Ullstein.

Hegel, G. W. F. (1993): Vorlesungen über die Philosophie der Religion, 1. Hamburg, Meiner Verlag.

Hegel, G. W. F. (2005): Phänomenologie des Geistes. Paderborn, Voltmedia.

Hekaya (2010): Eine alte Indianerweisheit. http://www.hekaya.de/txt.hx/eine-alte-indianerweisheit--maerchen--nordamerika_30

Henscheid, E. (1983): Wie Max Horkheimer einmal sogar Adorno hereinlegte. Zürich, Haffmans Verlag.

Henscheid, E. (1992): Die Wolken ziehen dahin. Zürich, Haffmans Verlag.

Henscheid, E. (2003 ff.): Gesammelte Werke. Bd. 1–10. Frankfurt a. M., Zweitausendeins.

Hell, W., Fiedler, K. & Gigerenzer, G. (Hrsg.) (1993): Kognitive Täuschungen. Fehl-Leistungen und Mechanismen des Urteilens, Denkens und Erinnerns. Heidelberg, Spektrum Akademischer Verlag.

Herrmann, N. (2003): Ein mathematisches Modell zum Parallelparken. Institut für Angewandte Mathematik, Universität Hannover.

Herrmann, N. (2004): Höhere Mathematik für Ingenieure, Physiker und Mathematiker. München, Oldenbourg Verlag.

Herrmann, S. (2005): Die Intelligenz der Masse. Sueddeutsche.de, 8. 12. 2005. http://www. sueddeutsche.de/wissen/746/301 743/text/

Hesse, C. (2003): Angewandte Wahrscheinlichkeitstheorie. Braunschweig/Wiesbaden, Vieweg.

Hesse, C. (2005): Schönheit in Schach und Mathematik. In Dossi, U.: Schach. Bönen, Druckverlag Kettler.

Hesse, C. (2007): Expeditionen in die Schachwelt. Nettetal, Chessgate.

Hesse, C. (2009): Das kleine Einmaleins des klaren Denkens. 2. Auflage. München, C.H.Beck.

Hesse, C. (2009): Wahrscheinlichkeitstheorie. 2. Auflage. Wiesbaden, Vieweg und Teubner.

Höfel, L. (2005): Die Schönheitsformel. Wissenschaftler berechnen die Attraktivität. Spektrum direkt, 12. 11. 2005, 2–4.

Hofman, M. (2006): Zu 97 Prozent schuldig. Neue Zürcher Zeitung Folio, 01/06.

Hofstadter, D. R. (1981–1983): Metamagical Themas. In Scientific American.

Hofstadter, D. R. (2008): Gödel, Escher, Bach. 18. Auflage. Stuttgart, Klett-Cotta.

Hughes, H. & Brecht, G. (1978): Die Scheinwelt des Paradoxons. Braunschweig, Vieweg.

Ifrah, G. (1997): Universalgeschichte der Zahlen. Frankfurt a. M., Campus.

Isbell, J. R. (1957): An optimal search pattern. Naval Research Logistics Quarterly, 4, 357–359.
Jones, V. F. R. (1998): A Credo of Sorts. In Dales, H. G. & Oliveri, G. (Hrsg.): Truth in Mathematics. New York, Oxford University Press.
Jung, C. G. (1964): Gesammelte Werke. Bd. 8. Zürich, Rascher.
Kleber, M. & Vakil, R. (2002): The best card trick. The Mathematical Intelligencer, 24, 1, 9–11.
Koepf, W. (2010): Mathematik, die man hören kann. Mathematik.de http://www.mathematik.de/ger/allesinne/tonleiter/tonleiter.html
Knight, K. (1997): Automatic knowledge acquisition for machine translation. AI Magazine 18, 81–96.
Kramar, T. (2002): Großkatzen und das Geheimnis ihrer Zeichnung. Die Presse, 9. 3. 2002.
Kutzner, K. (2010): Wer malt eigentlich die Zebras an? Naturschutzjugend im LBV. http://www.naju-bayern.de/cms/203.html
Lander, L. J. & Parkin, T. R. (1966): Counterexample of Euler's conjecture on sums of like powers. Bulletin of the American Mathematical Society, 72, 1079.
Langlois, J. H. & Roggman, L. A. (1990): Attractive faces are only average. Psychological Science, 1, 115–121.
Laumann, E. O., Michael, R. T., Kolata, G. (1994): Sex in America. New York, Grand Central Publishing.
Laumann, E. O. et al. (1994): The Social Organization of Sexuality: Sexual Practices in the United States. Chicago, The University of Chicago Press.
Lecat, M. (1935): Erreurs de Mathématiciens des Origines à nos Jours. Bruxelles, Casteigne.
Lehman, E. & Leighton, T. (2004): Mathematics for Computer Science. Skriptum für MIT-Vorlesung 6. 042.
Lehn, M. (2003): Invarianz. Vortrag im Rahmen der Tagung Leitlinien im Mathematikunterricht, 29. 9. 2003, Mainz.
Limbach, J. (Hrsg.) (2006): Ausgewanderte Wörter. Ismaning, Hueber.
Littlewood, J. E. (1953): A Mathematician's Miscellany. London, Methuen.
Luckner, A. (2004): G. W. F. Hegel: Bewegung im System. In S. Reusch (Hrsg.): Wahrheit und Wirklichkeit (Der Blaue Reiter, Journal für Philosophie), Stuttgart, Omega.
Madsen, K. M. et al. (2002): A population-based study of measles, mumps, and rubella vaccination and autism. New England Journal of Medicine, 347, 19, 1477–1482.
Maier, J. (2009 a): Eins, zwei, drei, vier, viele. Die Zeit, 5. 2. 2009.
Maier, J. (2009 b): Bienen können zählen. Zeit Online Wissen. http://www.zeit.de/2009/07/N-Bienen
Mallon, E. B. & Franks, N. R. (2000): Ants estimate area using Buffon's needle. Proceedings of the Royal Society London (B), 267, April 22, 765.
Mansilla, R. & Bush, E. (2002): Increase of complexity from classical Greek to Latin poetry. arXiv.org:cond-mat/0203135v3
Markosian, N. (1997): The paradox of the question. Analysis, 57, 95–97.
Marquard, O. (1986): Apologie des Zufälligen. Stuttgart, Reclam.

Marquard, O. (1989): Aesthetica und Anaesthetica. Paderborn, Schöningh.
Marquard, O. (1995): Glück im Unglück. München, Fink.
Marszk, D. (2002): Die alten Griechen pflegten die Verskunst strenger als die Römer. Bild der Wissenschaft, 27. 3. 2002.
Masani, P. R. (1990): Norbert Wiener, 1894–1964. Basel, Birkhäuser.
Matthews, R. A. J. (2010): Notes on the D'Agapeyeff cipher. http://www.robertmatthews.org/Dagapeyeff.html
Maul, G. (2010): Goethes Farbenlehre. http://www.goethefarbenlehre.de/start_mp.htm
Mausfeld, R. (1996): Wär nicht das Auge sonnenhaft ... ZiF Mitteilungen 4/1996.
Meyer, A. R. & Rubinfeld, R. (2005): Counting by Degrees. Skriptum, Mathematics for Computer Science, Massachusetts Institute of Technology.
Michel, R. (2003): Flächenvermessung bei Ameisen. Report, Universität Karlsruhe, Fakultät für Informatik.
Minor, D. (2003): Parrondo's paradox – hope for losers! The College Mathematics Journal, 34, 15–20.
Münter, D. (2009): Rückschau: Wüstenameisen mit Navigationssystemen. DasErste.de, 18. 1. 2009.
Mulcahy, C. (2007): Fitch Cheney's five card trick and generalizations. In Haunsperger, D. & Kennedy, S. (Hrsg.): Edge of the Universe: Celebrating Ten Years of Math Horizons, 273–276. Washington, D. C., Mathematical Association of America.
Murray, J. D. (2003): Mathematical Biology II: Spatial Models and Biomedical Applications. Berlin, Springer.
Ney, H. (2003): Maschinelle Sprachverarbeitung. Informatik-Spektrum, 2, 94–102.
Nording, C. & Osterman, J. (2006): Physics Handbook for Science and Engineering. 8. Auflage. Lund, Studentlitteratur.
O'Brien, K. (1981): Three Haiku: What is Mathematics. American Mathematical Monthly, 88, 626.
O'Hare, M. (2009): Wie man mit einem Schokoriegel die Lichtgeschwindigkeit misst und andere nützliche Experimente für den Hausgebrauch. 4. Auflage. Frankfurt a. M., Fischer.
Oller, R. (1999): Darwin Award. http://www.scientific.at/1999/roe_9937.htm
Paulos, J. A. (1988): Innumeracy: Mathematical Illiteracy and its Consequences. New York, Hill & Wang.
Pennings, T. J. (2003): Do dogs know calculus? College Mathematics Journal, 34, 178–182.
Perkins, D. N. (1981): The Mind's Best Work. Cambridge, Mass., Harvard University Press.
Perrett, D. I., Burta, M. D., Penton-Voaka, I. S., Leea, K. J., Rowlanda, D. A. & Edwards, R. (1999): Symmetry and human facial attractiveness. Evolution and Human Behavior, 20, 295–307.
Peterson, I. (2010): Ivars Peterson's Math Trek. http:www.maa.org/news/mathtrek.html
Philipps, D. P., van Voorhees, C. A. & Ruth, T. E. (1992): The birthday: lifeline or deadline? Psychosomatic Medicine, 54, 532–542.

Pile, S. (1986): Book of Heroic Failures. New York, Ballantine Books.
Q. E. D. Wissenschaftsblog. http://radoslav-harman.blogspot.com/
Quisquater, J.-J., Guillou, L. C., Berson, T. A. (1990): How to explain zero-knowledge protocols to your children. Advances in Cryptology – CRYPTO '89 Proceedings, 435, 628–631.
Reich-Ranicki, M. (1999): Mein Leben. Autobiographie. Stuttgart, DVA.
Rhodes, G. et al. (2001): Attractiveness of facial averageness and symmetry in non-western cultures: in search of biologically based standards of beauty. Perception, 30, 611–625.
Rhodes, G. & Zebrowitz, L. A. (Hrsg.) (2002): Facial Attractiveness: Evolutionary, Cognitive, and Social Perspectives. Westport, Greenwood Publishing.
Riat, M. (2010): Grundlagen der Musik. http://www.riat-serra.org/musik-1.pdf
Riemann, B. (1859): Über die Anzahl der Primzahlen unter einer gegebenen Größe. In: Monatsberichte der Königlichen Preußischen Akademie der Wissenschaften zu Berlin, 671–680.
Riha, K. (1995): Aussen Kohl, innen hohl. Zürich, Amman.
Ross, G. (2010): Futility Closet, Wissenschaftsblog http://www.futilitycloset.com
Rouse Ball, W. W. & Coxeter, H. S. M.(1987): Mathematical Recreations and Essays. Mineola, Dover Publications.
Rowohlt, H. (1993): Pooh's Corner. Zürich, Haffmanns Verlag, S. 76.
Ruelle, D. (2010): Wie Mathematiker ticken. Berlin, Springer.
Sacks, O. (1987): Der Mann, der seine Frau mit einem Hut verwechselte. Reinbek, Rowohlt.
Sallows, L. C. F. (1985): In quest of a pangram. Abacus, 2, 22–40.
Sallows, L. C. F. (1992): Reflexicons. Word Ways, 25, 131–141.
Schelling, Th. (1960): The Strategy of Conflict. Cambridge, Mass., Harvard University Press.
Schmeh, K. (2008): Was Zikaden mit Primzahlen zu tun haben. Telepolis, 16. 11. 2008. http://www.heise.de/tp/r4/artikel/28/28 863/1.html
Schneider, E. (1958): Kleine Astronomie. Die Sternenwelt und ihre Rätsel. München, Verlag Lebendiges Wissen.
Schneider, W. (1992): Sprachlese – Unruhe in der Untiefe. Neue Zürcher Zeitung Folio 03/92.
Schreiber, A. (2000): Zerologie (Beitrag Nr. 1) – «Durch Null darf man nicht dividieren!». Ein innerer Monolog bei der Suche nach unverstandener Wahrheit. http://www.gefilde.de/ashome/denkzettel/0041/dz_0041.html
Schreiber, A. (Hrsg.) (2008): Lob des Fünfecks. Mathematisch angehauchte Gedichte, zusammengetragen und übertragen von Alfred Schreiber. Books on Demand, Norderstedt.
Schönwald, H. G. (1998): Miniaturen. Praxis der Mathematik, 40, 210–214.
Schwanitz, D. (1999): Bildung: Alles, was man wissen muss. Frankfurt a. M., Eichborn.
Schweizer, H. (2008): Grundfragen der Textinterpretation. Skriptum, Fakultät für Informations- und Kognitionswissenschaften, Universität Tübingen.
Scinexx (2010): Das Geheimnis der Schönheit. Warum ist symmetrisch auch schön? http://www.g-o.de/dossier-detail-152-5.html

Sick, B. (2009): Happy Aua 2. Köln, Kiepenheuer & Witsch.
Siemens, J. (2004): Die Macht der Schönheit. Stern.de
http://www.stern.de/kultur/buecher/kultur-die-macht-der-schoenheit-529 181.html
Simonson, S. & Holm, T. S. (2003): Using a card trick to teach discrete mathematics. Primus, 13, 248–269.
Skoruppa, N-P. (2000): Links und Rechts in der Mathematik. Preprint, Universität Siegen.
Sloterdijk, P. (1998 ff.): Sphären I-III. Frankfurt a. M., Suhrkamp.
Sloterdijk, P. (2009): Du musst dein Leben ändern. Über Anthropotechnik. Frankfurt a. M., Suhrkamp.
Smullyan, D. (1981): Wie heißt dieses Buch. Braunschweig/Wiesbaden, Vieweg.
Soika, K. U. (2010): Kunst: Wabi Sabi – ein japanisches Konzept der Ästhetik. http://www.soika.com/links/text/03d_wabisabi.htm
Sokal, A. D. (1996): Transgressing the boundaries: towards a transformative hermeneutics of quantum gravity. Social Text, 46/47, 217–252.
Sokal, A. D. & Bricmont, J. (1999): Eleganter Unsinn. Wie die Denker der Postmoderne die Wissenschaften mißbrauchen. München, C.H.Beck.
Spiegel Online Wissenschaft: Ameisen zählen ihre Schritte. http://www.spiegel.de/wissenschaft/natur/0,1518,424 412,00.html
Standage, T. (2001): Die Akte Neptun. Frankfurt a. M., Campus.
Stöcker, C. (2005): Streit um verstrahlte Spermien. Spiegel-Online Wissenschaft.
Stolle, H. (2008): Faires Teilen. Seminar über Algorithmen, Freie Universität Berlin.
Surulescu, C. (2008): Räumliche Musterbildung. Bericht, IANS, Universität Stuttgart.
Surowiecki, J. (2007): Die Weisheit der Vielen. Warum Gruppen klüger sind als der Einzelne. München, Goldmann.
Thisted, R. & Efron, B. (1987): Did Shakespeare write a newly discovered poem? Biometrika, 74, 3, 445–455.
Triangular Coins (2010): http://www.dig4coins.com
Tropf, A. (2010): Niederlagen, die das Leben selber schrieb.
http://www.alexander-tropf.de/alex.htm
Verhoeff, J. (1969): Error-correcting decimal codes. Mathematical Centre Tracts, 29, Mathematisch Centrum Amsterdam.
Watzlawick, P. (2003): Wie wirklich ist die Wirklichkeit. München, Piper.
Weber, B. & Märkl, P. (2008): Musterbildung auf Tierfellen. In Rohde, C. & Surulescu, C.: Mathematische Modellierung und Analyse von biologischen Prozessen. Berichte aus dem Institut für Angewandte Analysis und Numerische Simulation, Universität Stuttgart.
Wehner, R. (1997): The Ants' Celestial Compass System. Basel, Birkhäuser.
Weizsäcker, C. F. v. (1977): Der Garten des Menschlichen. München, Hanser.
Werner, P. (2004): Himmel und Erde. Alexander von Humboldt und sein Kosmos. Berlin, Akademie Verlag.
Wheeler, K. L. (2010): Correlation and Causation. http://web.cn.edu/kwheeler/index.html

Wigner, E. (1960): The unreasonable effectiveness of mathematics in the natural sciences. Communications in Pure and Applied Mathematics, 13, 1–14.
Wikipedia http://www.wikipedia.de
Wille, F. (1982): Humor in der Mathematik. Göttingen, Vandenhoek & Ruprecht.
Winkler, N. (2007): Ameisen – neue Überraschungen, 3. Studium Integrale Journal, 14, 30–32.
Winkler, P. (2008): Mathematische Rätsel für Liebhaber. Heidelberg, Spektrum Akademischer Verlag.
WirAlle.com (2010): Die Weisheit der Vielen – Warum es funktioniert.
http://www.wiralle.com/warum-es-funktioniert.php/
Zankl, H. (2008): Irrwitziges aus der Wissenschaft. Weinheim, Wiley-VCH Verlag.
Zekl, H. (2003): Die unerzählte Geschichte der Neptun-Entdeckung. Astronews, 23. 5. 2003.
Zeitz, P. (1999): The Art and Craft of Problem Solving. New York, John Wiley & Sons.
Ziegler, G. (2005): Wahljahr, Einsteinjahr. DMV-Mitteilungen, 13–3, 170.
Ziegler, G. (2010 a): Mathematik im Alltag. Fortlaufende Mathematik-Kolumne in den Mitteilungen der Deutschen Mathematiker Vereinigung.
Ziegler, G. (2010 b): Mathematik im Alltag. Blog. http://www.wissenslogs.de/wblogs/blog/mathematik-im-alltag

c. Bild- und Quellennachweis

Abb. 1: aus Friedrich Wille, Humor in der Mathematik, Vandenhoeck & Ruprecht, Göttingen 1982; Abb. 5: Felix Welter; Abb. 13: aus Mark Biermann/Werner Blum: Realitätsbezogenes Beweisen: Der Schorle-Beweis und andere Beispiele, in: mathematik lehren, Nr. 110 (2002), Seite 19–22, Friedrich Verlag, Seelze; Abb. 14: Michael Bahners, Kaarst; Abb. 15: Markus Engel; Abb. 18, 66, 83: © Sidney Harris; Abb. 28: © Gert van der Heijden, University College, London; Abb. 29: © 2010 The M.C. Escher Company-Holland. All rights reserved. www.mcescher.com: Abb. 43, 57: © Rex F. May; Abb. 58: © Claudio Furnier, www.CartoonStock.com; Abb. 61: © EPA/Georgios Kefalas/dpa; Abb. 62: Rainer Leu; Abb. 67, 68, 69: © Prof. Dr. Edward A. Bender, University of California, San Diego; Abb. 84: Joseph Farris; Abb. 79: © Dr. Dr. Norbert Herrmann, Universität Hannover, Institut für Angewandte Mathematik, 2003, aus: Norbert Herrmann, Mathematik ist überall, Oldenbourg Wissenschaftsverlag, München 2007; Abb. 93: © Ivo Kljuce

Leider war es uns nicht in allen Fällen möglich, den Rechteinhaber zu ermitteln. Der Verlag ist selbstverständlich bereit, berechtigte Ansprüche abzugelten.

Das Gedicht von Frieda Breschler wurde mit freundlicher Genehmigung entnommen aus: Alfred Schreiber (Hrsg.) (2008): Lob des Fünfecks. Mathematisch angehauchte Gedichte, zusammengetragen und übertragen von Alfred Schreiber. Books on Demand, Norderstedt. © 2008 A. Schreiber. Alle Rechte vorbehalten.

d. Danksagung

Ich danke allen, die mich in irgendeiner Form bei der Verwirklichung dieses Buches unterstützt haben.

An der kompetenten Umwandlung meines Manuskripts in eine Word-Datei waren im Frühstadium Ina Rosenberg und Philipp Schnizler beteiligt.

Für die vielen ausgezeichnet produzierten Grafiken bin ich Vlad Sasu zu Dank verpflichtet.

Herrn Dr. Bollmann danke ich für exzellente Lektorierung und Redigierung, dem C.H.Beck Verlag für eine in jeder Hinsicht professionelle und immer erfreuliche Zusammenarbeit.

Mein größter Dank gilt wie immer meiner Familie, Andrea Römmele, Hanna Hesse und Lennard Hesse, für den steten Beweis, dass es Wichtigeres gibt als alles andere.

e. Der Autor

Abbildung 93: Der Mathe-Hesse

Prof. Dr. Christian Hesse promovierte 1987 an der Harvard University (USA) und lehrte von 1987–1991 als Assistenz-Professor an der Universität von Kalifornien in Berkeley. 1991 berief der damalige Ministerpräsident Erwin Teufel den damals 30-Jährigen als jüngsten Professor der Bundesrepublik auf eine Professur für Mathematik an die Universität Stuttgart. Zwischenzeitlich war Hesse Gastwissenschaftler unter anderem an der Australian National University (Canberra), der Queens University (Kingston, Kanada), der University of the Philippines (Manila), der Universidad de Concepción (Chile), der Xing-Hua-Universität (Peking) und der George Washington University (Washington, USA). Seine berufliche Vortrags- und Reisetätigkeit erstreckt sich über viele Teile der Welt, von St. Petersburg (Russland) über die Yucatan-Halbinsel bis zur Osterinsel, von Tahiti über Dublin (Irland) bis Kapstadt (Südafrika).

Hesses Forschungsschwerpunkte liegen im Bereich der Stochastik, und er ist der Autor des Lehrbuches *Wahrscheinlichkeitstheorie*. Seine freizeitlichen Lieblingsbeschäftigungen sind Lesen, Schreiben, Schlafen und Schach. 2006 hat er darüber den Essayband *Expeditionen in die Schachwelt* veröffentlicht, vom *Wiener Standard* als «eines der geistreichsten und lesenswertesten Bücher, das je über das Schachspiel verfasst wurde», gerühmt. Er wurde zusammen mit den Klitschko-Brüdern, mit Fußballtrainer Felix Magath, dem Filmproduzenten Artur Brauner, der Schauspielerin und Sängerin Vaile sowie dem Ex-Weltmeister Anatoli Karpov zum internationalen Botschafter der Schacholympiade Dresden 2008 ernannt. Christian Hesse ist verheiratet und hat eine 9-jährige Tochter und einen 5-jährigen Sohn. Sein Lieblingsmaler ist der Herbst und er neigt zu dem Motto: «Wissenschaft ist Wahrheitsfindung. Doch oft schaffen wir nur Halbwahrheiten und halten dann auch noch die falsche Hälfte für wahr.»

f. Personen- und Sachregister

Kursive Seitenzahlen verweisen auf Abbildungen.

Aus dem Verlagsprogramm

Mathematik bei C. H. Beck

Keith Devlin
Pascal, Fermat und die Berechnung des Glücks
Eine Reise in die Geschichte der Mathematik
Aus dem Englischen von Enrico Heinemann
2009. 205 Seiten mit 13 Abbildungen. Gebunden

Mario Livio
Ist Gott ein Mathematiker?
Warum das Buch der Natur in der Sprache
der Mathematik geschrieben ist
Aus dem Englischen von Susanne Kuhlmann-Krieg
2010. 366 Seiten mit 64 Abbildungen. Gebunden

Reviel Netz/William Noel
Der Kodex des Archimedes
Das berühmteste Palimpsest der Welt wird entschlüsselt
Aus dem Englischen von Thomas Filk
5. Auflage. 2008. 303 Seiten mit 67 Abbildungen und 1 Karte.
Gebunden

Marcus du Sautoy
Eine mathematische Mysterietour durch unser Leben
Aus dem Englischen von Stephan Gebauer
2. Auflage. 2013. 318 Seiten mit 125 Abbildungen. Gebunden

Marcus du Sautoy
Die Mondscheinsucher
Mathematiker entschlüsseln das Geheimnis der Symmetrie
Aus dem Englischen von Stephan Gebauer und Andreas Gebauer
2008. 429 Seiten mit 78 Abbildungen und 4 Tabellen. Gebunden

Paolo Zellini
Eine kurze Geschichte der Unendlichkeit
Aus dem Italienischen von Enrico Heinemann
2010. 256 Seiten. Gebunden

Verlag C. H. Beck München